Excel

视频自学版

VBA 案例实战
从入门到精通

刘琼 编著

U0191239

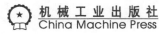

机械工业出版社
China Machine Press

图书在版编目（CIP）数据

Excel VBA 案例实战从入门到精通：视频自学版／刘琼编著 . — 北京：机械工业出版社，2018.9（2023.1重印）

ISBN 978-7-111-60738-0

Ⅰ . ① E… Ⅱ . ①刘… Ⅲ . ①表处理软件 Ⅳ . ① TP391.13

中国版本图书馆 CIP 数据核字（2018）第 195439 号

Excel 等办公软件的广泛应用大大减轻了办公人员的工作负担，但各行各业的办公需求千差万别，仅靠软件的固定功能很难做到随机应变，此时就需要借助 VBA 实现真正的批量化、自动化、个性化操作。本书正是一本专为普通办公人员打造的实战型 Excel VBA 工具书，旨在帮助读者快速、准确地完成数据量大、重复度高的工作，对 Excel 的理解和应用水平能够更上一层楼。

本书共 14 章，以文秘、行政、人事、营销、财务等职业领域的办公需求为主线划分内容结构，采用"案例导向"的编写思路，讲解了 Excel VBA 的具体应用，涉及人力资源管理（包括员工信息管理、工资管理、值班管理、考勤管理、出差管理等）、客户信息管理、商品管理（包括入库管理、出货管理、销售管理、销售分析等）、投诉信息管理、固定资产管理等。

本书理论知识精练，案例解读全面，学习资源齐备，适合有一定 Excel 操作基础又想进一步提高工作效率的办公人员，如从事文秘、行政、人事、营销、财务等职业的人士阅读，对大中专院校的师生也极具参考价值。

Excel VBA 案例实战从入门到精通（视频自学版）

出版发行：机械工业出版社（北京市西城区百万庄大街 22 号　邮政编码：100037）

责任编辑：杨　倩　　　　　　　　　　责任校对：庄　瑜

印　　刷：北京建宏印刷有限公司　　　版　　次：2023 年 1 月第 1 版第 5 次印刷

开　　本：185mm×260mm　1/16　　　印　　张：17

书　　号：ISBN 978-7-111-60738-0　　定　　价：59.80 元

客服电话：（010）88361066　68326294

PREFACE

前 言

Excel 用于数据处理和分析时功能丰富、强大，操作简单、直观，大大减轻了办公人员的工作负担。但各行各业的办公需求千差万别，软件的功能再强大也无法完全满足，而且一些重复性、模式化的工作，即便有软件的辅助，完成起来仍然相当烦琐。广大办公人员是不是就无法摆脱这种日复一日的枯燥了呢？答案是否定的。因为微软公司还为 Office 办公软件用户提供了一个利器——VBA。

VBA 全称为 Visual Basic for Applications，是微软公司为了让 Office 等应用程序能够执行通用的自动化任务而开发的一种编程语言。借助 VBA 对 Excel 进行二次开发，能够实现程序功能的个性化、重复操作的自动化、任务处理的批量化，从而进一步解放生产力。

许多从来没有接触过 VBA 的读者可能一听到"程序开发"和"代码编写"就开始在心里打起退堂鼓，其实完全不用担心，本书是一本专为普通办公人员打造的实战型 Excel VBA 工具书，旨在帮助读者快速、准确地完成数据量大、重复度高的工作，对 Excel 的理解和应用水平能够更上一层楼。

◎内容结构

本书共 14 章，以文秘、行政、人事、营销、财务等职业领域的办公需求为主线划分内容结构，采用"案例导向"的编写思路，讲解了 Excel VBA 的具体应用，涉及人力资源管理（包括员工信息管理、工资管理、值班管理、考勤管理、出差管理等）、客户信息管理、商品管理（包括入库管理、出货管理、销售管理、销售分析等）、投诉信息管理、固定资产管理等。

◎编写特色

★**理论知识精练**：本书不追求面向对象等程序设计理论知识的完整性和系统性，只精选对理解程序代码必不可少的核心要点进行浅显讲解，侧重于让没有编程基础的读者也能快速上手解决实际问题。

★**案例解读全面**：书中的程序代码都附有较详细的注解，能有效帮助读者快速理解程序所实现的功能及编写代码的思路，并通过穿插"重点语法与代码剖析""知识链接""高手点拨"等小栏目，有针对性地剖析重点和难点，介绍应用诀窍和扩展知识。

★**案例简单实用**：为帮助新手理解和掌握理论知识，本书每个案例的程序代码所实现的功能并不复杂，但在设计案例时并没有忽略代码的实用性。有一定编程基础的读者可对代码稍加修改，用于解决实际问题。

★**学习资源齐备**：随书附赠的云空间资料收录了所有案例的素材、源文件，便于读者按照书中讲解进行实际动手操作，更好地理解和掌握相应知识点。

★**学习方式先进**：书中所有案例均支持"扫码看视频"的学习方式。使用手机微信或其他能识别二维码的 App 扫描相应内容旁边的二维码，即可直接在线观看高清学习视频，学习方式更加方便、灵活。

◎读者对象

本书适合有一定 Excel 操作基础又想进一步提高工作效率的办公人员，如从事文秘、行政、人事、营销、财务等职业的人士阅读，对大中专院校的师生也极具参考价值。

本书由成都航空职业技术学院刘琼编著。由于编者水平有限，本书难免有不足之处，恳请广大读者批评指正。读者可扫描封面上的二维码关注公众号获取资讯，也可加入 QQ 群 733869952 进行交流。

编者

2018 年 8 月

如何获取云空间资料

步骤 1: 扫码关注微信公众号

在手机微信的"发现"页面中点击"扫一扫"功能，进入"二维码/条码"界面，将手机摄像头对准封面上的二维码，扫描识别后进入"详细资料"页面，点击"关注公众号"按钮，关注我们的微信公众号。

步骤 2: 获取资料下载地址和提取码

点击公众号主页面左下角的小键盘图标，进入输入状态，在输入框中输入本书书号的后 6 位数字"607380"，点击"发送"按钮，公众号就会自动发送云空间资料的下载地址和提取码，如下图所示。

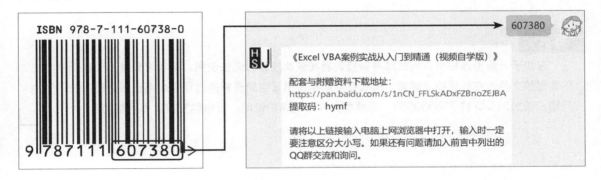

步骤 3: 打开资料下载页面

在计算机的网页浏览器地址栏中输入前面获取的下载地址（输入时注意区分大小写），如右图所示，按 Enter 键即可打开资料下载页面。

步骤 4: 输入提取码并下载资料

在资料下载页面的"请输入提取码"文本框中输入前面获取的提取码（输入时注意区分大小写），再单击"提取文件"按钮。在新页面中单击打开资料文件夹，在要下载的文件名后单击"下载"按钮，即可将文件下载到计算机中。如果页面中提示需要登录百度账号或安装百度网盘客户端，则按提示操作（百度网盘注册为免费用户即可）。下载的资料如为压缩包，可使用 7-Zip、WinRAR 等软件解压。

步骤 5: 播放多媒体视频

如果解压后得到的视频是 SWF 格式，需要使用 Adobe Flash Player 进行播放。新版本的 Adobe Flash Player 不能单独使用，而是作为浏览器的插件存在，所以最好选用 IE 浏览器来播放

SWF 格式的视频。如下左图所示，右击需要播放的视频文件，然后依次单击"打开方式 > Internet Explorer"，系统会根据操作指令打开 IE 浏览器，如下右图所示，稍等几秒钟后就可看到视频内容。

如果视频是 MP4 格式，可选用其他通用播放器（如 Windows Media Player、QQ 影音）播放。

提示

　　若由于云服务器提供商的故障导致扫码看视频功能暂时无法使用，读者可通过上面介绍的方法下载视频文件包在计算机上观看。读者在下载和使用云空间资料的过程中如果遇到自己解决不了的问题，请加入 QQ 群 733869952，下载群文件中的详细说明，或向群管理员寻求帮助。

CONTENTS 目 录

第4章 员工基本资料管理

第5章 公司值班管理系统

第6章 考勤管理系统

第7章 外部文件的链接管理

第8章 销售分析系统

第9章 出货情况管理

第10章 员工出差管理系统

第11章 商品入库信息管理

第12章 投诉信息管理

第13章 自动生成产品分析报告

第14章 企业固定资产管理

高效处理学员信息

本章主要以"高效处理学员信息"为例介绍宏的使用方法。在本书中，宏特指用 VBA 代码记录的一个操作序列。它是最简单的 VBA 程序，也是学习 Excel VBA 的基础。本章将详细介绍录制宏、编辑宏和执行宏等操作，实现快速修改字体格式、自动格式化学员资料及自动保护学员资料表。

1.1 快速修改字体格式

Excel 工作表中常常存储着大量的数据，如果需要为工作表中不同位置的数据设置不同的字体格式，那么通过手工操作来完成就有点耗费时间了。此时用户可以录制一个设置字体格式的宏，然后通过修改宏的部分代码来修改字体格式。

扫码看视频

◎ 原始文件：实例文件\第1章\原始文件\快速修改字体格式.xlsx
◎ 最终文件：实例文件\第1章\最终文件\快速修改字体格式.xlsm

1.1.1 录制"修改字体格式"宏

若要录制快速修改字体格式的宏，则需要先启动宏的录制，然后根据需要进行字体格式的设置操作，最后停止录制。具体操作如下。

步骤01 启动宏的录制。打开原始文件，在"开发工具"选项卡下单击"代码"组中的"录制宏"按钮，如下图所示。

步骤02 设置宏名。弹出"录制宏"对话框，在"宏名"文本框中输入"修改字体格式"，如下图所示，然后单击"确定"按钮。

👍 **高手点拨：录制宏的注意事项**

在录制宏的过程中，所有的Excel操作都会被完整地记录下来，包括错误的操作。因此，在录制宏之前，建议先演练一下需要录制的操作，这样有助于保证一次录制成功。

步骤03 合并单元格区域。返回工作表，选中单元格区域A1:H1，在"开始"选项卡下单击"对齐方式"组中的"合并后居中"按钮，在展开的列表中单击"合并后居中"选项，如下图所示。

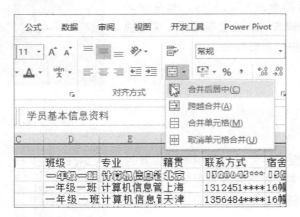

步骤04 设置标题字体。单击"字体"组中的"字体"下三角按钮，在展开的列表中单击"黑体"选项，如下图所示。这样可将选中文本的字体设置为黑体。

步骤05 设置标题字号。单击"字体"组中的"字号"下三角按钮，在展开的列表中单击20选项，即可将选中文本的字号设置为20磅，如下图所示。

步骤06 设置字体颜色。在"字体"组中单击"字体颜色"下三角按钮，在展开的颜色库中单击"蓝色"，如下图所示。

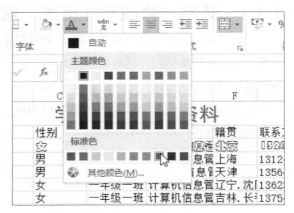

步骤07 停止宏的录制。此时选中的文本即设置为需要的格式了。在"开发工具"选项卡下单击"代码"组中的"停止录制"按钮，停止宏的录制，如右图所示。

知识链接 **停止宏录制**

当用户完成需要的操作，停止宏录制后，之后的操作过程将不会被记录。

1.1.2　查看宏代码

完成宏的录制后，可通过"宏"功能来查看宏的代码。具体操作如下。

步骤01 打开"宏"对话框。继续上一小节的操作，在"代码"组中单击"宏"按钮，如下图所示。

步骤02 查看宏代码。弹出"宏"对话框，单击"宏名"列表框中的"修改字体格式"选项，单击"编辑"按钮，如下图所示。

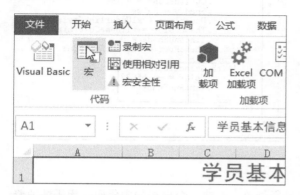

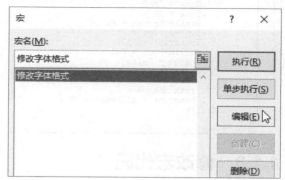

知识链接　查看宏代码

录制完宏之后，用户可以进入 VBE 编程环境中查看宏代码，删除多余的操作代码，修改错误的操作代码。

步骤03 查看合并单元格区域的代码。进入VBE编程环境，"模块1（代码）"窗口中的代码段即为合并后居中的代码，如下图所示。

步骤04 查看设置字体的代码。在"模块1（代码）"窗口中，如下图所示的代码段即为设置字体为黑体的代码。

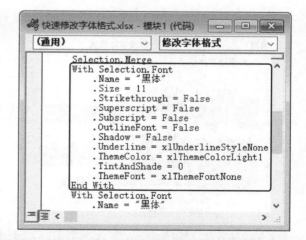

✖ 重点语法与代码剖析：在 VBA 中定义一个过程的语法

Sub < 过程名 >(< 参数名 > As < 参数类型 >[, < 参数名 > As < 参数类型 >…])
　　< 代码段 >
End Sub
其中，"代码段"是指符合 VBA 语法的任何语句。

步骤05 查看设置字号大小的代码。在"模块1（代码）"窗口中，如下图所示的代码段即为设置字号为20磅的代码。

步骤06 查看设置字体颜色的代码。在"模块1（代码）"窗口中，如下图所示的代码段即为设置字体颜色为蓝色的代码。

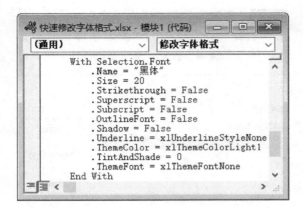

1.1.3 修改宏代码

本小节将在上一小节录制的宏代码的基础上进行修改，完成一个自制的宏代码，用于快速修改表格字段名称和正文的字体格式。具体操作如下。

步骤01 删除不需要的代码。继续上一小节的操作，选中如下图所示的代码，按Delete键将其删除。

步骤02 设置各字段名称的字体格式。输入注释语句"'设置各字段名称的字体格式"，将Range语句的单元格区域更改为"A2:H2"，将Size语句的字号更改为14，将Color语句的字体颜色更改为"RGB(128，0，128)"（紫色），如下图所示。

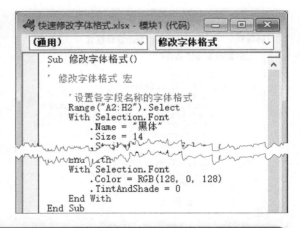

> 👍 **高手点拨：Range.Select方法的用法**
>
> Range.Select方法用于选择单元格或单元格区域，其语法格式为：表达式.Select。其中，"表达式"是一个代表Range对象的变量。若要使单个单元格成为活动单元格，则应使用Activate方法。

步骤03 复制、粘贴代码。在第2个End With语句之后按Enter键换行，输入注释语句"'设置正文的字体格式"。选中Range("A2:H2").Select语句至第2个End With语句之间的代码，利用Ctrl+C和Ctrl+V组合键将这段代码复制、粘贴在注释语句之后，如下左图所示。

步骤04　设置正文的字体颜色。将Range语句的单元格区域更改为"A3:H31"，将Name语句中的字体更改为"华文仿宋"，将Size语句中的字号更改为12，将Color语句中的字体颜色更改为"RGB(0, 0, 0)"（黑色），如下右图所示。

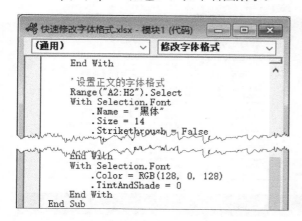

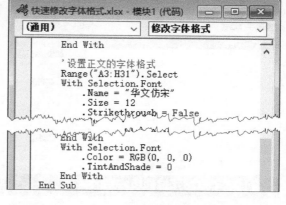

步骤05　保存修改后的文件。单击菜单栏中的"文件"菜单，在展开的列表中单击"保存 快速修改字体格式.xlsx"命令，如下图所示，即可保存该工作簿。

步骤06　打开"另存为"对话框。弹出提示框，提示用户无法在未启用宏的工作簿中保存VB项目，单击"否"按钮，如下图所示。

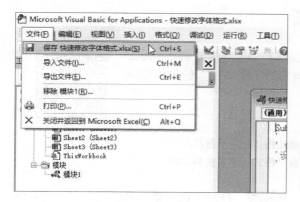

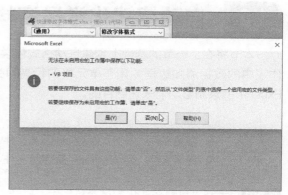

步骤07　另存为启用宏的文件。弹出"另存为"对话框，在地址栏中选择文件要存储的路径，设置"保存类型"为"Excel启用宏的工作簿（*.xlsm）"，单击"保存"按钮，即可完成新文件的保存，如右图所示。

1.1.4　运行宏

创建宏或修改宏代码后，可通过运行宏来查看宏的效果。具体操作如下。

步骤01　执行宏。继续上一小节的操作，打开"宏"对话框，在"宏名"列表框中单击"修改字体格式"选项，单击"执行"按钮，如下左图所示。

步骤02　查看最终效果。程序执行完成后，工作表中的所有字体格式都按照代码中的设置做了相应的调整，如下右图所示。

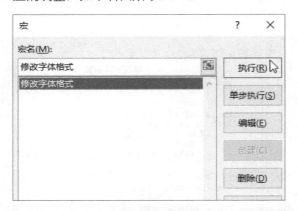

　高手点拨：其他执行宏的方法

在Excel中有多种方法可执行已经录制的宏或VBA程序，本小节采用的"宏"对话框只是其中的一种。此外，还可以通过工作表按钮、工作表中指定宏的按钮控件、工作表中指定宏的图片、功能区中的按钮等多种方法来执行宏或VBA程序。

1.2　自动格式化学员资料

本节将在上一节的基础上创建自动格式化学员资料的宏，主要功能是对工作表中的数据添加边框并调整单元格的行高和列宽。下面详细介绍如何使用Excel中的录制宏功能来达到目的。

◎　原始文件：实例文件\第1章\原始文件\自动格式化学员资料.xlsm
◎　最终文件：实例文件\第1章\最终文件\自动格式化学员资料.xlsm

步骤01　录制"自动格式化学员资料"宏。打开原始文件，在"开发工具"选项卡下单击"代码"组中的"录制宏"按钮，弹出"录制宏"对话框，在"宏名"文本框中输入"自动格式化学员资料"，单击"确定"按钮，如下图所示。

步骤02　打开"设置单元格格式"对话框。返回工作表，选中单元格区域A2:H2后，在"开始"选项卡下单击"对齐方式"组中的对话框启动器，如下图所示。

步骤03 设置外边框样式。弹出"设置单元格格式"对话框,在"边框"选项卡下单击"线条"选项组中的"粗线条"样式,在"预置"选项组中单击"外边框"按钮,如下图所示。

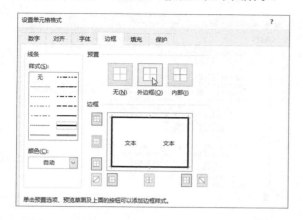

步骤04 设置内边框样式。在"线条"选项组中单击"细线条"样式,在"预置"选项组中单击"内部"按钮,如下图所示。

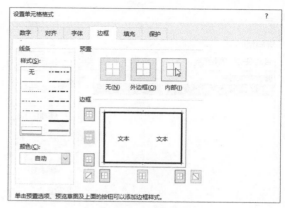

步骤05 设置填充颜色。在"填充"选项卡下单击"背景色"选项组中的"淡橙色"图标,如下图所示。设置完毕后,单击"确定"按钮即可。

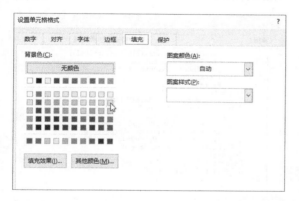

步骤06 自动调整行高。若要根据内容自动调整行高,则在"开始"选项卡下单击"单元格"组中的"格式"按钮,在展开的列表中单击"自动调整行高"选项,如下图所示。

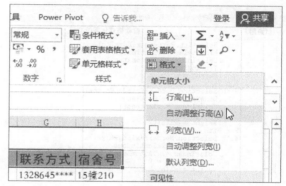

步骤07 自动调整列宽。若要根据内容自动调整列宽,则在"单元格"组中单击"格式"按钮,在展开的列表中单击"自动调整列宽"选项,如下图所示。

步骤08 停止录制宏并查看效果。停止录制宏,此时可以看到选中单元格的行高、列宽及边框和背景颜色都发生了相应的变化,如下图所示。

步骤09 查看录制宏的代码。按Alt+F8组合键，打开"宏"对话框，在"宏名"列表框中单击"自动格式化学员资料"选项，单击"编辑"按钮，如下图所示。

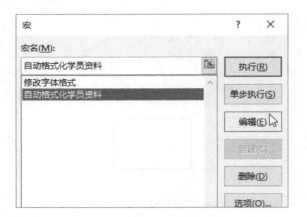

步骤10 查看设置左边框和顶部边框样式的代码。进入VBE编程环境，在"模块2（代码）"窗口中，如下图所示的代码段即为设置左边框和顶部边框样式的代码。

步骤11 查看设置底部边框和右边框样式的代码。在"模块2（代码）"窗口中，如下图所示的代码段即为设置底部边框和右边框样式的代码。

步骤12 查看其他代码。在"模块2（代码）"窗口中，下图所示的代码段即为设置所有单元格的内边框样式、填充颜色及自动调整行高和列宽的代码。

✖ 重点语法与代码剖析：Range.CurrentRegion 属性的用法

Range.CurrentRegion 属性用于返回一个 Range 对象，该对象表示当前区域。当前区域是以空行与空列的组合为边界的区域。该属性的语法格式为：表达式 .CurrentRegion。其中，"表达式"是一个代表 Range 对象的变量。

注意：该属性对于许多自动扩展选择范围以包含整个数据区域的操作很有用，如 AutoFormat 方法。该属性不能用于被保护的工作表。

步骤13 添加代码。在"模块2（代码）"窗口中添加如下左图所示的第3~7行语句，用于获取当前工作表的行数和列数；添加如下左图所示的第8~9行语句，用于选中工作表中第3行到末行的数据。

步骤14 添加修改左边框和顶部边框样式的代码。在"模块2（代码）"窗口中添加如下右图所示的语句，用于设置左边框和顶部边框样式与刚才录制的边框样式一致。

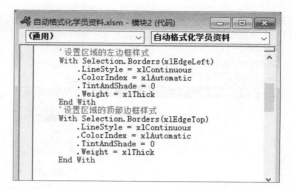

> ✘ **重点语法与代码剖析：Range.Rows 和 Range.Columns 属性的用法**
>
> 　　Range.Rows 属性用于返回一个 Range 对象，它代表指定区域中的行。
> 　　Range.Columns 属性用于返回一个 Range 对象，它代表指定区域中的列。需要注意的是，在不使用对象识别符的情况下，使用 Range.Columns 属性等效于使用 ActiveSheet.Columns。此属性应用于多重选定区域的 Range 对象时，将只从该区域的第一个子区域中返回列。例如，如果 Range 对象有两个子区域 A1:B2 和 C3:D4，那么 Selection.Columns.Count 的返回值是 2，而不是 4。若要对一个可能包含多重选定区域的对象使用此属性，请测试 Areas.Count 以确定此区域内是否包含多个子区域。如果包含，请对此区域内的每个子区域进行循环。

步骤15　添加底部边框和右边框样式的代码。在"模块2（代码）"窗口中添加如下图所示的语句，用于设置底部边框和右边框样式与刚才录制的边框样式一致。

步骤16　添加其他代码。在"模块2（代码）"窗口中添加如下图所示的第1~14行语句，用于设置所有单元格的水平和垂直内部边框样式与刚才录制的边框样式一致；继续添加如下图所示的第15~17行语句，用于设置单元格行高和列宽根据内容自动调整，其中"Selection"代表工作表第3行至末行的数据区域。

步骤17　执行宏。按Alt+F8组合键，打开"宏"对话框，在"宏名"列表框中单击"自动格式化学员资料"选项，单击"执行"按钮，如下左图所示。

步骤18　查看执行代码后的效果。程序执行完成后，可看到工作表中从第3行数据开始自动添加了边框，并自动根据内容调整了行高和列宽，如下右图所示。

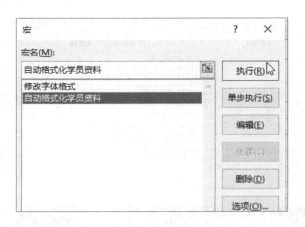

1.3 自动保护学员资料表

保护工作表是为了防止工作表中的数据被无意或恶意修改、删除。如果工作簿中的工作表数量较多，逐个工作表地进行保护是比较麻烦的事情。本节将通过录制宏并修改宏代码来实现自动对所有工作表进行保护。

扫码看视频

◎ 原始文件：实例文件\第1章\原始文件\保护工作表.xlsm
◎ 最终文件：实例文件\第1章\最终文件\保护工作表.xlsm

1.3.1 录制"保护工作表"宏

完成"学员基本信息资料"表格的创建后，本小节将对其进行保护，并将相关操作录制为宏，用于一键保护所有工作表。具体操作如下。

步骤01 录制宏。打开原始文件，在"开发工具"选项卡下单击"代码"组中的"录制宏"按钮，弹出"录制宏"对话框，在"宏名"文本框中输入"保护工作表"，单击"确定"按钮，如下图所示。

步骤02 保护工作表。返回工作表，在"审阅"选项卡下单击"更改"组中的"保护工作表"按钮，如下图所示。

步骤03 设置保护密码。弹出"保护工作表"对话框，在"取消工作表保护时使用的密码"文本框中输入"123456"，单击"确定"按钮，如下图所示。

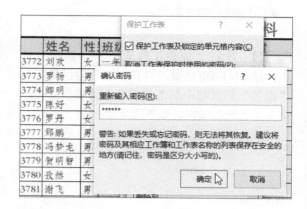

步骤04 输入确认密码。弹出"确认密码"对话框，在"重新输入密码"文本框中输入"123456"，单击"确定"按钮，如下图所示。

步骤05 查看保护工作表后的效果。单击"停止录制"按钮，结束宏的录制。在任意单元格中输入内容，此时会弹出提示框，提示用户若要修改工作表，需要先撤销保护，单击"确定"按钮即可，如下图所示。

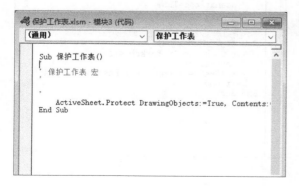

步骤06 编辑"保护工作表"宏的代码。按Alt+F8组合键，打开"宏"对话框，在"宏名"列表框中单击"保护工作表"选项，单击"编辑"按钮，如下图所示。

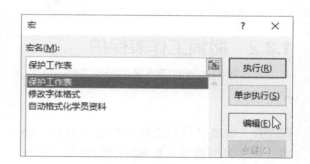

步骤07 查看"保护工作表"宏的代码。进入VBE编程环境，在打开的"模块3（代码）"窗口中会显示如下图所示的代码段，即"保护工作表"宏对应的代码，它仅能保护当前激活的工作表。

```
Sub 保护工作表()
'
' 保护工作表 宏
'

    ActiveSheet.Protect DrawingObjects:=True, Contents:
End Sub
```

步骤08 修改"保护工作表"宏的代码。在"模块3（代码）"窗口中修改"保护工作表"宏的代码，得到如下图所示的代码段，该段代码中使用For Each…Next循环语句对每个工作表进行保护，并设置保护密码为"123456"。

```
Sub 保护工作表()
    ' 循环保护当前工作簿中的每个工作表
    For Each one In Worksheets
        one.Select
        '保护工作表，设置密码为123456
        ActiveSheet.Protect Password:=123456, _
        DrawingObjects:=True, Contents:=True, _
        Scenarios:=True
    Next one
End Sub
```

> **知识链接** **使用宏设置保护工作表密码**
>
> 　　使用录制宏功能得到的保护工作表代码，并不会记录操作过程中设置的保护密码。将该宏用于保护其他工作表时，只需单击撤销按钮即可撤销保护。若要设置保护密码，则应在 Protect 方法中添加 Password 参数值。

步骤09　执行"保护工作表"宏。返回工作表，按Alt+F8组合键，打开"宏"对话框，在"宏名"列表框中单击"保护工作表"选项，单击"执行"按钮，如下图所示。

步骤10　查看执行宏后的效果。程序执行完成后，返回工作表，在Sheet3工作表中输入内容，此时会弹出提示框，提示用户若要修改工作表，需要先撤销保护，单击"确定"按钮即可，如下图所示。

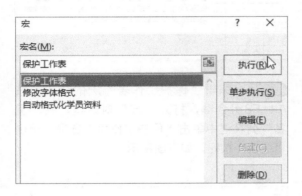

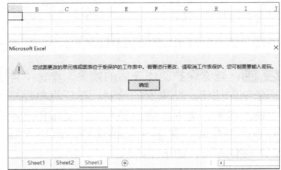

1.3.2　撤销工作表保护

　　若要撤销对当前工作簿中所有工作表的保护，也可通过添加相应的宏代码来实现。具体操作如下。

步骤01　编辑"保护工作表"宏的代码。继续上一小节的操作，按Alt+F8组合键，打开"宏"对话框，在"宏名"列表框中单击"保护工作表"选项，单击"编辑"按钮，如下图所示。

步骤02　添加"撤销工作表保护"代码。在"模块3（代码）"窗口中输入如下图所示的第4~10行语句，用于撤销工作簿中各工作表的保护。需注意的是，这里设置的保护密码都是"123456"。

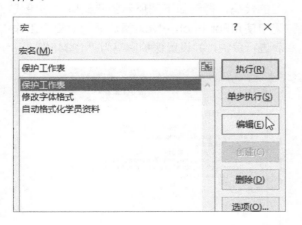

👍 **高手点拨：撤销工作表保护**

　　在本实例中，使用宏代码撤销所有工作表的保护的前提是，为各工作表设置的保护密码是一致的。

步骤03 执行宏。返回工作表，按Alt+F8组合键，打开"宏"对话框，在"宏名"列表框中单击"撤销工作表保护"选项，单击"执行"按钮，如下图所示。

步骤04 查看最终效果。程序执行完成后，系统自动切换到Sheet3工作表，在单元格A1中输入"20180322"，将不会弹出保护提示框，如下图所示。

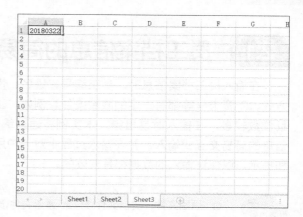

读书笔记

第2章 员工工资管理

本章以员工工资管理中的输入员工档案信息、输入员工工资及计算员工工资排名为例，利用 VBA 程序实现以简易交互的方式输入每个员工的档案信息，然后实现员工编号与员工姓名、工资卡号的关联，最后对工资进行排名，且将名次写入相应的单元格中，并以对话框的形式显示薪资前 10 名的员工姓名和相应的实发工资。

2.1 员工档案信息的简易交互输入

在输入员工档案信息时，员工编号、姓名、性别、所在部门、工龄、联系方式、工资卡号等都有一定的限制条件。例如，工资卡号的位数是特定的，并且位数较多，在输入时易出错。本实例将通过编写 VBA 代码，实现员工档案信息的简易交互式输入，并在输入过程中对用户所输入数据的有效性进行判断和提示，以保证输入的数据都是有效的。

扫码看视频

◎ 原始文件：实例文件\第2章\原始文件\员工档案的简易交互输入.xlsm
◎ 最终文件：实例文件\第2章\最终文件\员工档案的简易交互输入.xlsm

2.1.1 编写激活程序的事件过程

要实现员工档案信息的简易交互输入，需先确认激活程序的事件，然后编写相应的代码。本小节将介绍如何编写激活程序的事件过程代码，具体操作如下。

步骤01 进入VBE编程环境。打开原始文件，在"开发工具"选项卡下单击"代码"组中的Visual Basic按钮，如下图所示。

步骤02 编写激活程序的事件过程代码。进入VBE编程环境，在"工程"窗口中双击Sheet1，然后在"Sheet1（代码）"窗口中输入如下图所示的代码段并保存。

知识链接 | **Excel VBA的基础知识**

　　Excel VBA 是一种完全面向对象体系结构的编程语言，能够极大地扩展 Excel 的功能，其语法包括事件、对象、属性及方法等。

2.1.2 编写"交互输入"过程代码

　　在激活程序的事件过程中调用了名为"交互输入"的过程来启动简易交互输入，接下来就需要编写"交互输入"过程的代码，才能实现简易交互输入。具体操作如下。

步骤01 插入模块。继续上一小节的操作，在菜单栏中单击"插入"菜单，在展开的列表中单击"模块"命令，如右图所示。

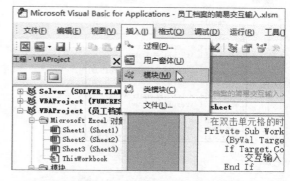

步骤02 定义"交互输入()"过程。在"模块1（代码）"窗口中输入如右图所示的代码段。该代码段使用Sub语句来定义过程的名称、参数。在构成过程主体的代码中，首先使用Application.ScreenUpdating=False语句关闭屏幕刷新，再编写多个Do…Loop循环语句，每个循环语句中都调用了一个自定义输入函数，如InputName()函数等，直到用户输入的信息正确，循环调用才结束。

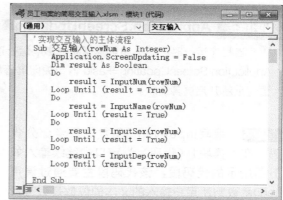

✖ 重点语法与代码剖析：Do…Loop 语句的用法

★语法格式

```
Do [{While | Until} condition]
    [statements]
    [Exit Do]
    [statements]
Loop
```

★功能说明

　　当条件为 True，或直到条件变为 True 时，重复执行一个语句块中的代码。其中，condition 是可选参数，可以是数值表达式或字符串表达式，其值为 True 或 False。如果 condition 为 Null，则 condition 会被当成 False。statements 是要被重复执行的一行或多行代码。另外，还可以在 Do…Loop 中的任意位置放置任意数量的 Exit Do 语句，随时跳出 Do…Loop 循环。

步骤03 继续编写"交互输入()"过程的代码。在"模块1（代码）"窗口中的End Sub语句之前继续输入如下图所示的代码段，该代码段主要使用循环语句调用InputPost()、InputSeniority()、InputPhone()、InputAccount()等自定义函数，然后使用Application.ScreenUpdating=True语句启动屏幕刷新。

步骤04 编写InputNum()函数的前半部分代码。在"模块1（代码）"窗口中继续输入如下图所示的代码段来定义InputNum()函数，其中调用InputBox()函数来获取用户在对话框中输入的文本信息并赋值给变量answer，然后使用If语句判定当用户单击对话框中的"取消"按钮时，跳过该步骤。

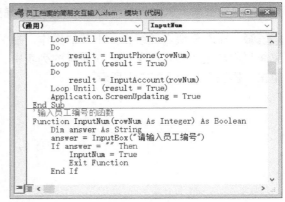

知识链接 **Application.ScreenUpdating属性的用法**

当程序运行时，不关闭屏幕刷新会影响运行速度，因此，在编写程序时，经常会在开始部分用Application.ScreenUpdating=Fasle 语句关闭屏幕刷新，在末尾用 Application.ScreenUpdating=True 语句重新开启屏幕刷新。

步骤05 编写InputNum()函数的后半部分代码。在"模块1（代码）"窗口中继续输入如下图所示的代码段，该代码段主要通过调用Len()函数判断用户输入的文本的位数是否符合要求，如果判断结果为真，则写入工作表中；否则弹出提示框。其中，Trim()函数的作用是去掉输入文本信息中的首尾空格。

```
        If answer = "" Then
            InputNum = True
            Exit Function
        End If
        answer = Trim(answer)
        InputNum = False
        On Error GoTo prompt
        Dim digit As Long
        digit = CLng(answer)
        If Len(answer) = 6 Then
            InputNum = True
        End If
        If InputNum = True Then
            Worksheets(1).Cells(rowNum, 1) = answer
        Else
prompt:    MsgBox ("输入内容必须为6位数字，请重新输入")
        End If
End Function
```

步骤06 编写InputName()函数的前半部分代码。在"模块1（代码）"窗口中继续输入如下图所示的代码段，该代码段调用InputBox()函数来获取用户在对话框中输入的文本信息并赋值给answer，然后使用If语句判定是否跳过该步骤，并在其中使用Dim语句来定义变量的类型。

```
        If Len(answer) = 6 Then
            InputNum = True
        End If
        If InputNum = True Then
            Worksheets(1).Cells(rowNum, 1) = answer
        Else
prompt:    MsgBox ("输入内容必须为6位数字，请重新输入")
        End If
End Function
'输入姓名的函数
Function InputName(rowNum As Integer) As Boolean
        Dim answer As String
        answer = InputBox("请输入员工姓名")
        If answer = "" Then
            InputName = True
            Exit Function
        End If
```

知识链接　**自定义函数和过程**

在 Excel VBA 中，用户可将需要反复使用的代码写入自定义函数或过程中，从而简化代码。自定义函数可使用 Function…End Function 语句，自定义过程可使用 Sub…End Sub 语句。

✖ 重点语法与代码剖析：InputBox() 函数的用法

★语法格式

InputBox(prompt[, title][, default][, xpos][, ypos][, helpfile, context])

★功能说明

在程序中调用 InputBox() 函数时，将会弹出一个对话框，其中包括提示信息、一个用于输入的文本框及一组"确定"和"取消"按钮，用户输入的文本信息就是 InputBox() 函数的返回值。其中，prompt 是必需参数，数据类型为 String，用于设置弹出对话框中的提示信息；title 是可选参数，数据类型为 String，用于设置弹出对话框的标题；default 是可选参数，数据类型为 String，其内容会在用户输入前作为默认值显示在文本框中。

步骤07　编写InputName()函数的后半部分代码。在"模块1（代码）"窗口中继续输入如下图所示的代码段，该代码段主要用于将用户输入的信息写入工作表中指定的位置。

步骤08　编写InputSex()函数的前半部分代码。在"模块1（代码）"窗口中继续输入如下图所示的代码段，该代码段调用InputBox()函数来获取用户输入的文本信息，并定义了一个字符串数组sex(2)，且为数组变量赋予固定值。

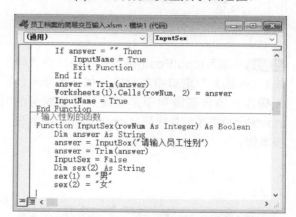

✖ 重点语法与代码剖析：Dim…As 语句的用法

★语法格式

Dim [WithEvents] varname [([subscripts])] [As [New] type][, [WithEvents] varname [([subscripts])] As [New] type]]…

★功能说明

声明变量并分配存储空间。其中，WithEvents 是可选参数，说明 varname 是一个用来响应由 ActiveX 对象触发的事件的对象变量，它只有在类模块中才是合法的。使用 WithEvents 可以声明任意数量的单变量，但不能使用 WithEvents 创建数组。New 和 WithEvents 不能一起使用。varname 是必需的，指变量的名称，应遵循标准的变量命名约定。subscripts 是可选参数，指数组变量的维数，最多可以定义 60 维的多维数组。New 是可选参数，使用 New 来声明对象变量，则在第一次引用该变量时将新建该对象的实例，因此不必使用 Set 语句来给该对象引用赋值。New 关键字不能声明任何内部数据类型的变量及从属对象的实例。type 是可选参数，用来指定变量的数据类型。

步骤09 编写InputSex()函数的后半部分代码。在"模块1（代码）"窗口中继续输入如下图所示的代码段，该代码段使用For循环语句将answer的值与数组sex(2)中的每一个值进行比较，如果相同，则退出该函数，否则弹出对话框，提示只能在文本框中输入"男"或"女"，并且要求重新输入。

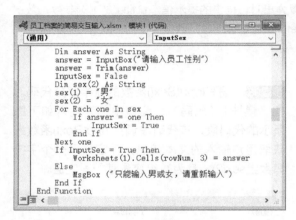

```
        Dim answer As String
        answer = InputBox("请输入员工性别")
        answer = Trim(answer)
        InputSex = False
        Dim sex(2) As String
        sex(1) = "男"
        sex(2) = "女"
        For Each one In sex
            If answer = one Then
                InputSex = True
            End If
        Next one
        If InputSex = True Then
            Worksheets(1).Cells(rowNum, 3) = answer
        Else
            MsgBox ("只能输入男或女，请重新输入")
        End If
End Function
```

步骤10 编写InputDep()函数的代码。在"模块1（代码）"窗口中继续输入如下图所示的代码段，该代码段调用InputBox()函数来获取用户输入的文本信息，并使用Trim()函数去掉输入的文本信息中的首尾空格，再将处理后的文本信息写入工作表中指定的单元格中。

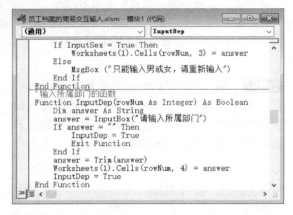

```
        If InputSex = True Then
            Worksheets(1).Cells(rowNum, 3) = answer
        Else
            MsgBox ("只能输入男或女，请重新输入")
        End If
End Function
'输入所属部门的函数
Function InputDep(rowNum As Integer) As Boolean
    Dim answer As String
    answer = InputBox("请输入所属部门")
    If answer = "" Then
        InputDep = True
        Exit Function
    End If
    answer = Trim(answer)
    Worksheets(1).Cells(rowNum, 4) = answer
    InputDep = True
End Function
```

步骤11 编写InputPost()函数的代码。在"模块1（代码）"窗口中继续输入如下图所示的代码段，该代码段用于定义输入员工职务的InputPost()函数，其代码与InputDep()函数的代码类似。

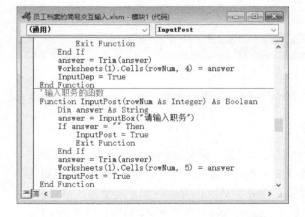

```
            Exit Function
        End If
        answer = Trim(answer)
        Worksheets(1).Cells(rowNum, 4) = answer
        InputDep = True
End Function
'输入职务的函数
Function InputPost(rowNum As Integer) As Boolean
    Dim answer As String
    answer = InputBox("请输入职务")
    If answer = "" Then
        InputPost = True
        Exit Function
    End If
    answer = Trim(answer)
    Worksheets(1).Cells(rowNum, 5) = answer
    InputPost = True
End Function
```

步骤12 编写InputSeniority()函数的前半部分代码。在"模块1（代码）"窗口中继续输入如下图所示的代码段，该代码段调用InputBox()函数来获取输入的文本信息并赋值给变量answer，调用Trim()函数去掉输入的文本信息中的首尾空格，最后调用CInt()函数将变量answer转换为整数型，并赋值给变量Seniority。

```
        Worksheets(1).Cells(rowNum, 5) = answer
        InputPost = True
End Function
'输入工龄的函数
Function InputSeniority(rowNum As Integer) As Boolean
    Dim answer As String
    answer = InputBox("请输入员工工龄")
    If answer = "" Then
        InputSeniority = True
        Exit Function
    End If
    answer = Trim(answer)
    InputSeniority = False
    On Error GoTo prompt
    Dim Seniority As Integer
    Seniority = CInt(answer)
```

步骤13 编写InputSeniority()函数的后半部分代码。在"模块1（代码）"窗口中继续输入如下图所示的代码段，其中使用If语句判断Seniority变量的值是否在1～50之间（不含1和50），如果不是，则弹出对话框提示输入内容格式错误或超出范围，并要求重新输入。

```
员工档案的简易交互输入.xlsm - 模块1 (代码)
(通用)                          InputSeniority
        InputSeniority = True
        Exit Function
    End If
    answer = Trim(answer)
    InputSeniority = False
    On Error GoTo prompt
    Dim Seniority As Integer
    Seniority = CInt(answer)
    If Seniority > 1 And Seniority < 50 Then
        InputSeniority = True
    End If
    If InputSeniority = True Then
        Worksheets(1).Cells(rowNum, 6) = answer
    Else
prompt: MsgBox ("输入内容格式错误或超出范围，请重新输入")
    End If
End Function
```

步骤14 编写InputPhone()函数的前半部分代码。在"模块1（代码）"窗口中继续输入如下图所示的代码段，其中使用On Error GoTo语句指出，当InputPhone()函数值为假时，错误信息提示代码所在的位置。

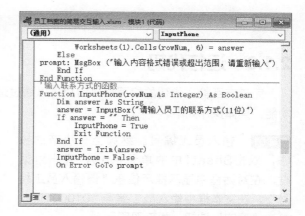

```
员工档案的简易交互输入.xlsm - 模块1 (代码)
(通用)                          InputPhone
        Worksheets(1).Cells(rowNum, 6) = answer
    Else
prompt: MsgBox ("输入内容格式错误或超出范围，请重新输入")
    End If
End Function
' 输入联系方式的函数
Function InputPhone(rowNum As Integer) As Boolean
    Dim answer As String
    answer = InputBox("请输入员工的联系方式(11位)")
    If answer = "" Then
        InputPhone = True
        Exit Function
    End If
    answer = Trim(answer)
    InputPhone = False
    On Error GoTo prompt
```

✖ 重点语法与代码剖析：Worksheet 对象的引用

要索引 Worksheets 集合中的 Worksheet 对象，可以用数字序号或表名的方法，如本实例中的 Worksheets(1)。其中，数字序号代表工作表在工作簿中的位置，最靠左的工作表的数字序号为 1，最靠右的工作表的数字序号是 Worksheets.Count。如果要访问名为"员工档案"的工作表，则可以使用 Worksheets("员工档案") 来索引。

步骤15 编写InputPhone()函数的后半部分代码。在"模块1（代码）"窗口中继续输入如下图所示的代码段，该代码段主要用于判定输入的文本信息的位数是否为11位，如果不是，则弹出对话框提示输入的内容必须为11位数字。其中调用了Len()函数，用于统计变量answer值的字符串位数。

```
员工档案的简易交互输入.xlsm - 模块1 (代码)
(通用)                          InputPhone
    If answer = "" Then
        InputPhone = True
        Exit Function
    End If
    answer = Trim(answer)
    InputPhone = False
    On Error GoTo prompt
    If Len(answer) = 11 Then
        InputPhone = True
    End If
    If InputPhone = True Then
        Worksheets(1).Cells(rowNum, 7) = answer
    Else
prompt: MsgBox ("输入的内容必须为11位数字，请重新输入")
    End If
End Function
```

步骤16 编写InputAccount()函数的代码。在"模块1（代码）"窗口中继续输入如下图所示的代码段，该代码段用于定义输入工资卡号的InputAccount()函数，其代码与InputPhone()函数的代码类似。它们都需要限制输入的文本信息的位数。

```
员工档案的简易交互输入.xlsm - 模块1 (代码)
(通用)                          InputAccount
' 输入员工工资卡号的函数
Function InputAccount(rowNum As Integer) As Boolean
    Dim answer As String
    answer = InputBox("请输入员工工资卡号(后9位)")
    If answer = "" Then
        InputAccount = True
        Exit Function
    End If
    answer = Trim(answer)
    InputAccount = False
    On Error GoTo prompt
    If Len(answer) = 9 Then
        InputAccount = True
    End If
    If InputAccount = True Then
        Worksheets(1).Cells(rowNum, 8) = answer
    Else
prompt: MsgBox ("输入的内容必须为9位数字，请重新输入")
    End If
End Function
```

步骤17 返回Excel视图。完成函数的定义后，单击菜单栏中的"文件"菜单，在展开的列表中单击"关闭并返回到Microsoft Excel"命令，如右图所示，即可返回Excel视图。

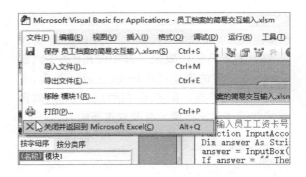

2.1.3 运行代码

完成交互输入代码的编写后，用户可以通过运行代码来检验代码是否正确，能否实现预期的功能。具体操作如下。

步骤01 输入员工编号。继续上一小节的操作，双击Sheet1中的单元格A3，弹出对话框，在对话框中显示提示信息"请输入员工编号"，在文本框中输入员工编号"010001"，单击"确定"按钮，如下图所示。

步骤02 输入员工姓名。在工作表中弹出第2个对话框，提示用户输入员工姓名，在文本框中输入"陈好"，输入完毕后单击"确定"按钮，如下图所示。

✗ 重点语法与代码剖析：调用 InputBox() 函数在工作表中显示的形式

在程序中调用 InputBox() 函数后会弹出对话框，如果在弹出对话框的文本框中输入内容，然后单击"确定"按钮，则输入的内容将作为函数的返回值；如果单击"取消"按钮，则无论文本框中输入的是什么，返回值都是空字符串。

步骤03 输入员工性别。在工作表中弹出第3个对话框，提示用户输入员工性别，在文本框中输入"女"，输入完毕后单击"确定"按钮，如下图所示。

步骤04 输入所属部门。在工作表中弹出第4个对话框，提示用户输入所属部门，在文本框中输入"行政部"，输入完毕后单击"确定"按钮，如下图所示。

步骤05　输入职务。在工作表中弹出第5个对话框，提示用户输入员工的职务，在文本框中输入"秘书长"，输入完毕后单击"确定"按钮，如下图所示。

步骤06　输入员工工龄。在工作表中弹出第6个对话框，提示用户输入员工工龄，在文本框中输入"3"，输入完毕后单击"确定"按钮，如下图所示。

步骤07　输入联系方式。在工作表中弹出第7个对话框，提示用户输入员工的联系方式，在文本框中输入11位手机号，输入完毕后单击"确定"按钮，如下图所示。

步骤08　输入员工工资卡号。在工作表中弹出第8个对话框，提示用户输入员工的工资卡号，在文本框中输入"566789732"，输入完毕后单击"确定"按钮，如下图所示。

步骤09　输入错误的员工编号。此时可看到在8个对话框中输入的数据被自动写入到双击单元格对应的行中。双击单元格A4，工作表中将再次弹出对话框，提示输入员工编号，输入员工编号"01002"，输入完毕后单击"确定"按钮，如下图所示。

步骤10　提示员工编号为6位数字。弹出提示框，提示"输入内容必须为6位数字，请重新输入"，单击"确定"按钮即可，如下图所示。重新弹出输入员工编号的对话框，然后输入正确的员工编号，并单击"确定"按钮。

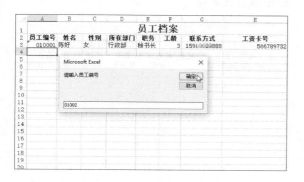

步骤11 输入员工性别为数字。在弹出的第2个对话框中输入员工姓名"刘恒"，单击"确定"按钮。弹出第3个对话框，提示输入员工性别，在文本框中输入"1"，输入完毕后单击"确定"按钮，如下图所示。

步骤12 提示只能输入"男"或"女"。弹出提示框，提示只能输入"男"或"女"，单击"确定"按钮即可，如下图所示。重新弹出输入员工性别的对话框，然后输入正确的性别"男"，并单击"确定"按钮。

步骤13 输入员工工龄"50"。在弹出的第4个和第5个对话框中输入相应的员工所属部门、职务，在弹出的第6个对话框中输入员工工龄"50"，单击"确定"按钮，如下图所示。

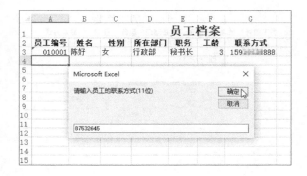

步骤14 提示数据错误。弹出提示框，提示用户输入内容格式错误或超出范围，单击"确定"按钮即可，如下图所示。重新在输入员工工龄的对话框中输入正确的工龄即可。

步骤15 输入错误的员工联系方式。弹出输入员工联系方式的对话框，在文本框中输入"87532645"，输入完毕后单击"确定"按钮，如下图所示。

步骤16 提示输入内容必须为11位数字。弹出提示框，提示用户输入的内容必须为11位数字，单击"确定"按钮即可，如下图所示。重新弹出输入员工联系方式的对话框，输入正确的联系方式即可。

步骤17　输入员工工资卡号不足9位。弹出输入工资卡号的对话框，在文本框中输入"73526425"，输入完毕后单击"确定"按钮，如下图所示。

步骤18　提示只能输入9位数字。弹出提示框，提示用户输入的内容必须为9位数字，单击"确定"按钮即可，如下图所示。重新弹出输入员工工资卡号的对话框，输入正确的工资卡号即可。

2.2　实现员工编号与姓名、工资卡号的关联

每个月财务人员都需要对员工的工资进行核算，如果每次都输入员工的姓名、工资卡号，不仅工作量大，还容易出现错误。这里用 VBA 程序实现员工编号与员工姓名、工资卡号的关联，当用户在员工编号字段中输入员工的编号后，将自动显示相应的姓名和工资卡号，若未找到该编号的员工，则调用上一节中的简易交互输入过程代码输入新的员工档案。

扫码看视频

◎ **原始文件：** 实例文件\第2章\原始文件\员工编号与姓名、工资卡号关联.xlsm
◎ **最终文件：** 实例文件\第2章\最终文件\员工编号与姓名、工资卡号关联.xlsm

2.2.1　编写创建员工工资表的代码

若要实现员工编号与员工姓名及工资卡号的关联，并获取相关数据，则首先应使用代码创建新表格。本小节将介绍如何使用代码创建新表格，具体操作如下。

步骤01　重命名工作表。打开原始文件，双击Sheet2标签，然后将其重命名为"员工工资表"，如下图所示。

步骤02　选取事件。进入VBE编程环境，在"工程"窗口中双击Sheet2选项，在打开的"Sheet2（代码）"窗口中设置"对象"为Worksheet选项、"过程"为Activate选项，如下图所示。

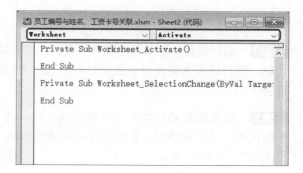

步骤03 调用automatic1()过程。在"Sheet2（代码）"窗口中输入如下图所示的代码。其中，automatic1是用户自定义的自动创建表格的过程。

步骤04 插入"模块2"。在"工程"窗口的空白处右击，在弹出的快捷菜单中单击"插入>模块"命令，如下图所示。

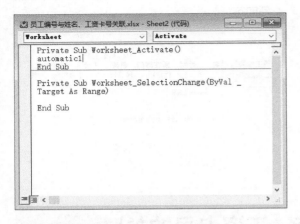

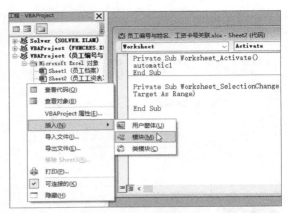

知识链接 **事件**

事件是指定对象的触发反应，例如，Worksheet_change(ByVal Target As Range, Cancel As Boolean)事件在改变单元格内容时被触发。

步骤05 编写自动创建表头的代码。在"模块2（代码）"窗口中输入如下图所示的代码，该代码段用于将固定的字符串写入特定的单元格中。其中，Worksheets(2).Cells(1，1)是指工作簿中第2个工作表的单元格A1，依此类推。

步骤06 编写设置标题字体格式的代码。在"模块2（代码）"窗口中继续输入如下图所示的代码，该代码段用于设置单元格区域A1:I1中文本信息的字体、字形、字体颜色、字号及单元格填充颜色。

```
'自动创建员工工资表标题和项目字段
Sub automatic1()
    '输入表格标题和项目字段
    Worksheets(2).Cells(1, 1) = "员工工资表"
    Worksheets(2).Cells(2, 1) = "员工编号"
    Worksheets(2).Cells(2, 2) = "员工姓名"
    Worksheets(2).Cells(2, 3) = "基本工资"
    Worksheets(2).Cells(2, 4) = "奖金"
    Worksheets(2).Cells(2, 5) = "应发工资"
    Worksheets(2).Cells(2, 6) = "个人所得税"
    Worksheets(2).Cells(2, 7) = "社保"
    Worksheets(2).Cells(2, 8) = "实发工资"
    Worksheets(2).Cells(2, 9) = "工资卡号"
```

```
'设置标题字体格式
'设置标题字体为华文行楷
Worksheets(2).Range("A1").Font.Name = "华文行楷"
'设置标题字形为加粗
Worksheets(2).Range("A1:I1").Font.Bold = True
'设置标题字体颜色
Worksheets(2).Range("A1:I1").Font.Color _
    = RGB(255, 255, 255)
'设置字号
Worksheets(2).Range("A1:I1").Font.Size = 16
'设置填充颜色
Worksheets(2).Range("A1:I1").Interior.Color _
    = RGB(0, 102, 204)
```

步骤07 编写设置标题单元格格式的代码。在"模块2（代码）"窗口中继续输入如下左图所示的代码，该代码段主要用于设置第1行的行高，然后合并单元格区域A1:I1，并设置单元格水平、垂直居中。

步骤08 编写设置项目字段字体格式的代码。在"模块2（代码）"窗口中继续输入如下右图所示的代码，该代码段与设置标题字体格式的代码类似，只需将赋给变量的值修改为需要的值，如"黑体""12号"等。

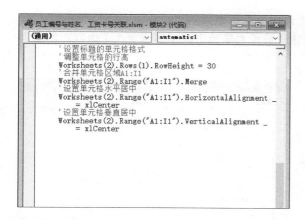 

Range对象的Merge方法的用法

　　Range 对象的 Merge 方法用于将 Range 对象指定的单元格区域合并为一个单元格，且合并后单元格的值为该区域左上角单元格的值。

步骤09　编写设置项目字段单元格格式的代码。在"模块2（代码）"窗口中继续输入如下图所示的代码并保存，该代码段主要用于设置项目字段所在单元格的格式，它与设置标题单元格格式的代码类似。

步骤10　执行过程。编写完automatic1()过程后，返回Excel视图。单击"员工工资表"标签，在该工作表中即可自动创建如下图所示的表格。

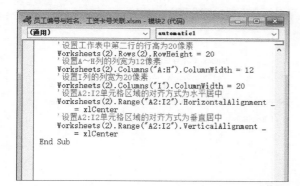 

使用代码调整行高和列宽

　　在 Excel VBA 中，使用 Rows 对象的 RowHeight 属性和 Columns 对象的 ColumnWidth 属性可以设置行高或列宽为固定值。

2.2.2　编写员工编号与姓名、工资卡号关联过程代码

　　编写代码实现员工编号与姓名、工资卡号的关联是本实例的重中之重，具体操作如下。

步骤01　编写启动关联过程的代码。继续上一小节的操作，在"工程"窗口中双击Sheet2选项，打开"Sheet2（代码）"窗口，在其中输入如下左图所示的代码。该代码段用于启动"关联1"过程，它将在单元格内容发生改变后自动执行。

步骤02 开始编写"关联1()"过程的代码。在"工程"窗口中插入"模块3"，在"模块3（代码）"窗口中输入如下右图所示的代码并保存。该代码段主要用于判断是否写入了内容，然后定义name、Account变量的类型并赋予初始值。

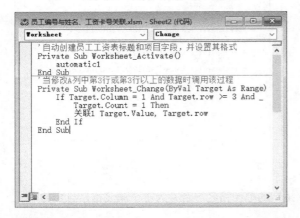

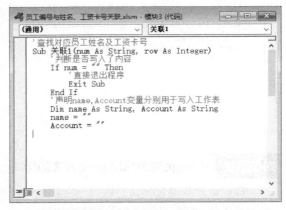

步骤03 编写"查找员工姓名及工资卡号"的代码。在"模块3（代码）"窗口中继续输入如下图所示的代码并保存。该代码段使用Select Case语句来查询每个员工编号对应的员工姓名和工资卡号。

步骤04 编写"判断是否找到对应员工姓名"的代码。在"模块3（代码）"窗口中继续输入如下图所示的代码。该代码段用于判断是否找到对应的员工姓名，如果没有找到，则弹出提示框，提示不存在该员工；反之，则将对应的姓名和工资卡号写入相应的单元格中。

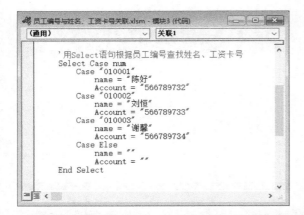

✖ 重点语法与代码剖析：Select Case 语句的用法

★语法格式

```
Select Case testexpression
    [Case expressionlist-n
            [statements-n]]···
    [Case Else
            [elsestatements]]
End Select
```

★功能说明

该语句根据表达式的值来决定执行几组语句中的某一组。其中，testexpression 是必需参数，可以是任何数值表达式或字符串表达式；expressionlist-n 是可选参数，但当有 Case 出现时，它为必需参数，形式为 expression、expression To expression、Is comparisonoperator expression 的一个或多个组成的分界列表；statements-n 是可选参数，可以是一条或多条语句；elsestatements 也是可选参数，可以是一条或多条语句，当 testexpression 不匹配 Case 子句的任何部分时执行。

　　注意：该语句不适用于 Case 条件较多的情况，如员工编号较多或经常添加新的员工编号时，使用该语句来查找较为麻烦。后面会用其他方法来实现更灵活的查找。

步骤05　输入员工编号"010001"。返回Excel视图，在"员工工资表"工作表的单元格A3中输入"010001"，如下图所示。

步骤06　自动调用"关联1()"过程。按Enter键，即可自动调用"关联1()"过程。此时在单元格B3和I3中会自动出现该员工的姓名和工资卡号，如下图所示。

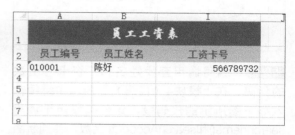

步骤07　输入员工编号"010100"。若输入"关联1()"过程代码中不存在的员工编号，如在单元格A5中输入"010100"，如下图所示。

步骤08　提示员工不存在。输入完毕后按Enter键，将会弹出提示框，提示用户不存在该员工，单击"确定"按钮即可，如下图所示。

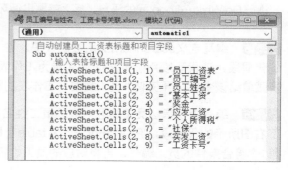

步骤09　编写在激活Sheet3工作表时自动创建表格的代码。在"工程"窗口中双击Sheet3选项，在打开的"Sheet3（代码）"窗口中输入如下图所示的代码段。该代码段用于当激活Sheet3工作表时调用automatic1()过程。

步骤10　修改代码。打开"模块2（代码）"窗口，将代码段中的"Worksheets(2)"更改为"ActiveSheet"，如下图所示。即将指定的第2个工作表改为当前工作表，并将特定的字符串值写入当前工作表及设置其格式。

步骤11 编写调用"关联2()"过程的代码。在"工程"窗口中双击Sheet3选项，在打开的"Sheet3（代码）"窗口中输入如下图所示的代码段并保存。该代码段用于在修改第3行或第3行以上的A列单元格的内容时自动调用"关联2()"过程。

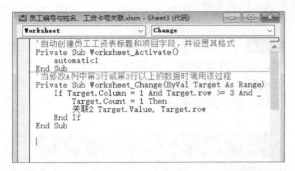

步骤12 编写"关联2()"过程的代码。在"工程"窗口中插入"模块4"，在打开的"模块4（代码）"窗口中输入如下图所示的代码段。它与"关联1()"过程的代码相似，主要用于判断单元格中是否写入了内容，再定义name、Account变量的类型并赋予初始值。

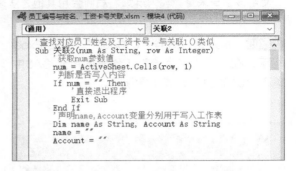

步骤13 编写调用查找姓名和工资卡号函数的代码。在"模块4（代码）"窗口中继续输入如下图所示的代码段，该代码段用于调用searchname()和searchAccount()函数，并判断函数的返回值是否为空值。如果为空值，弹出警告对话框，提示用户不存在该该员工编号，并调用简易交互输入过程。

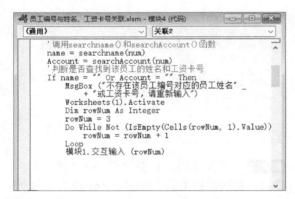

步骤14 编写将数据写入工作表中对应单元格的代码。在"模块4（代码）"窗口中继续输入如下图所示的代码段，该代码段是接续上一步骤的代码，是当searchname()和searchAccount()函数的返回值不为空时，将name、Account变量的值写入当前工作表对应的单元格中。

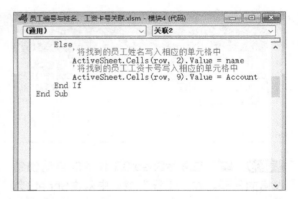

知识链接 **Do While…Loop语句的用法**

该语句用于在不确定循环次数的情况下，重复执行一组语句。当 While 后的条件为 True 时，执行 Do While…Loop 间的语句，反之就跳出循环。

步骤15 编写定义searchname()函数的代码。在"模块4（代码）"窗口中继续输入如下左图所示的代码段，该代码段用于定义table变量为工作表类型，然后将当前工作簿中的"员工档案"工作表赋值给该变量，再获取"员工档案"工作表的行数。

步骤16 编写查找指定员工编号对应的员工姓名的代码。在"模块4（代码）"窗口中继续输入如下右图所示的代码段，它使用For语句从table变量指定的工作表的第3行开始逐行查找，直到找到第1个符合条件的员工编号，再将对应的员工姓名作为searchname()函数的返回值。

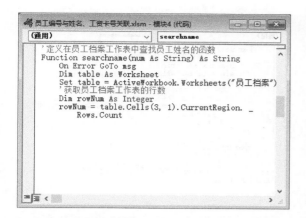

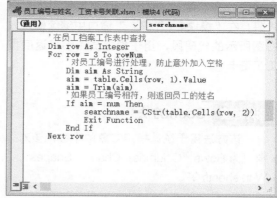

✖ 重点语法与代码剖析：For…Next 语句的用法

★语法格式

For counter = start To end [Step step]

　　[statements]

　　[Exit For]

　　[statements]

Next [counter]

★功能说明

For…Next 语句用于以指定次数重复执行一组语句。其中，counter 是必需参数，用作循环计数器的数值变量，这个变量不能是 Boolean 或数组元素；start 是必需参数，是 counter 的初值；end 是必需参数，是 counter 的终值；step 是可选参数，是 counter 的步长，如果没有指定，则 step 的默认值为 1；statements 是可选参数，是放在 For 和 Next 之间的一条或多条语句，它们将被执行指定的次数。注意：如果省略 Next 语句中的 counter，就像 counter 存在时一样执行。但如果 Next 语句在其对应的 For 语句之前出现，则会产生错误。

步骤17　编写searchname()函数返回空值的代码。在"模块4（代码）"窗口中继续输入如下图所示的代码段，由于本段代码需要访问特定工作表，如果这个工作表不存在，则会弹出对应的提示信息。

步骤18　编写searchAccount()函数的前半部分代码。在"模块4（代码）"窗口中继续输入如下图所示的代码段，它是searchAccount()函数的前半部分代码，与searchname()函数的代码类似。

步骤19 编写searchAccount()函数的后半部分代码。在"模块4（代码）"窗口中继续输入如右图所示的代码段，用于根据员工编号返回员工工资卡号。

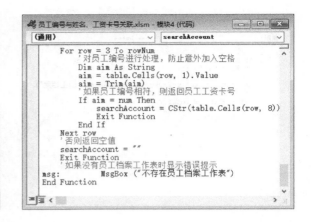

> **知识链接** **Count方法**
>
> 该方法用于统计指定对象的个数，该对象可为 Rows、Columns、Charts、Shapes、Worksheets 等。

2.2.3 检测代码运行结果

完成员工编号与姓名、工资卡号关联过程代码的编写后，可以通过运行程序来检测代码是否正确。具体操作如下。

步骤01 在工作表中输入员工编号。继续上一小节的操作，完成"关联2()"函数的编写后，保存该代码并返回Excel工作表。在Sheet3工作表的单元格A3中输入"010001"，如下图所示。

步骤02 确认输入。输入完毕后按Enter键，可看到在单元格B3和I3中自动写入了该员工编号对应的员工姓名和工资卡号，如下图所示。为了方便查看，此处将C～H列进行了隐藏。

步骤03 输入员工编号"010020"。如下图所示，在单元格A4中输入"010020"，输入完毕后按Enter键。

步骤04 弹出提示框。弹出提示框，提示用户不存在该员工编号对应的员工姓名或工资卡号，单击"确定"按钮即可，如下图所示。

步骤05 输入员工编号。系统会自动弹出对话框，提示输入员工编号，在文本框中输入"010020"，单击"确定"按钮，如下左图所示。

步骤06 输入员工姓名。弹出第2个对话框，提示输入员工姓名，在文本框中输入"张欣"，单击"确定"按钮，如下右图所示。

步骤07　输入员工性别。弹出第3个对话框，提示输入员工性别，在文本框中输入"女"，单击"确定"按钮，如下图所示。

步骤08　输入所属部门。弹出第4个对话框，提示输入所属部门，在文本框中输入"销售部"，单击"确定"按钮，如下图所示。

步骤09　输入职务。弹出第5个对话框，提示输入职务，在文本框中输入"助理"，单击"确定"按钮，如下图所示。

步骤10　输入员工工龄。弹出第6个对话框，提示输入员工工龄，在文本框中输入"3"，单击"确定"按钮，如下图所示。

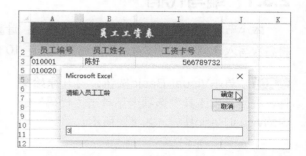

步骤11　输入员工的联系方式。弹出第7个对话框，提示输入员工的联系方式，在文本框中输入11位手机号，单击"确定"按钮，如下图所示。

步骤12　输入工资卡号。弹出第8个对话框，提示输入员工工资卡号，在文本框中输入"566789780"，单击"确定"按钮，如下图所示。

步骤13 输入新的员工编号对应的员工档案后的效果。返回"员工档案"工作表，可看到在该工作表数据的末尾添加了刚才输入的员工档案信息，如下图所示。

步骤14 重新输入员工编号。在Sheet3工作表的A4单元格中重新输入员工编号"010020"，然后按Enter键，可看到在单元格B4和I4中自动写入了该员工编号对应的员工姓名和工资卡号，如下图所示。

2.3 自动计算员工薪资的名次

本节将针对一个已输入了某月份员工工资记录的工作表，编写 VBA 程序自动计算和显示员工薪资的排名，并添加按钮控件调用编写的 VBA 程序，以方便用户使用。

扫码看视频

◎ **原始文件**：实例文件\第2章\原始文件\自动计算员工薪资名次.xlsm
◎ **最终文件**：实例文件\第2章\最终文件\自动计算员工薪资名次.xlsm

2.3.1 编写代码

本小节将编写实现如下功能的 VBA 代码：计算用户选中的单元格区域中员工薪资的排名，再将名次写入 J 列中，并以对话框的形式显示前 10 位的员工姓名及相应工资。

步骤01 单击Visual Basic按钮。打开原始文件，在"开发工具"选项卡下单击"代码"组中的Visual Basic按钮，如下图所示。

步骤02 插入"模块1"。进入VBE编程环境，在"工程"窗口的空白处右击，在弹出的快捷菜单中单击"插入>模块"命令，如下图所示。

步骤03 写入名次字段。在"模块1（代码）"窗口中输入如下左图所示的代码段，它与2.2节中自动创建表格项目字段的代码类似。

步骤04 调用"模块2"中的"自动排序()"过程。在"模块1（代码）"窗口中继续输入如下右图所示的代码，该代码用来调用"模块2"中的"自动排序()"过程。

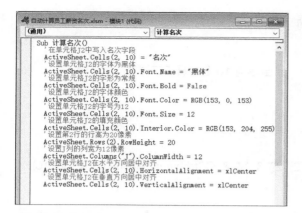
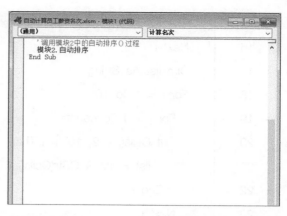

知识链接 **HorizontalAlignment和VerticalAlignment属性**

HorizontalAlignment 和 VerticalAlignment 属性分别用于设置单元格的水平和垂直对齐方式，可将指定单元格的对齐方式设置为居中对齐、左对齐或右对齐、顶对齐或底对齐等。

步骤05 插入并编写自动排序代码。在VBE编程环境中，单击菜单栏中的"插入"菜单，在展开的列表中单击"模块"命令，如右图所示。此时会打开"模块2（代码）"窗口，然后在该窗口中输入如下的自动排序代码。

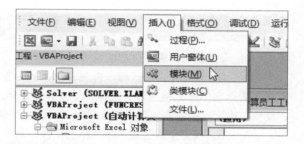

代码剖析："模块 2"中的自动排序代码	
行号	代码
1	Sub 自动排序 ()
2	Dim myrange As Range　　　　　　　　　'暂存所选的区域
3	Set myrange = Selection
4	Dim count As Integer　　　　　　　　　'获得所选区域中单元格的个数
5	count = myrange.count
6	Dim index() As Integer　　　　　　　　'声明用于存储每个单元格排位的数组
7	ReDim index(count)
8	Dim i As Integer　　　　　　　　　　　'声明循环变量并初始化
9	i = 1
10	For Each one In myrange
11	index(i) = Application.WorksheetFunction.Rank(one.Value, myrange)
12	i = i + 1
13	Next one
14	For i = 3 To count + 2　　　　　　　　'写入排序名次

15	ActiveSheet.Cells(i, 10) = index(i - 2)
16	Next i
17	Dim list As String '显示前 10 名的员工工资额
18	For i = 1 To 10
19	For j = 1 To count
20	If Cells(j + 2, 10) = i Then
21	list = list & CStr(Cells(j + 2, 2)) & ":" & CStr(myrange(j).Value) & Chr(10)
22	End If
23	Next j
24	Next i
25	MsgBox "所选区域的排序结果" & Chr(10) & (list)
26	End Sub

代码详解

1：开始语句，表明过程的名称。

2～3：暂存所选的区域，首先将 myrange 定义为单元格区域类型，再用 Set 语句将 Selection（代表选定的单元格区域）赋值给变量 myrange。其中，Selection 是为 Application 对象返回在活动窗口中选定的对象。其语法格式为"表达式 .Selection"。

4～5：获得所选区域中单元格的个数。其中使用 Range.Count 属性将选定单元格区域的单元格个数赋值给变量 count。

6～7：声明用于存储每个单元格排位的数组。其中使用 ReDim 语句来定义或重定义原来已经用带空圆括号（没有维数下标）的 Private、Public 或 Dim 语句声明过的动态数组的大小。

8～13：利用循环获取选定单元格区域中每个单元格的排序名次，并存储于前面定义的存储每个单元格排位的数组中。其中使用 For Each…Next 语句进行循环。其语法格式为：

For Each element In group

　　[statements]

　　[Exit For]

　　[statements]

Next [element]

14～16：写入排序名次。利用循环将获取的单元格排序名次写入相应的单元格中。

17～24：显示前 10 名的员工工资额。本段代码采用双重循环，根据写入的排序名次获取薪资排在前 10 名的员工姓名及工资额。

25：利用对话框显示排序后前 10 名员工的姓名及工资额。

26：结束语句，表示结束代码的编辑。

2.3.2　添加按钮控件并运行代码

编写完代码后，接着通过添加按钮控件来调用程序，以方便用户的使用，具体操作如下。

步骤01 插入按钮控件。继续上一小节的操作，返回Excel视图。在"开发工具"选项卡下单击"控件"组中的"插入"按钮，在展开的列表中单击"按钮（窗体控件）"图标，如下图所示。

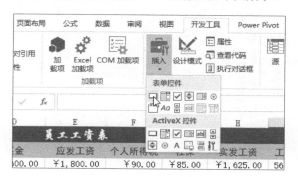

步骤02 绘制按钮控件。选择按钮控件后，将鼠标指针移至工作表中的空白位置并拖动，绘制按钮控件，如下图所示。

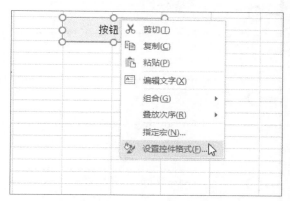

步骤03 指定宏。绘制完成后释放鼠标，弹出"指定宏"对话框，在列表框中选择"计算名次"选项，如下图所示，单击"确定"按钮。

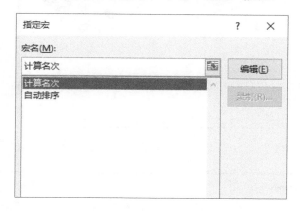

步骤04 设置控件格式。返回工作表，右击绘制的按钮控件，在弹出的快捷菜单中单击"设置控件格式"命令，如下图所示。

步骤05 设置控件的字体格式。弹出"设置控件格式"对话框，在"字体"选项卡下设置"字体"为"华文宋体"、"字形"为"加粗"、"字号"为12号、"颜色"为蓝色，如下图所示。设置完成后单击"确定"按钮。

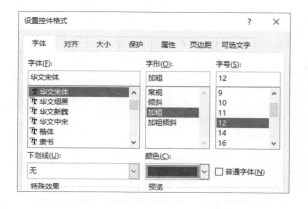

步骤06 更改控件文本。返回工作表，双击按钮控件，在其中输入"自动计算名次"，然后单击工作表中的任意单元格，激活该按钮，如下图所示。

步骤07 单击按钮运行代码。在工作表中选中单元格区域H3:H22，单击"自动计算名次"按钮，如下图所示。

步骤08 查看运行结果。系统自动执行指定的宏，在J列中添加"名次"字段，并写入薪资的名次，而且会弹出对话框，显示前10名的排序结果，如下图所示。

读书笔记

客户信息管理系统

公司在管理客户信息时常常用到大量相同格式或内容的表格，逐个复制工作表的工作量会非常大。在本章中将使用 Worksheet 对象的 Copy 方法及 Name 属性实现工作表的批量复制和重命名，并使用 VBA 程序提取各客户信息工作表中的数据，最后还介绍了如何使用 VBA 程序自动保护多个工作表和撤销工作表的保护。

3.1 批量新建客户信息表

在本节中将新建 9 张相同的"公司基本情况登记表"，每张表都以对应公司的名称来命名，且每张工作表的内容和样式都与"样表"相同。如果手动完成这项任务，工作量会比较大，这里利用 VBA 来实现批量新建工作表和批量重命名工作表的操作，可以提高工作效率，减少工作量。

 扫码看视频

◎ 原始文件：实例文件\第3章\原始文件\批量新建客户信息表.xlsm
◎ 最终文件：实例文件\第3章\最终文件\批量新建客户信息表.xlsm

3.1.1 编写批量复制生成新表的代码

本小节通过编写 VBA 代码，将事先制作好的"样表"工作表批量复制若干份，复制的数量由用户通过对话框输入，以提高代码功能的灵活性。

步骤01 单击Visual Basic按钮。打开原始文件，在"开发工具"选项卡下单击"代码"组中的Visual Basic按钮，如下图所示。

步骤02 插入"模块1"。进入VBE编程环境，在"工程"窗口中右击"VBAProject（批量新建客户信息表.xlsm）"，在弹出的快捷菜单中单击"插入>模块"命令，如下图所示。

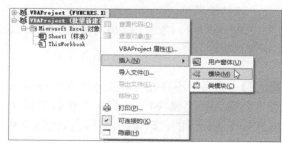

步骤03 编写输入要创建的工作表个数的代码。在"模块1（代码）"窗口中输入如下左图所示的代码段。该段代码主要用于定义存储工作表个数的变量及获取要创建的工作表的个数。其中，使用InputBox()函数获取用户输入的数字。

步骤04 编写创建工作表的代码。在"模块1（代码）"窗口中继续输入如下右图所示的代码段。该段代码的主要功能是循环创建指定数量的工作表，循环的次数表示创建的工作表的个数，由num变量控制。创建完毕后删除"样表"工作表。

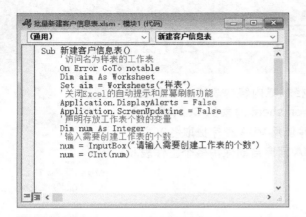
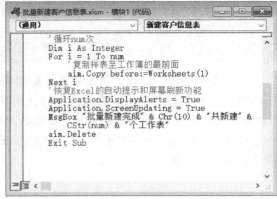

知识链接　CInt()函数的用法

在步骤 03 中获取用户输入的创建工作表个数时，使用 CInt() 函数将输入的数据强制转换为整型，返回值的范围为 -32 768 ～ 32 767，小数部分四舍五入。如果输入的值为汉字或英文字母，返回值为 0。

✖ 重点语法与代码剖析：Worksheet.Copy 方法的用法

★语法格式
表达式 .Copy(Before, After)

★功能说明
Worksheet 对象的 Copy 方法用于将指定工作表复制到当前工作簿的另一位置。其中，Before 是可选参数，用于指定将复制后的工作表置于此工作表之前；同理，After 用于指定将复制后的工作表置于此工作表之后。需要注意的是，Before 和 After 参数不能同时指定。

✖ 重点语法与代码剖析：Worksheet.Delete 方法的用法

★语法格式
表达式 .Delete

★功能说明
Worksheet 对象的 Delete 方法用于删除指定工作表。其中，"表达式"是一个代表 Worksheet 对象的变量。

步骤05 编写"不存在样表工作表时的提示信息"代码。在"模块1（代码）"窗口中继续输入如下图所示的代码段并保存，该代码段用于以对话框形式显示错误提示信息。

步骤06 执行宏。返回Excel视图，按Alt+F8组合键，打开"宏"对话框。在"宏名"列表框中单击"新建客户信息表"选项，单击"执行"按钮，如下图所示。

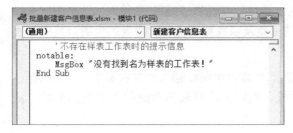
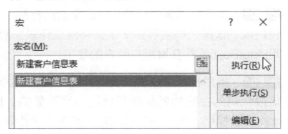

步骤07　输入要创建的工作表的个数。系统会自动弹出对话框，提示输入需要创建的工作表的个数，在文本框中输入"9"，单击"确定"按钮，如下图所示。

步骤08　显示创建结果。此时系统将按输入的工作表个数复制样表，复制完毕后将弹出提示框，提示用户批量新建完成，单击"确定"按钮即可，如下图所示。

步骤09　确认删除样表。接着执行删除样表的代码，系统会弹出提示框，询问用户是否永久删除此工作表，单击"删除"按钮即可，如下图所示。

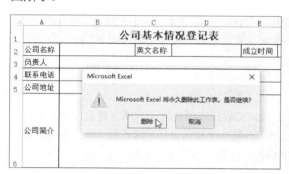

步骤10　查看最终效果。返回工作簿，可看到每个工作表中的内容、格式和样表相同，并且已删除"样表"工作表，如下图所示。

3.1.2　编写批量重命名工作表的代码

批量新建客户信息表后，接下来需要为每个工作表重命名。本小节将通过编写 VBA 代码，对每个工作表按照指定的公司名称列表进行批量重命名。

步骤01　输入客户详细信息。继续上一小节的操作，在每个工作表中输入各客户公司的具体信息，如右图所示。

步骤02　编写检查工作表数目的代码。进入VBE编程环境，插入"模块2"，在打开的窗口中输入如下左图所示的代码。它主要使用Range对象的Count属性统计当前区域的行数，并用获得的数值与工作表的个数进行比较。

步骤03　编写重命名工作表的代码。在"模块2（代码）"窗口中继续输入如下右图所示的代码段。该代码的功能是循环访问每个工作表，再通过对Worksheet对象的Name属性重新赋值，将工作表重命名为"样表1"工作表中指定的名称。

```
批量新建客户信息表.xlsm - 模块2 (代码)
(通用)                          批量重命名
Sub 批量重命名()
    '用于命名的工作表名称
    Dim tbName As String
    tbName = "样表1"
    '错误处理
    On Error GoTo msg
    '访问该名称的工作表
    Dim aim As Worksheet
    Set aim = Worksheets(tbName)
    '获取工作表名称的数目
    num = aim.Range("A1").CurrentRegion.Rows.Count
    '与工作簿中其他工作表的数目进行比较
    If Worksheets.Count <> num + 1 Then
        '数目不符则给出提示并退出程序
        MsgBox "工作表个数与其新名称数不符"
        Exit Sub
    End If
```

```
批量新建客户信息表.xlsm - 模块2 (代码)
(通用)                          批量重命名
    '关闭Excel自动屏幕刷新
    Application.ScreenUpdating = False
    '声明并初始化循环变量
    Dim n As Integer
    n = 1
    '循环操作工作簿中的所有工作表
    For Each one In Worksheets
        '用于命名的工作表除外
        If one.Name <> tbName Then
            one.Name = CStr(aim.Cells(n, 1).Value)
            n = n + 1
        End If
    Next one
```

知识链接 **On Error GoTo line语句的用法**

On Error GoTo line 语句用于启用错误处理程序。line 为必需参数，可以是任何行标签或行号。如果代码在运行时发生一个错误，则跳至由 line 参数指定的行处开始执行，从而激活错误处理程序。指定的行必须和 On Error GoTo 语句在同一个过程代码中。

✖ 重点语法与代码剖析：Range.CurrentRegion 属性的用法

★语法格式

表达式 .CurrentRegion

★功能说明

该属性是只读属性，用于返回一个 Range 对象，该对象表示当前区域。当前区域是以空行与空列的组合为边界的区域。该属性对于许多自动展开选择以包括整个当前区域的操作很有用。例如，与 Rows.Count 属性结合使用，可以统计当前区域中的行数。注意：该属性不能用于被保护的工作表。

👍 高手点拨：Worksheet对象的Name属性的用途

要重命名工作表，就需要访问Worksheet对象的Name属性。在步骤03的代码段中，For Each…Next语句中的变量one是一个Worksheet对象，one.Name就用于获取某个工作表的名称。

步骤04 编写提示代码。在"模块2（代码）"窗口中继续输入如下图所示的代码，该段代码使用MsgBox()函数显示重命名成功或不成功的提示，并恢复Excel自动屏幕刷新。在重命名成功后，使用Exit Sub语句退出程序。

步骤05 执行批量重命名宏。返回Excel视图，按Alt+F8组合键，打开"宏"对话框。在"宏名"列表框中单击"批量重命名"选项，单击"执行"按钮，如下图所示。

```
批量新建客户信息表.xlsm - 模块2 (代码)
(通用)                          批量重命名
    '恢复Excel自动屏幕刷新
    Application.ScreenUpdating = True
    '提示操作正常完成
    MsgBox "批量命名完毕"
    Exit Sub
    '当用于命名的工作表不存在时的错误处理
msg:
    MsgBox "没有找到名为" & tbName & "的工作表！"
End Sub
```

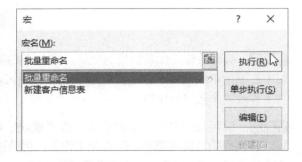

步骤06 执行宏的效果。由于此时还未建立"样表1"工作表,将弹出错误提示框,单击"确定"按钮即可,如下图所示。

步骤07 新建工作表。右击"样表(10)"标签,在弹出的快捷菜单中单击"插入"命令,如下图所示。

步骤08 选择插入类型。弹出"插入"对话框,在"常用"选项卡下单击"工作表"选项,单击"确定"按钮,如下图所示。

步骤09 输入新工作表的内容。将插入的工作表重命名为"样表1",按照其他工作表中"公司名称"的内容依次输入9个工作表的新名称,如下图所示。

	A	B	C	D	E
1	融江科技				
2	志阳网络				
3	驰瑞网络				
4	益阳科技				
5	瑞宁科技				
6	华海网络				
7	环宇科技				
8	宏雨科技				
9	华洛网络				
10					
11					
12					
13					

步骤10 批量重命名。按Alt+F8组合键,打开"宏"对话框,在"宏名"列表框中单击"批量重命名"选项,单击"执行"按钮,如下图所示。

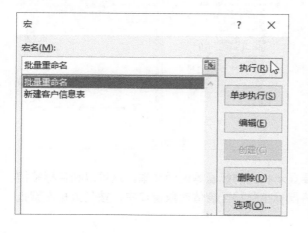

步骤11 弹出提示框。系统自动执行"批量重命名"宏,执行完成后弹出提示框,提示用户已完成批量重命名,单击"确定"按钮即可,如下图所示。

	A	B	C	D	E
1	融江科技				
2	志阳网络				
3	驰瑞网络			Microsoft Excel ×	
4	益阳科技				
5	瑞宁科技			批量命名完毕	
6	华海网络				
7	环宇科技				
8	宏雨科技			确定	
9	华洛网络				
10					
11					
12					
13					
14					

步骤12 查看最终效果。进入VBE编程环境，在"工程"窗口中能直观地看到工作簿中除"样表1"外的工作表在代码执行后都以公司名称来命名了，如右图所示。

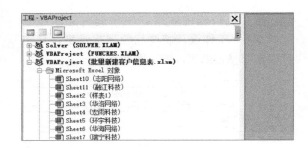

3.2 自动提取客户信息

本节将在上一节的基础上，通过提取客户信息表的信息，制作客户通信录。在实际工作中，客户基本信息登记表的数目会有很多，逐个工作表进行查找并录入，不仅工作效率低，还可能出现录入错误、重复等情况。本节将利用 VBA 代码从登记表中提取有价值的通信信息，如客户公司的名称、负责人、联系电话和公司地址等，然后自动新建一个名为"客户通信录"的工作表，存放提取出的信息。

扫码看视频

◎ **原始文件：** 实例文件\第3章\原始文件\自动提取客户信息.xlsm
◎ **最终文件：** 实例文件\第3章\最终文件\自动提取客户信息.xlsm

3.2.1 设计"批量提取"用户窗体

本小节将设计一个 VBA 用户窗体，为用户提供一个图形化的操作界面，用户在这个界面中通过简单的键盘和鼠标操作就能指定要提取的信息项目，从而扩大了代码功能的适用范围。具体操作如下。

步骤01 插入用户窗体。打开原始文件，进入VBE编程环境，在"工程"窗口中右击"VBAProject（自动提取客户信息.xlsm）"选项，在弹出的快捷菜单中单击"插入>用户窗体"命令，如下图所示。

步骤02 查看插入用户窗体后的效果。插入用户窗体后，在VBE编程环境中将自动打开用户窗体对象窗口，并打开相应的工具箱，如下图所示。

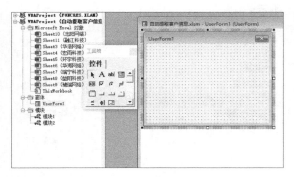

步骤03 选择标签控件。用户窗体中一般都需要显示相应的标题等说明文本，这可以利用标签控件来制作。单击工具箱中的"标签"按钮**A**，将鼠标指针移至窗体对象窗口中，按住鼠标左键拖动，绘制标签控件，如下左图所示。

步骤04 打开"属性"窗口。释放鼠标即可完成绘制,右击绘制的标签控件,在弹出的快捷菜单中单击"属性"命令,如下右图所示。

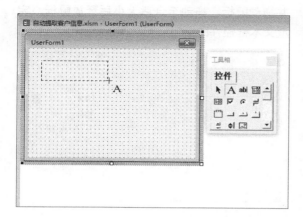

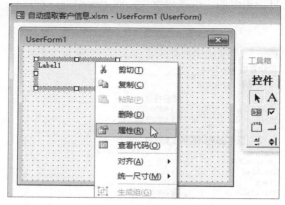

步骤05 修改标签控件的名称。打开"属性-标签"窗口,将"(名称)"属性更改为"标签",将Caption属性更改为"列名",单击Font属性右侧的对话框按钮,如下图所示。

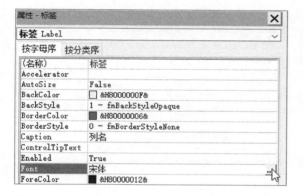

步骤06 设置标签的字体。弹出"字体"对话框,设置"字体"为"黑体"、"字形"为"常规"、"大小"为"五号",设置完毕后单击"确定"按钮,如下图所示。

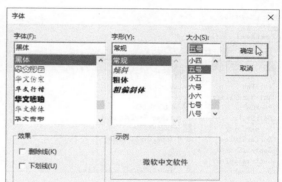

步骤07 设置标签控件的格式。返回"属性-标签"窗口,设置ForeColor属性为蓝色、Height属性为20、TextAlign属性为1-fmTextAlignLeft,如下图所示。

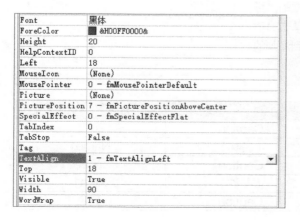

步骤08 选择窗体属性。在"属性-标签"窗口中单击"控件"右侧的下三角按钮,在展开的列表中单击UserForm1 UserForm选项,如下图所示。

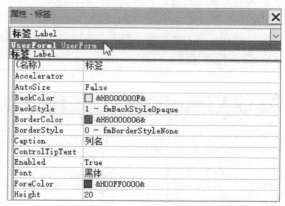

步骤09 修改窗体的名称。将用户窗体的"(名称)"属性更改为"批量提取"，Caption属性也更改为"批量提取"，如下图所示。

步骤11 修改文本框的属性。选中绘制的文本框控件，此时"属性"窗口中显示的即为文本框控件的属性，将"(名称)"属性修改为Name1，如下图所示。

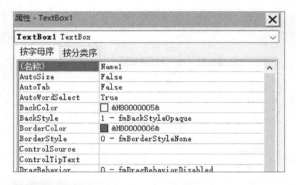

步骤10 绘制文本框。单击工具箱中的"文本框"按钮 abl，然后在用户窗体对象窗口中单击并拖动鼠标，拖动至合适大小后释放鼠标，完成文本框控件的绘制，如下图所示。

步骤12 添加其余控件。用上面介绍的方法，在用户窗体中添加如下图所示的控件，并按照下表修改控件的属性值，再将命令按钮控件的字体改为"黑体"，字号改为"小四"。

知识链接　RefEdit控件的添加

　　RefEdit 控件 [   ] 用于输入或选定单元格区域，但它默认不显示在 VBE 编程环境的工具箱中，需要手动添加，方法为：在 VBE 编程环境中单击"工具 > 附加控件"菜单命令，在弹出的"附加控件"对话框的"可用控件"列表框中勾选"RefEdit.Ctrl"复选框，单击"确定"按钮，如右图所示，随后即可在工具箱中看到添加的RefEdit 控件按钮 。

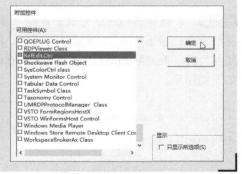

序号	控件名称	属性	值
1	标签	Caption	列名
2	文本框	(名称)	Name1
3	标签	Caption	区域
4	RefEdit	(名称)	Aera1
5	标签	Caption	列名

序号	控件名称	属性	值
6	文本框	（名称）	Name2
7	标签	Caption	区域
8	RefEdit	（名称）	Aera2
9	标签	Caption	列名
10	文本框	（名称）	Name3
11	标签	Caption	区域
12	RefEdit	（名称）	Aera3
13	标签	Caption	列名
14	文本框	（名称）	Name4
15	标签	Caption	区域
16	RefEdit	（名称）	Aera4
17	命令按钮	（名称）	OK
		Caption	确定
18	命令按钮	（名称）	Cancel
		Caption	取消

3.2.2　为窗体控件添加相应的事件代码

　　设计好用户窗体后，若要实现自动提取客户信息的功能，还需要为该窗体中的控件添加相应的事件代码。具体操作如下。

步骤01 打开用户窗体代码窗口。继续上一小节的操作，右击"工程"窗口中的"批量提取"选项，在弹出的快捷菜单中单击"查看代码"命令，如下图所示。

步骤02 选取控件。打开"批量提取（代码）"窗口，单击"对象"右侧的下三角按钮，在展开的列表中单击OK选项，如下图所示。

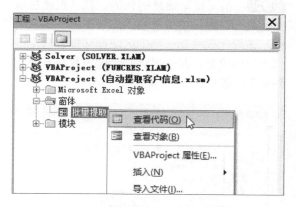

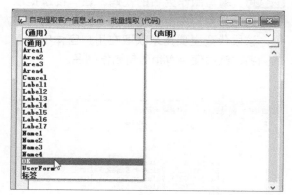

步骤03 编写检查选取区域和列名的过程函数。在"批量提取（代码）"窗口中输入如下左图所示的代码段，该段代码主要根据CheckArea()函数的返回值来判断用户选取的区域的有效性，其中使用二维数组存放用户输入的列名和选择的区域值。

步骤04 编写创建新工作表表头的代码。在"批量提取（代码）"窗口中继续输入如下右图所示的代码段，该段代码主要使用Worksheets对象的Add方法来添加新工作表，并将其重命名为"客户通信录"，然后使用With语句制作表头。

```
自动提取客户信息.xlsm - 批量提取 (代码)
OK                              Click
Private Sub OK_Click()
    '声明二维数组
    Dim selectarea(2, 4) As Integer
    '调用检查选取区域的函数
    If CheckArea(selectarea) = False Then
        '如果用户选取区域有误则结束过程
        MsgBox "没有选取正确的区域"
        Exit Sub
    End If
    '调用检查选取列名的函数
    If CheckName = False Then
        '如果列名为空则结束过程
        MsgBox "列名文本框不可为空"
        Exit Sub
    End If
```

```
自动提取客户信息.xlsm - 批量提取 (代码)
OK                              Click
    '错误处理
    On Error GoTo msg
    '关闭Excel的自动屏幕刷新和错误提示
    Application.DisplayAlerts = False
    Application.ScreenUpdating = False
    '创建新工作表，并为其命名
    Dim newtable As Worksheet
    Set newtable = Worksheets.Add _
        (before:=Worksheets(1))
    newtable.Name = "客户通信录"
    '制作新工作表的表头
    ActiveSheet.Range("A1") = "客户通信录"
    With newtable.Range("A1:D1")
        .Merge
        .HorizontalAlignment = xlCenter
        .Font.Name = "华文楷体"
        .Font.Size = 16
        .Font.Color = RGB(0, 102, 204)
    End With
```

知识链接　Private Sub OK_Click语句

Private Sub OK_Click 语句用于设置单击 OK 命令按钮控件时发生的对应事件。其代码中的 MsgBox() 函数用于以对话框形式显示给定的信息。

✖ 重点语法与代码剖析：Worksheets.Add 方法的用法

★语法格式

object.Add(Before, After)

★功能说明

Worksheets 对象的 Add 方法用于在 Excel 工作簿中添加工作表。其中，object 是必需参数，指一个有效的对象名；Before 是可选参数，用于指定将添加的工作表置于此工作表之前；同理，After 用于指定将添加的工作表置于此工作表之后。需要注意的是，Before 和 After 参数不能同时指定。

步骤05 编写制作列名的代码。在"批量提取（代码）"窗口中继续输入如下图所示的代码段，该段代码主要用来获取在用户窗体中输入的列名，然后使用With语句制作列名。

步骤06 编写提取信息的代码。在"批量提取（代码）"窗口中继续输入如下图所示的代码段，该段代码根据选择的区域循环提取每个工作表中的信息，并使用MyCopy()过程将其复制到新工作表中。

```
自动提取客户信息.xlsm - 批量提取 (代码)
OK                              Click
    '根据用户输入制作列名
    With newtable
        .Range("A2").Value = Name1.Value
        .Range("B2").Value = Name2.Value
        .Range("C2").Value = Name3.Value
        .Range("D2").Value = Name4.Value
    End With
```

```
自动提取客户信息.xlsm - 批量提取 (代码)
OK                              Click
    '定义循环变量和行变量row，并初始化其值
    Dim i As Integer
    Dim row As Integer
    row = 3
    '循环提取工作表中的信息
    For i = 2 To Worksheets.Count
        '调用MyCopy()过程复制工作表的信息
        MyCopy newtable, Worksheets(i), _
            row, selectarea
        row = row + 1
    Next i
```

✖ 重点语法与代码剖析：With…End With 语句的用法

★**语法格式**

With object

　　[statements]

End With

★**功能说明**

该语句用于在一个单一对象或用户自定义类型上执行一系列的语句。它可以对某个对象执行一系列的语句，而不用重复指出对象的名称。其中，object 是必需参数，用于指定一个对象或用户自定义类型的名称；statements 是可选参数，它是执行在 object 上的一条或多条语句。

步骤07　编写自动调整列宽的代码。在"批量提取（代码）"窗口中继续输入如下图所示的代码段，该代码主要用于在提取过程顺利完成后，调整新建工作表的列宽至合适的宽度，其中主要使用Range对象的AutoFit方法来实现。

步骤08　编写错误处理代码。在"批量提取（代码）"窗口中继续输入如下图所示的代码段，该代码主要用于在提取过程出现错误时，自动删除新建的工作表，并弹出提示框，提示用户已有名为"客户通信录"的工作表。

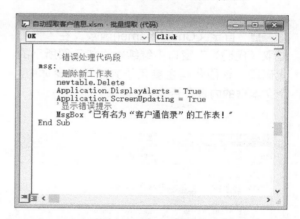

✖ 重点语法与代码剖析：Range.AutoFit 方法的用法

★**语法格式**

表达式 .AutoFit

★**功能说明**

Range 对象的 AutoFit 方法用于更改区域中的列宽或行高，以达到最佳匹配。其中，"表达式"是一个代表 Range 对象的变量。Range 对象必须是行或行区域，或者是列或列区域；否则，该方法将产生错误。一个列宽单位等于"常规"样式中一个字符的宽度。其返回值为 Variant。

步骤09　编写CheckArea()函数的前半部分代码。在"批量提取（代码）"窗口中继续输入如下左图所示的代码段，该代码段主要用于检查窗体中的选择区域是否有效。本段代码包含前两个区域的检查代码。

步骤10　编写CheckArea()函数的后半部分代码。在"批量提取（代码）"窗口中继续输入如下右图所示的代码段，其中包含后两个区域的检查代码。由于用户窗体中的控件数量无法确定，因此必须针对每个控件编写检查代码，而不能用循环实现。

```
自动提取客户信息.xlsm - 批量提取 (代码)
(通用)                                    CheckArea
'检查用户选取区域的函数
Private Function CheckArea(position() As Integer) _
              As Boolean
     '用错误处理的方法判断
     CheckArea = True
     On Error GoTo no
     '检查区域1的有效性并记录用户选择的行列序号
     Dim selectarea As Range
     Set selectarea = Range(Area1.Value)
     If selectarea.Count <> 1 Then GoTo no
     position(1, 1) = selectarea.row
     position(2, 1) = selectarea.Column
     '与上类似，检查区域2
     Set selectarea = Range(Area2.Value)
     If selectarea.Count <> 1 Then GoTo no
     position(1, 2) = selectarea.row
     position(2, 2) = selectarea.Column
```

```
自动提取客户信息.xlsm - 批量提取 (代码)
(通用)                                    CheckArea
     '与上类似，检查区域3
     Set selectarea = Range(Area3.Value)
     If selectarea.Count <> 1 Then GoTo no
     position(1, 3) = selectarea.row
     position(2, 3) = selectarea.Column
     '与上类似，检查区域4
     Set selectarea = Range(Area4.Value)
     If selectarea.Count <> 1 Then GoTo no
     position(1, 4) = selectarea.row
     position(2, 4) = selectarea.Column
     '结束过程
     Exit Function
     '如有错误则说明区域不符合要求
no:
     CheckArea = False
End Function
```

✖ 重点语法与代码剖析：CheckArea() 函数功能的实现思路

CheckArea() 函数通过错误处理的方式实现对选择区域的检查。如果选择区域是有效的，那么将选择区域的结果赋值给 Range 对象的变量就不会出错。反之，如果赋值操作出错，则说明选择的区域无效。

步骤11 自定义CheckName()函数。在"批量提取（代码）"窗口中继续输入如下图所示的代码段，该段代码主要用于判断用户窗体中4个文本框的内容是否为空。

步骤12 自定义MyCopy()过程。在"批量提取（代码）"窗口中继续输入如下图所示的代码段，其中主要采用间接复制的方法从指定区域复制数据到新工作表中，并将指定区域的位置存储在area数组中。

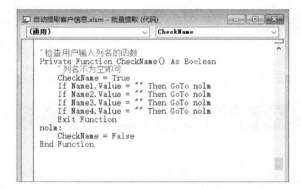

```
自动提取客户信息.xlsm - 批量提取 (代码)
(通用)                                    CheckName
'检查用户输入列名的函数
Private Function CheckName() As Boolean
     '列名不为空即可
     CheckName = True
     If Name1.Value = "" Then GoTo nolm
     If Name2.Value = "" Then GoTo nolm
     If Name3.Value = "" Then GoTo nolm
     If Name4.Value = "" Then GoTo nolm
     Exit Function
nolm:
     CheckName = False
End Function
```

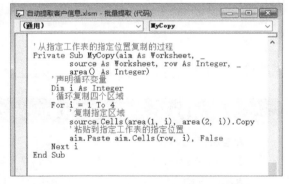

```
自动提取客户信息.xlsm - 批量提取 (代码)
(通用)                                    MyCopy
'从指定工作表的指定位置复制的过程
Private Sub MyCopy(aim As Worksheet, _
          source As Worksheet, row As Integer, _
          area() As Integer)
     '声明循环变量
     Dim i As Integer
     '循环复制四个区域
     For i = 1 To 4
          '复制指定区域
          source.Cells(area(1, i), area(2, i)).Copy
          '粘贴到指定工作表的指定位置
          aim.Paste aim.Cells(row, i), False
     Next i
End Sub
```

👍 高手点拨：Copy和Paste方法的用法

在定义MyCopy()过程的代码段中，使用Copy和Paste方法来复制和粘贴单元格中的内容。这两个方法的使用与菜单命令中的"复制"和"粘贴"是完全一样的。

步骤13 编写"调用用户窗体的过程"代码。在VBE编程环境中插入"模块3"，在"模块3（代码）"窗口中输入如右图所示的代码段，该代码段用于显示用户窗体，可以指定给按钮控件。

```
自动提取客户信息.xlsm - 模块3 (代码)
(通用)                                    批量提取
'调用用户窗体的过程
Sub 批量提取()
     Dim form As 批量提取
     Set form = New 批量提取
     form.Show
     Set form = Nothing
End Sub
```

知识链接　调用用户窗体的Show方法

使用 Show 方法在模块中调用用户窗体时，常常将用户窗体指定给某个变量，然后显示用户窗体。

3.2.3　运行代码提取客户信息

编写完代码后，还需在工作表中添加按钮控件并指定对应的宏，以方便启动代码的运行。具体操作如下。

步骤01　绘制按钮控件。继续上一小节的操作，返回Excel视图，在"开发工具"选项卡下单击"控件"组中的"插入"按钮，在展开的列表中单击"按钮（窗体控件）"图标，如下图所示。

步骤02　为按钮控件指定宏。在"融江科技"工作表中绘制按钮控件，绘制完毕后释放鼠标，弹出"指定宏"对话框，在"宏名"列表框中单击"自动提取客户信息.xlsm!模块3.批量提取"选项，如下图所示，然后单击"确定"按钮即可。

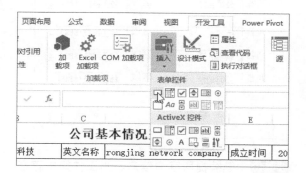

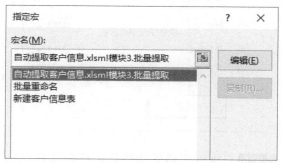

步骤03　执行宏。将按钮的名称更改为"自动提取客户信息"，然后单击任意位置激活按钮控件，再单击"自动提取客户信息"按钮，如下图所示。

步骤04　输入要提取的列名。弹出"批量提取"对话框，在"列名"文本框中输入"公司名称"，单击"区域"右侧的选取按钮，如下图所示。

步骤05　选择需要的区域。此时返回工作表，单击单元格B2，单击"批量提取"对话框中的单元格引用按钮，如下左图所示。

步骤06　输入其他列名和区域。用相同的方法，在"批量提取"对话框中输入列名"负责人""联系电话"，并在工作表中选择相应的单元格区域，单击"确定"按钮，如下右图所示。

步骤07 弹出提示框。弹出提示框，提示用户没有输入正确的区域，单击"确定"按钮即可，如下图所示。

步骤08 填写完整列名和区域。在第4个"列名"文本框中输入"公司地址"，并选取相应的区域，单击"确定"按钮，如下图所示。

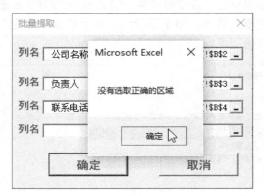

步骤09 执行代码后的效果。代码执行完毕后，工作簿中新建了一个名为"客户通信录"的工作表，并在其中写入了需要的信息，如下图所示。

步骤10 继续提取客户信息。当工作簿中存在"客户通信录"工作表时，再次打开"批量提取"对话框并输入各项信息，单击"确定"按钮，如下图所示。

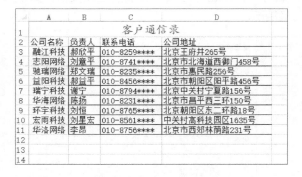
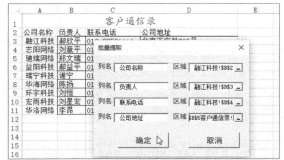

步骤11 显示出错信息。弹出提示框，提示已有名为"客户通信录"的工作表，单击"确定"按钮即可，如下左图所示。

步骤12 关闭"批量提取"对话框。当"批量提取"对话框还显示在工作表中时，单击"取消"按钮可关闭对话框，如下右图所示。

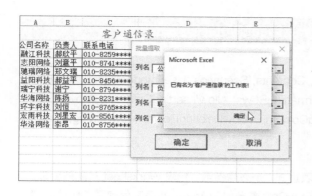

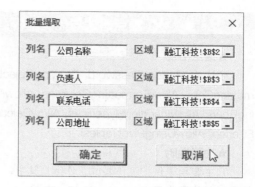

3.3 自动保护客户信息

完成客户信息的制作后，常常需要保护工作表，以避免他人修改等。在 Excel 工作簿中对少量工作表进行保护是很容易的事，但是要对众多工作表进行保护，操作起来难免繁杂。本节将以 VBA 程序实现众多工作表的同时保护及撤销保护，提高用户的工作效率。

◎ 原始文件：实例文件\第3章\原始文件\自动保护客户信息.xlsm
◎ 最终文件：实例文件\第3章\最终文件\自动保护客户信息.xlsm

3.3.1 编写保护或撤销保护工作表的过程代码

在 Excel VBA 中，可通过 Worksheet.Protect 或 Worksheet.Unprotect 方法来保护或撤销保护工作表。具体操作如下。

步骤01 定义存储密码的变量。打开原始文件，进入VBE编程环境，在"工程"窗口中双击ThisWorkbook选项，打开"ThisWorkbook（代码）"窗口，在该窗口中输入如下图所示的代码，用于定义存储密码的变量。

步骤02 编写"自动保护客户信息"代码。在"ThisWorkbook（代码）"窗口中继续输入如下图所示的代码段，该代码段主要用于循环操作工作簿中的每一张工作表，通过用户输入的密码对工作表进行保护。

✖ 重点语法与代码剖析：Worksheet.Protect 方法的用法

★语法格式

表达式 .Protect(Password, DrawingObjects, Contents, Scenarios, UserInterfaceOnly, AllowFormattingCells, AllowFormattingColumns, AllowFormattingRows, AllowInsertingColumns, AllowInsertingRows, AllowInsertingHyperlinks, AllowDeletingColumns, AllowDeletingRows, AllowSorting, AllowFiltering, AllowUsingPivotTables)

★功能说明

它主要用于保护工作表或工作簿。其中，"表达式"是必需参数，代表 Worksheet 对象的变量。如果对工作表应用 Protect 方法时，将 UserInterfaceOnly 参数设为 True，然后又保存了工作簿，那么再次打开工作簿时，整张工作表将被完全保护，而并非仅保护用户界面。要在打开工作簿后重新启用用户界面保护，必须再次将 UserInterfaceOnly 参数设为 True 并应用 Protect 方法。

要在受保护的工作表上做更改，如果提供密码，则可在受保护的工作表上使用 Protect 方法。另一种方法是：取消工作表保护，对工作表做一些必要的更改，然后再次保护工作表。

步骤03 编写"撤销保护工作表"代码。在"ThisWorkbook（代码）"窗口中继续输入如下图所示的代码段，该代码段使用For循环语句对比用户输入的密码与设置的密码是否一致。如果是一致的，则撤销工作表的保护；反之，弹出提示框，提示输入的密码有误。

步骤04 保存代码。完成代码的编写后，单击工具栏中的"保存"按钮，保存代码，如下图所示。

3.3.2 保护或撤销保护工作簿中的所有工作表

本小节将运行编写好的 VBA 程序，实现同时保护工作簿中的所有工作表，或撤销所有工作表的保护，具体操作如下。

步骤01 绘制按钮控件。继续上一小节的操作，返回Excel视图，在"开发工具"选项卡下单击"控件"组中的"插入"按钮，在展开的列表中单击"按钮（窗体控件）"图标，如下左图所示。

步骤02 为按钮控件指定宏。在工作表中的合适位置绘制按钮控件，释放鼠标后弹出"指定宏"对话框，设置"位置"为"自动保护客户信息.xlsm"选项，在"宏名"列表框中单击"ThisWorkbook.自动保护"选项，单击"确定"按钮，如下右图所示。

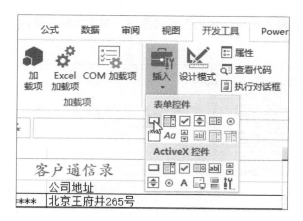

步骤03　绘制撤销保护宏的按钮控件。将按钮控件的文本修改为"自动保护客户信息表"。利用相同的方法，绘制"撤销所有工作表的保护"按钮并指定相应的宏。单击"自动保护客户信息表"按钮，如下图所示。

步骤04　输入保护密码。弹出对话框，提示用户输入保护密码，在文本框中输入密码，如"123321"，单击"确定"按钮，如下图所示。

步骤05　弹出提示框。系统执行自动保护代码，执行完毕后弹出提示框，提示用户已完成客户信息表的保护，单击"确定"按钮即可，如下图所示。

步骤06　修改单元格。保护工作表后，选中任意数据所在的单元格，按Delete键，会弹出提示框，提示用户正在试图更改被保护的工作表，单击"确定"按钮即可，如下图所示。

步骤07　撤销所有工作表的保护。若用户要修改工作表中的数据，则需先撤销工作表的保护。单击"撤销所有工作表的保护"按钮，如下左图所示。

步骤08 输入错误的密码。弹出对话框，提示用户输入撤销保护工作表的密码，在文本框中输入"123456"，单击"确定"按钮，如下右图所示。

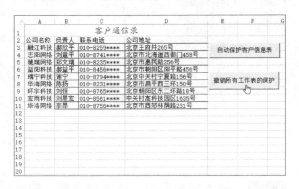

步骤09 弹出提示框。系统弹出提示框，提示用户输入的密码有误，单击"确定"按钮即可，如下图所示。

步骤10 输入正确的密码。再次单击"撤销所有工作表的保护"按钮，在弹出的对话框中输入正确的密码"123321"，单击"确定"按钮，如下图所示。

👍 **高手点拨：弹出撤销工作表保护对话框**

如果在撤销工作表保护时，需要每个工作表都弹出"撤销工作表保护"对话框，则将"撤销保护()"过程的"ActiveSheet.Unprotect Password:= CP"代码中的"Password:= CP"参数删除即可。

步骤11 完成撤销保护。执行完毕后弹出提示框，提示用户已完成撤销保护工作表，单击"确定"按钮即可，如右图所示。

员工基本资料管理

第4章

本章以"员工基本资料管理"为例，介绍如何使用 VBA 程序代码及其用户窗体功能实现快速删除离职员工信息、查询并标示所有符合条件的员工联系方式，以及精确查找／替换和模糊查找／替换功能。

4.1 快速删除员工信息

在管理员工基本资料时，常常会需要进行员工基本资料的修改、删除等操作，如员工离职后需要删除该员工的相关信息。本节将首先编写 VBA 程序代码快速删除备注为"离职"的员工的信息，然后在此基础上改进代码，允许用户自行指定删除的条件。

扫码看视频

◎ 原始文件：实例文件\第4章\原始文件\删除指定条件记录.xlsm
◎ 最终文件：实例文件\第4章\最终文件\删除指定条件记录.xlsm

4.1.1 编写代码删除离职人员资料

假设一旦有员工离职，人事部就会在员工基本资料表中该员工的"备注"字段中填写"离职"，接下来编写 VBA 程序代码实现快速删除"备注"字段为"离职"的员工的信息。

步骤01 进入VBE编程环境。打开原始文件，可看到表中有4名员工的"备注"字段中填写了"离职"，如下图所示。按Alt+F11组合键，进入VBE编程环境。

步骤02 插入模块。进入VBE编程环境后，在"工程"窗口中右击"VBAProject（删除指定条件记录.xlsm）"，在弹出的快捷菜单中单击"插入>模块"命令，如下图所示。

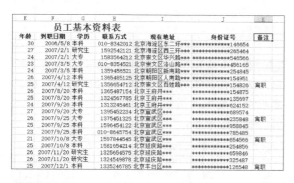

步骤03 修改模块的名称。按F4键，快速打开"属性-模块1"窗口，在"按字母序"选项卡下设置"(名称)"属性为"快速删除离职员工信息"，如右图所示。

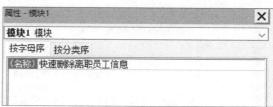

步骤04 编写"快速删除离职人员资料()"过程代码。在"快速删除离职员工信息（代码）"窗口中输入如下图所示的代码段，该段代码主要用于判断"备注"字段是否为"离职"。如果是，则删除该行数据记录。

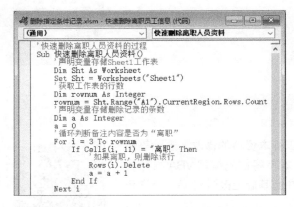

步骤05 编写"判断是否进行了离职人员信息删除"代码。在"快速删除离职员工信息（代码）"窗口中继续输入如下图所示的代码段，该段代码用于判断是否删除了记录。如果是，则以对话框形式提示删除记录的条数，反之提示没有离职人员信息。

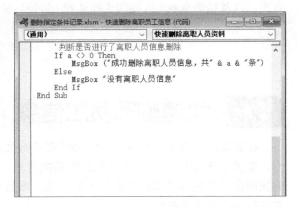

步骤06 为按钮控件指定宏。在工作表中绘制按钮控件，在弹出的"指定宏"对话框的"宏名"列表框中选中"快速删除离职人员资料"选项，如下图所示，然后单击"确定"按钮。

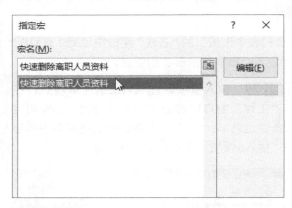

步骤07 运行代码删除离职人员信息。返回工作表，将按钮控件重命名为"快速删除离职人员信息"。激活并单击该按钮，如下图所示。

步骤08 查看删除后的效果。系统自动执行指定的宏代码，运行完毕后，在工作表中弹出提示框，提示已删除4条离职人员信息，单击"确定"按钮即可，如下图所示。

步骤09 再次运行代码。再次单击"快速删除离职人员信息"按钮，系统将会弹出提示框，提示没有离职人员信息，单击"确定"按钮即可，如下图所示。

4.1.2　编写代码让用户指定删除条件

上一小节中编写的代码只能删除"备注"字段为"离职"的员工的信息，代码的适用范围较窄，本小节将改进代码，根据用户自行指定的条件来删除员工信息。

步骤01　编写删除指定记录过程代码。继续上一小节的操作，插入新的模块，并将其"(名称)"属性设置为"删除指定条件记录"，然后在该模块中输入如下图所示的代码段，该段代码主要用于获取Sheet1工作表的行数与列数，以及获取用户指定的条件。

步骤02　编写代码查询符合指定条件的记录并删除。在"删除指定条件记录（代码）"窗口中继续输入如下图所示的代码段，该段代码主要用于查找符合指定条件的员工信息记录，然后删除该记录，并统计删除的条数。

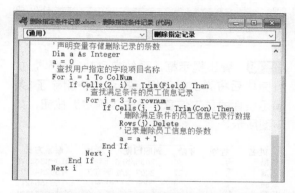

步骤03　编写代码判断是否删除了数据记录。继续输入如右图所示的代码段，该段代码主要用于检查是否进行了删除记录操作。如果已删除，则提示删除条数；反之，提示没有符合条件的记录。

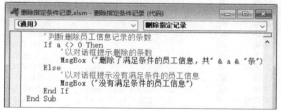

知识链接　**Trim()函数的用法**

Trim() 函数用于去除指定字符串首尾的空格，也就是前导空格和尾随空格，其语法格式为：Trim(String)。

步骤04　为按钮控件指定宏。返回Excel视图，绘制按钮控件，在弹出的"指定宏"对话框的"宏名"列表框中单击"删除指定记录"选项，如下图所示，然后单击"确定"按钮。

步骤05　运行删除指定记录过程代码。返回工作表，将按钮控件重命名为"快速删除指定条件记录"，并单击该按钮，如下图所示，即可执行该按钮对应的代码。

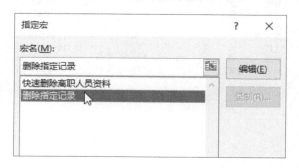

步骤06 输入要删除记录的字段条件。在工作表中弹出对话框，提示用户输入需要删除记录的字段条件，在文本框中输入"姓名"，单击"确定"按钮，如下图所示。

步骤07 输入要删除记录的文本条件。弹出下一个对话框，提示用户输入需要删除记录的文本条件，在文本框中输入"何菲林"，单击"确定"按钮，如下图所示。

步骤08 弹出提示框。系统自动执行代码，执行完毕后将弹出提示框，提示用户删除了1条满足条件的员工信息，单击"确定"按钮，如下图所示。

步骤09 输入要删除记录的字段条件。再次单击"快速删除指定条件记录"按钮，在弹出对话框的文本框中输入"职务"，单击"确定"按钮，如下图所示。

步骤10 输入要删除记录的文本条件。弹出下一个对话框，提示用户输入要删除记录的文本条件，在文本框中输入"主任"，单击"确定"按钮，如下图所示。

步骤11 弹出提示框。此时会弹出提示框，提示用户没有满足条件的员工信息，单击"确定"按钮，如下图所示。

4.2　快速查找并标示所有符合条件的员工联系方式

如果需要查找符合条件的多条记录并显示查找结果，虽然可以使用 Excel 的查找功能，但是它只能进行单条件查找，查找结果的呈现方式有时也不友好。本节将使用 VBA 的用户窗体功能制作较为友好的用户界面，并编写代码实现较为复杂的多条件查找。

扫码看视频

◎　原始文件：实例文件\第4章\原始文件\快速查找符合条件的员工联系方式.xlsm
◎　最终文件：实例文件\第4章\最终文件\快速查找符合条件的员工联系方式.xlsm

4.2.1　设计"查询员工联系方式"窗体

本小节将要设计的"查询员工联系方式"窗体能够通过员工的职务、学历、性别、年龄等信息来快速查询员工的联系方式。具体操作方法如下。

步骤01　插入用户窗体。打开原始文件，进入VBE编程环境，在"工程"窗口中右击"VBAProject（快速查找符合条件的员工联系方式.xlsm）"，在弹出的快捷菜单中单击"插入>用户窗体"命令，如下图所示。

步骤02　修改用户窗体的属性。按F4键，打开"属性"窗口，将"(名称)"属性设置为SearchMsg，将Caption属性设置为"查询员工联系方式"，如下图所示。

步骤03　设计用户窗体的"查询条件"页面控件。在用户窗体对象窗口中绘制需要的控件，并按照下页表设置控件的属性。设计好的效果如右图所示。

知识链接　**多页控件的功能**

多页控件可以在窗体中显示多个页面，每个页面中可以放置不同的信息或控件。通过多页控件可以有效地利用窗体中有限的空间来分门别类地组织信息或其他控件，方便用户查阅和使用。

序号	控件名称	属性	值
1	多页控件	Page1 Caption	查询条件
		Page2 Caption	查询结果
2	复选框	（名称）	Post
		Caption	现任职务
3	复合框	（名称）	Post1
4	标签	Caption	学历
5	文本框	（名称）	XuLi
6	复选框	（名称）	Sex
		Caption	性别
7	选项按钮	（名称）	Man
		Caption	男
8	选项按钮	（名称）	Woman
		Caption	女
9	复选框	（名称）	Age
		Caption	年龄
10	标签	Caption	最小值
11	文本框	（名称）	MinAge
12	标签	Caption	最大值
13	文本框	（名称）	MaxAge
14	复选框	（名称）	OnlyNum
		Caption	身份证号码
15	文本框	（名称）	NumberOne
16	命令按钮	（名称）	OK
		Caption	确定
17	命令按钮	（名称）	Cancel1
		Caption	取消

步骤04 设置"查询结果"页面控件。切换至多页控件的第2页，绘制列表框和命令按钮控件，并按照下表设置控件的属性。设计好的效果如右图所示。

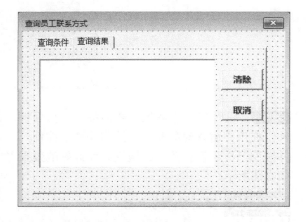

知识链接 **列表框的功能**

列表框用于显示一组数据条目，用户可用鼠标选择其中的一个或多个条目，但是通常不能直接编辑条目。当列表框不能同时显示所有条目时，将自动添加滚动条，供用户滚动查阅。

序号	控件名称	属性	值
1	列表框	（名称）	ResultList
2	命令按钮	（名称）	ClearButton
		Caption	清除

续表

序号	控件名称	属性	值
3	命令按钮	（名称）	Cancel2
		Caption	取消

👍 **高手点拨：多页控件的使用范围**

多页控件不能接收任何用户输入，只是将一个用户窗体拓展成了几个用户窗体。若窗体需要用到的控件很多，窗体的面积又没有那么大，或者同一窗体中实现的功能之间有些差别，需要被隔开，则适合使用多页控件。

4.2.2　编写用户窗体控件的事件代码

设计好"查询员工联系方式"窗体后，接着需要编写用户窗体控件对应的事件代码，才能实现快速查询员工联系方式的功能。具体操作如下。

步骤01 定义数组和变量。继续上一小节的操作，按F7键打开"SearchMsg（代码）"窗口，在其中输入如下图所示的代码段，该段代码主要用于定义数组（用于保存查找结果）及公共变量（用于保存用户输入的查找条件）。

步骤02 编写初始化用户窗体的代码。在"SearchMsg（代码）"窗口中继续输入如下图所示的代码段，该段代码主要用于获取要查询的工作表中数据区域的行数，并声明变量gnums，用于保存"现任职务"字段唯一值的个数。

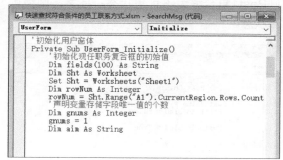

知识链接 **Initialize事件**

Initialize 事件发生在加载对象之后，显示对象之前。通常在 Initialize 事件的处理过程中对应用程序的变量或用户窗体的控件进行初始化，例如，为变量指定初始值，调整控件位置或大小等。

步骤03 为数组赋值并将其赋值给复合框控件。在"SearchMsg（代码）"窗口中继续输入如右图所示的代码段，该段代码主要用于为fields()数组赋值，并将其赋值给复合框控件。

步骤04 初始化复选框控件。在"SearchMsg（代码）"窗口中继续输入如下图所示的代码段，该段代码主要用于设置复选框的初始值为False，并设置复选框下的文本框或选项按钮为不可用状态。

步骤05 自定义Have()函数。在"SearchMsg（代码）"窗口中继续输入如下图所示的代码段，该段代码定义了一个Have()函数，用于检查指定内容是否存在于数组中。如果存在，Have()函数的返回值为True；反之，则为False。

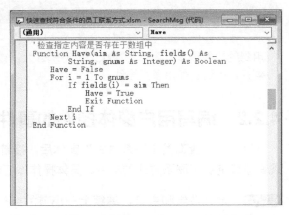

步骤06 编写修改"现任职务"复选框后自动执行的代码。在"SearchMsg（代码）"窗口中继续输入如下图所示的代码段，该段代码用于判断Post复选框的值是否为真。如果为假，则Post1复合框为不可用状态；反之，则为可用状态。

步骤07 编写修改"性别"复选框后自动执行的代码。在"SearchMsg（代码）"窗口中继续输入如下图所示的代码段，该段代码用于判断Sex复选框的值是否为真。如果为假，则Man和Woman选项按钮为不可用状态；反之，则为可用状态。

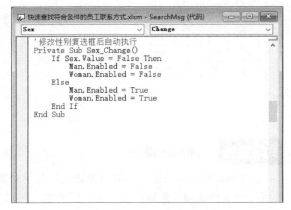

步骤08 编写修改"年龄"复选框后自动执行的代码。在"SearchMsg（代码）"窗口中继续输入如右图所示的代码段，该段代码用于判断Age复选框的值是否为真。如果为假，则MinAge和MaxAge文本框为不可用状态；反之，则为可用状态。

步骤09　编写修改"身份证号码"复选框后自动执行的代码。在"SearchMsg（代码）"窗口中继续输入如下图所示的代码段，该段代码用于判断OnlyNum复选框的值是否为真。如果为假，则NumberOne文本框为不可用状态；反之，则为可用状态。

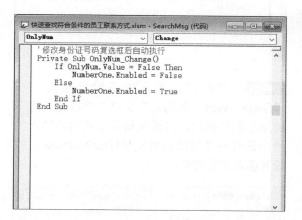

步骤10　编写"确定"按钮对应的事件代码。在"SearchMsg（代码）"窗口中继续输入如下图所示的代码段，该段代码用于判断用户是否一个条件都没有设置及判断用户输入的内容是否无误。

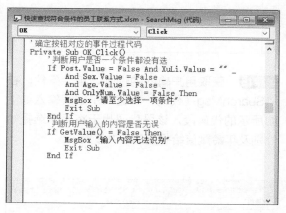

步骤11　查找符合条件的信息并赋值给数组。在"SearchMsg（代码）"窗口中继续输入如下图所示的代码段，该段代码用于查找符合条件的员工信息，并将查找到的员工姓名、联系方式赋值给数组。

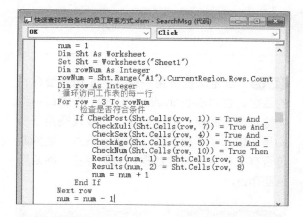

步骤12　判断是否找到结果并去除数组中的多余部分。在"SearchMsg（代码）"窗口中继续输入如下图所示的代码段，该段代码用于判断是否找到了结果，然后去除数组中多余的部分。

知识链接　静态数组与动态数组

　　静态数组是指大小已定的数组，其大小是在声明数组时确定的；动态数组是指能够改变大小的数组，可使用 ReDim 语句重置数组的大小。

步骤13　将查找到的结果重新赋值给新数组。在"SearchMsg（代码）"窗口中继续输入如下左图所示的代码段，该段代码用于将查找到的结果重新赋值给新数组，并将结果显示在窗体中。

步骤14　自定义GetValue()函数。在"SearchMsg（代码）"窗口中继续输入如下右图所示的代码段，该段代码用于获取用户输入的现任职务和学历条件。

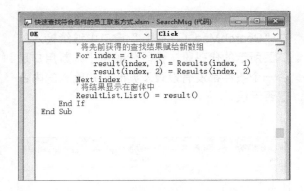

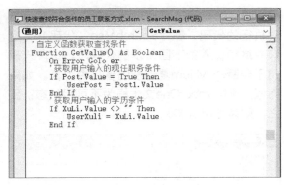

步骤15 获取用户输入的性别、年龄条件。在 "SearchMsg（代码）" 窗口中继续输入如下图所示的代码段，该段代码用于将用户选择的性别及年龄赋值给相应的公共变量。

步骤16 获取用户输入的身份证号码。在 "SearchMsg（代码）" 窗口中继续输入如下图所示的代码段，该段代码用于将用户输入的身份证号码赋值给公共变量UserNumber，并设置函数的返回值。

```vba
'获取用户输入的性别条件
If Sex.Value = True Then
    If Man.Enabled = True Then
        UserSex = "男"
    End If
    If Woman.Enabled = True Then
        UserSex = "女"
    End If
End If
'获取用户输入的年龄条件
If Age.Value = True Then
    UAgeMin = CInt(MinAge.Value)
    UAgeMax = CInt(MaxAge.Value)
End If
```

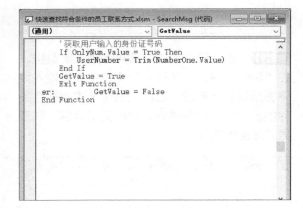

步骤17 自定义检测用户输入的现任职务是否存在的函数。在 "SearchMsg（代码）" 窗口中继续输入如下图所示的代码段，该段代码用于判断是否设置了现任职务条件。如果已设置，则检测用户输入的条件是否存在。如果存在，则函数返回True。

步骤18 自定义检测用户输入的学历是否存在的函数。在 "SearchMsg（代码）" 窗口中继续输入如下图所示的代码段，该段代码用于检测是否输入了学历条件。如果已输入，则判断是否存在符合条件的数据。如果存在，则函数返回True。

```vba
'检测用户输入的现任职务是否存在
Function CheckPost(aim As Range) As Boolean
    If Post.Value = False Then
        CheckPost = True
        Exit Function
    End If
    On Error Resume Next
    Dim result As String
    result = CStr(aim.Value)
    '与用户输入的条件比较
    If result = UserPost Then
        CheckPost = True
        Exit Function
    End If
    CheckPost = False
End Function
```

```vba
'检测用户输入的学历是否存在
Function CheckXuli(aim As Range) As Boolean
    If XuLi.Value = "" Then
        CheckXuli = True
        Exit Function
    End If
    '与用户输入的条件比较
    On Error Resume Next
    Dim result As String
    result = CStr(aim.Value)
    If result = UserXuli Then
        CheckXuli = True
        Exit Function
    End If
    CheckXuli = False
End Function
```

步骤19　自定义检测用户选择的性别是否存在的函数。在"SearchMsg（代码）"窗口中继续输入如下图所示的代码段，该段代码用于检测是否选择了性别条件。如果已选择，则判断是否存在符合条件的数据。如果存在，则函数返回True。

步骤20　自定义检测用户输入的年龄是否存在的函数。在"SearchMsg（代码）"窗口中继续输入如下图所示的代码段，该段代码用于检测是否输入了年龄条件。如果已输入，则判断是否存在符合条件的数据。如果存在，则函数返回True。

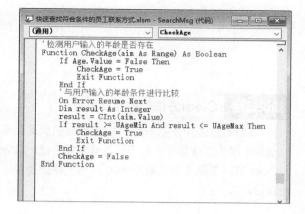

知识链接　逻辑运算符的用法

Excel VBA 中的逻辑运算符有 And、Or、Not、Eqv、Imp、Xor，运用这些运算符可以对两个表达式进行逻辑连接。例如，步骤 20 中的语句"If result>=UAgeMin And result<=UAgeMax Then"表示当 And 运算符两边的表达式结果均为 True 时，运行 If…End If 间的语句。

步骤21　自定义检测用户输入的身份证号码是否存在的函数。在"SearchMsg（代码）"窗口中继续输入如下图所示的代码段，该段代码用于检测是否输入了身份证号码。如果已输入，则判断是否存在符合条件的数据。如果存在，则函数返回True。

步骤22　设置"清除"按钮和两个"取消"按钮对应的事件代码。在"SearchMsg（代码）"窗口中继续输入如下图所示的代码段，该段代码用于设置第1页和第2页中的"取消"按钮对应的事件，以及第2页中的"清除"按钮对应的事件。

步骤23 编写调用SearchMsg用户窗体的代码。插入模块，在打开的"模块1（代码）"窗口中输入如右图所示的代码段，该段代码用于调用SearchMsg用户窗体。

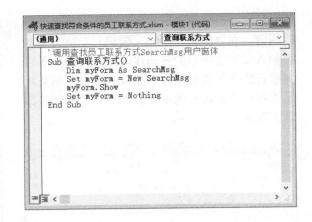

知识链接 **Clear方法的功能及用法**

　　Clear 方法用于从一个对象或集合中删除所有对象。对于多页控件或 TabStrip 控件，Clear 方法删除单个页或标签；对于列表框或复合框，Clear 方法删除列表中所有的项；对于 Controls 集合，Clear 方法删除在运行时用 Add 方法创建的控件。如果对设计时创建的控件使用 Clear 方法，则会出错。

4.2.3　运行代码查询员工联系方式

　　设计完用户窗体并编写相应的事件代码后，就可运行代码来查询员工联系方式。具体操作如下。

步骤01 为按钮控件指定宏。继续上一小节的操作，返回Excel视图，绘制按钮控件，在弹出的"指定宏"对话框的"宏名"列表框中单击"查询联系方式"选项，如下图所示，然后单击"确定"按钮。

步骤02 执行代码。返回工作表，将按钮控件重命名为"查询联系方式"，激活并单击该按钮，即可开始执行"查询联系方式"过程代码，如下图所示。

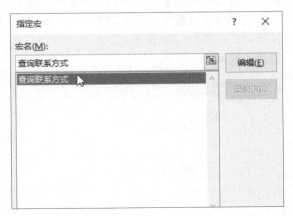

步骤03 不输入查询条件直接查找。弹出"查询员工联系方式"对话框，在"查询条件"选项卡中不设置任何查询条件，直接单击"确定"按钮，如下左图所示。

步骤04 弹出提示框。程序执行后，会弹出提示框，提示用户至少要选择一项条件，单击"确定"按钮，如下右图所示，即可重新设置查询条件。

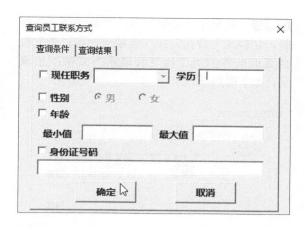

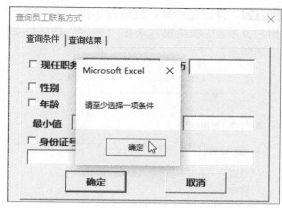

步骤05 通过现任职务查询。在"查询条件"选项卡下勾选"现任职务"复选框，单击其右侧的下三角按钮，在展开的列表中单击"技术部职员"选项，如下图所示。

步骤06 弹出提示框。单击"确定"按钮，系统自动执行按钮对应的事件代码，执行完毕后弹出提示框，提示用户共找到5项结果，单击"确定"按钮，如下图所示。

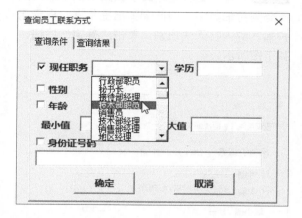

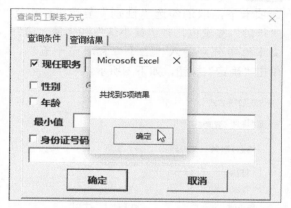

步骤07 查看查询结果。单击"查询结果"标签，切换至"查询结果"选项卡，在列表框中列出了符合查询条件的员工姓名和联系方式，如下图所示。

步骤08 设置查询的性别条件。在"查询条件"选项卡下勾选"性别"复选框，选中"女"单选按钮，单击"确定"按钮，如下图所示。

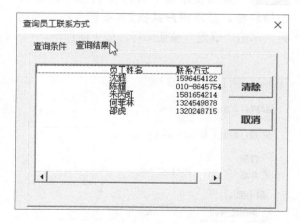

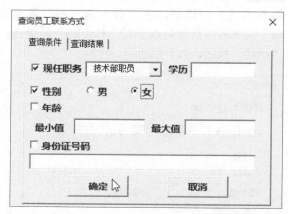

步骤09 弹出提示框。此时弹出提示框，提示用户共找到2项结果，单击"确定"按钮，如下图所示。

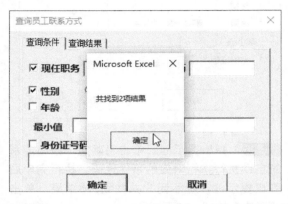

步骤10 查看查询结果。单击"查询结果"标签，切换至"查询结果"选项卡，可以看到符合查询条件的员工姓名和联系方式被列出来了，如下图所示。

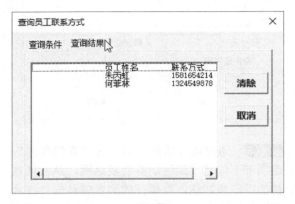

步骤11 通过年龄条件查询。在"查询条件"选项卡下，取消勾选"性别"复选框，勾选"年龄"复选框，在"最小值"和"最大值"文本框中分别输入"二十"和"二十五"，单击"确定"按钮，如下图所示。

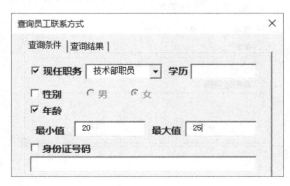

步骤12 弹出提示框。由于在文本框中输入的不是阿拉伯数字，因此会弹出提示框，提示用户输入的内容无法识别，单击"确定"按钮，如下图所示。

步骤13 重新输入年龄条件。返回"查询员工联系方式"对话框，在"最小值"和"最大值"文本框中重新输入"20"和"25"，单击"确定"按钮，如下图所示。

步骤14 弹出提示框。程序执行完毕后会弹出提示框，提示用户共找到4项符合条件的结果，单击"确定"按钮即可，如下图所示。

步骤15　查看查询结果。切换至"查询结果"选项卡，可看到在列表框中列出了符合查询条件的员工姓名和联系方式。若用户需要删除列表框中的结果，单击"清除"按钮即可，如下图所示。

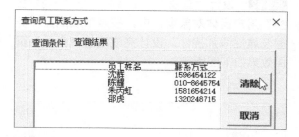

步骤17　按身份证号码查询。在"查询条件"选项卡下，勾选"身份证号码"复选框，在其下的文本框中输入需要查找的身份证号码，单击"确定"按钮，如下图所示。

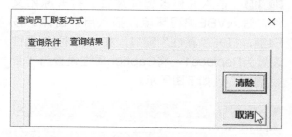

步骤16　查看清除效果。单击"清除"按钮后，列表框中的数据即被删除了。如果用户需要关闭"查询员工联系方式"对话框，单击"取消"按钮即可，如下图所示。

步骤18　弹出提示框。程序执行完毕后会弹出提示框，提示用户未找到符合条件的结果，单击"确定"按钮，如下图所示。

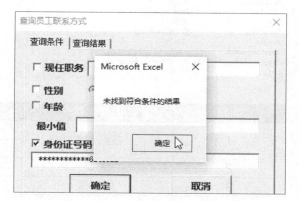

步骤19　查看查询结果。单击"查询结果"标签，切换至"查询结果"选项卡，可看到结果列表为空，如右图所示。

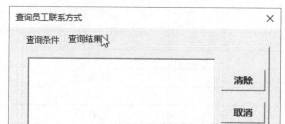

4.3　快速查找/替换满足条件的数据

本节将使用 VBA 程序代码实现数据的精确查找/替换和模糊查找/替换功能，方便用户快速修改数据。

扫码看视频

◎　**原始文件：**实例文件\第4章\原始文件\快速查找与替换满足条件的数据.xlsm
◎　**最终文件：**实例文件\第4章\最终文件\快速查找与替换满足条件的数据.xlsm

4.3.1 设计"查找 / 替换"用户窗体

为了让用户在进行查找或替换时获得良好的操作体验，首先需要设计一个"查找 / 替换"用户窗体。具体操作如下。

步骤01 插入并修改窗体属性。打开原始文件，进入VBE编程环境，插入用户窗体。按F4键，打开"属性"窗口，将"(名称)"属性设置为Replace1，将Caption属性设置为"查找/替换"，如下图所示。

步骤02 设计"查找"页面控件。在"查找/替换"用户窗体对象窗口中，按照下表的控件类型及属性添加控件。设计完成后的"查找"页面效果如下图所示。

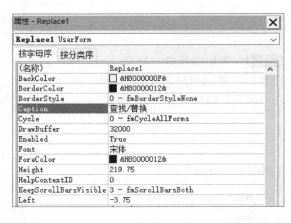

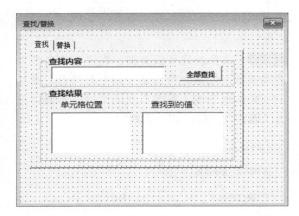

序号	控件名称	属性	值
1	多页控件	Page1 Caption	查找
		Page2 Caption	替换
2	框架	Caption	查找内容
3	文本框	(名称)	SearchText
4	命令按钮	(名称)	Search1
		Caption	全部查找
5	框架	Caption	查找结果
6	标签	Caption	单元格位置
7	列表框	(名称)	AddressList1
8	标签	Caption	查找到的值
9	列表框	(名称)	ValueList1

知识链接 **框架控件的功能及用法**

框架控件用于创建功能上或视觉上的控件组。框架中的所有选项按钮是互斥的，所以可用框架创建选项组，也可用框架将关系密切的控件组合起来。例如，在处理顾客订单时，可用框架将顾客的姓名、地址和账号组合在一起。此外，还可用框架创建切换按钮组，但切换按钮不是互斥的。框架的默认事件是 Click 事件。

步骤03 设计"替换"页面控件。切换至"替换"选项卡，按照下表的控件类型及属性添加控件。设计完成后的"替换"页面效果如右图所示。

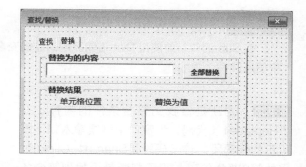

序号	控件名称	属性	值
1	框架	Caption	替换为的内容
2	文本框	（名称）	ReplaceText
3	命令按钮	（名称）	RepButtons
		Caption	全部替换
4	框架	Caption	替换结果
5	标签	Caption	单元格位置
6	列表框	（名称）	AddressList2
7	标签	Caption	替换为值
8	列表框	（名称）	ValueList2

4.3.2　为控件添加对应的事件代码

设计好"查找/替换"用户窗体后，接着需要为窗体中的控件编写对应的事件代码，才能实现窗体的功能。具体操作如下。

步骤01 编写"全部查找"按钮对应的事件代码。继续上一小节的操作，右击用户窗体Replace1，在弹出的快捷菜单中单击"查看代码"命令，在打开的代码窗口中输入如下图所示的代码段。该代码段首先定义了一些数组和全局变量，用于存储查找到和替换后的单元格地址及值，随后是Search1_Click()过程的第1部分代码。

步骤02 查找符合条件的内容，将其单元格地址与值赋给数组变量。在"Replace1（代码）"窗口中继续输入如下图所示的代码段，该代码段是Search1_Click()过程的第2部分代码，主要使用循环语句循环访问工作表中的单元格，将符合条件的内容及相应的单元格地址赋给相应的数组。

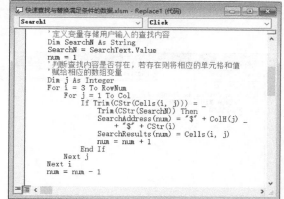

知识链接　声明全局类型的数组变量

在 Sub 语句之前使用 Dim 语句声明的数组变量为全局变量。全局变量能在本模块的所有过程中使用。

步骤03 判断是否找到符合条件的内容。在"Replace1（代码）"窗口中继续输入如下图所示的代码段，该代码段是Search1_Click()过程的第3部分代码，用于判断是否找到符合条件的内容。如果已找到，就去除数组中的多余部分。

步骤04 判断是否找到符合条件的内容。在"Replace1（代码）"窗口中继续输入如下图所示的代码段，该代码段是Search1_Click()过程的第4部分代码，用于将查找到的结果显示在"单元格位置"和"查找到的值"列表框中。

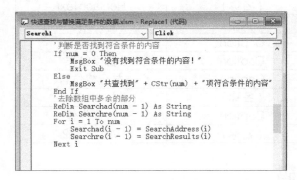

👍 **高手点拨：列表框控件内容的设置**

列表框控件的内容由其List属性决定，为List属性设置对应的数组即可改变列表框控件的内容。Search1_Click()过程中的SearchAddress、SearchResults数组虽然保存有查找到的结果，但是其中有很多内容是多余的。为了将这些多余的数据删除，该过程中特别声明了Searchad和Searchre动态数组，其中的内容就是SearchAddress和SearchResults数组中有意义的内容，也就是用户需要的查找结果。

步骤05 自定义函数获取对应列的列号字母。在"Replace1（代码）"窗口中继续输入如下图所示的代码段，该代码段使用Mid()函数在指定字符串中从指定位置截取指定个数的字符。

步骤06 编写多页控件第2页中"全部替换"按钮对应的事件代码。在"Replace1（代码）"窗口中继续输入如下图所示的代码段，该代码段是RepButtons_Click()过程的第1部分代码，主要用于替换查找到的结果值，并将其赋值给相应的数组。

```
'获取单元格的列号字母
Function ColH(a As Integer)
    ColH = Mid("ABCDEFGHIJKLMNOPQRSTUVWXYZ", a, 1)
End Function
```

```
'全部替换按钮对应的事件代码
Private Sub RepButtons_Click()
    Dim Address As String
    ReDim RepResults1(num) As String
    ReDim RepAddresses(num) As String
    '激活查找到的单元格位置，将查找到的内容替换为需要的值
    For i = 1 To num
        Address = SearchAddress(i)
        Range(Address) = ReplaceText.Value
        '将替换后的单元格位置和值赋给相应的数组变量
        RepResults1(i - 1) = ReplaceText.Value
        RepAddresses(i - 1) = SearchAddress(i)
    Next i
```

✖ **重点语法与代码剖析：Mid() 函数的用法**

Mid() 函数用于在指定字符串的指定位置截取指定数量的字符。其语法格式为：Mid(string, start[, length])。其中，string 是必需参数，用于指定字符串表达式，以从中取出字符。如果 string 包含 Null，将返回 Null。start 是必需参数，其数据类型为 Long，表示 string 中被取出的字符的位置。如果 start 超过 string 的字符数，将返回零长度字符串（""）。length 是可选参数，其数据类型为 Variant(Long)，表示要取出的字符数。如果省略或 length 超过 string 的字符数（包括 start 处的字符），将返回 string 中从 start 到尾端的所有字符。如果想知道 string 的字符数，可使用 Len() 函数。

步骤07　将替换后的结果显示在列表框中。在"Replace1（代码）"窗口中继续输入如下图所示的代码段，该代码段是RepButtons_Click()过程的最后一部分代码，用于将数组中存储的替换后的单元格地址和值显示在列表框中。

步骤08　调用Replace1用户窗体的事件代码。在"工程"窗口中右击"VBAProject（快速查找与替换满足条件的数据.xlsm）"选项，在弹出的快捷菜单中单击"插入>模块"命令，打开"模块1（代码）"窗口，并在其中输入如下图所示的代码段，该代码段是调用用户窗体的过程代码。

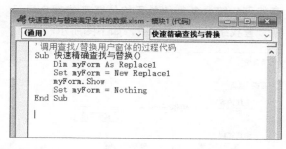

4.3.3　运行代码完成精确查找与替换

设计完用户窗体并编写好相应的代码后，本小节将运行代码以测试精确查找/替换的效果。具体操作如下。

步骤01　为按钮控件指定宏。继续上一小节的操作，返回Excel视图，绘制按钮控件，在弹出的"指定宏"对话框的"宏名"列表框中单击"快速精确查找与替换"选项，如下图所示，然后单击"确定"按钮。

步骤02　执行宏代码。返回工作表，将按钮控件重命名为"精确查找/替换"，激活并单击该按钮，如下图所示，即可执行宏代码。

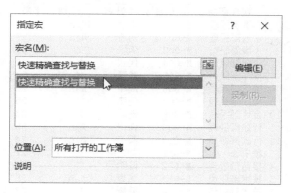

步骤03 输入查找内容。弹出"查找/替换"对话框，在"查找"选项卡的"查找内容"文本框中输入"男"，单击"全部查找"按钮，如下图所示。

步骤04 弹出提示框。系统自动执行"全部查找"按钮对应的代码，执行完毕后会弹出提示框，提示用户共查找到15项符合条件的内容，单击"确定"按钮即可，如下图所示。

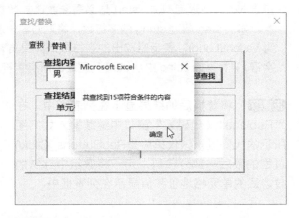

步骤05 查看符合条件的单元格。在工作表中查找到的符合条件的单元格位置及值都会显示在"查找结果"选项组中，如下图所示。

步骤06 输入替换内容。切换至"替换"选项卡，在"替换为的内容"文本框中输入"Man"，单击"全部替换"按钮，如下图所示。

步骤07 显示替换结果。系统执行该按钮对应的程序代码，执行完毕后，在"替换结果"选项组中将分别显示替换的单元格位置及替换为的值，如下图所示。

步骤08 查看替换后的结果。单击"查找/替换"对话框右上角的"关闭"按钮，返回工作表，可看到"性别"列中的"男"已全被替换为Man，如下图所示。

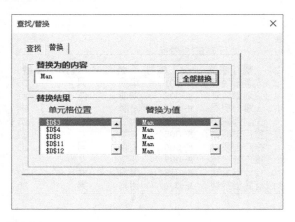

	现任职务	员工编号	姓名	性别	年龄
3	人事部经理	M-001	华扬	Man	30
4	企划部经理	M-002	刘浦	Man	27
5	人事部职员	M-003	李静	女	24
6	企划部职员	M-004	代熙	女	23
7	推广部职员	M-005	黄琴	女	24
8	推广部职员	M-006	周晔	Man	26
9	推广部经理	M-007	任燕	女	25
10	会计部经理	M-008	麦晴	女	26
11	行政部经理	M-009	谢勇	Man	25
12	行政部职员	M-010	郝杰	Man	24
13	秘书长	M-011	刘艺琳	女	27
14	接待部经理	M-012	陈明芳	女	26
15	技术部职员	M-013	沈辉	Man	25
16	技术部职员	M-014	陈耀	Man	23

4.3.4　编写代码完成模糊查找与替换

　　之前通过设计用户窗体和编写代码实现了精确查找与替换，本小节将通过直接编写代码，实现模糊查找与替换。具体操作如下。

步骤01　创建"模糊查找/替换"按钮。返回工作表，在"开发工具"选项卡下单击"控件"组中的"插入"按钮，在展开的列表中单击"命令按钮（ActiveX控件）"图标，如右图所示。

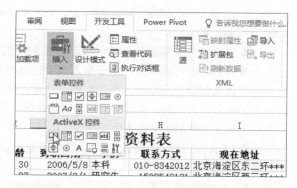

步骤02　打开"属性"窗口。在工作表中的适当位置绘制命令按钮控件，右击绘制的命令按钮，在弹出的快捷菜单中单击"属性"命令，如下图所示。

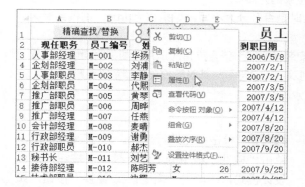

步骤03　设置命令按钮控件的属性。弹出"属性"窗口，设置"(名称)"属性为FindButton，设置Caption属性为"模糊查找/替换"，如下图所示。

步骤04　打开代码窗口。返回工作表，再次右击命令按钮，在弹出的快捷菜单中单击"查看代码"命令，如下图所示。

步骤05　编写"模糊查找/替换"按钮对应的事件代码。在打开的代码窗口中输入如下图所示的代码段，该段代码用于获取用户输入的查找和替换的内容，然后使用Find方法查找符合条件的第一条记录。

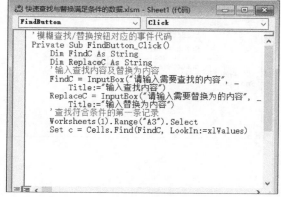

✖ 重点语法与代码剖析：Range.Find 方法的用法

Range.Find 方法用于在区域中查找特定信息。该方法的返回值是一个 Range 对象，代表第一个在其中找到该信息的单元格。该方法的语法格式为：

表达式 .Find(What, After, LookIn, LookAt, SearchOrder, SearchDirection, MatchCase, MatchByte, SearchFormat)

● What 是必需参数，用于指定要搜索的数据，可为字符串或任意 Excel 数据类型。

● After 是可选参数，用于指定搜索过程将从其之后开始进行的单元格。此单元格对应于从用户界面搜索时的活动单元格的位置。注意：After 必须是区域中的单个单元格。要记住搜索是从该单元格之后开始的，直到此方法绕回到此单元格时，才对其进行搜索。如果不指定该参数，搜索将从区域左上角的单元格之后开始。

● LookIn 是可选参数，用于指定信息类型，可为以下常量之一：xlFormulas、xlValues 或 xlNotes，分别表示查找公式、值、批注。

● LookAt 是可选参数，可为以下常量之一：xlWhole 或 xlPart，分别表示全部查找和从当前位置开始查找。

● SearchOrder 是可选参数，可为以下常量之一：xlByRows 或 xlByColumns，分别表示按行查找和按列查找。

● SearchDirection 是可选参数，用于指定搜索的方向。

● MatchCase 是可选参数，用于指定搜索时是否区分大小写，如果值为 True，则搜索时区分大小写。其默认值为 False。

● MatchByte 是可选参数，只在已选择或安装了双字节语言支持时适用。如果为 True，则双字节字符只与双字节字符匹配。如果为 False，则双字节字符可与其对等的单字节字符匹配。

● SearchFormat 是可选参数，用于指定搜索的格式。

步骤06 编写替换和查找下一条符合条件记录的代码。在打开的代码窗口中继续输入如下图所示的代码段，该段代码用于记录第一个符合条件内容的位置、替换内容。其中，FindNext 方法用于查找下一条记录。

步骤07 单击按钮运行代码。返回Excel视图，单击"控件"组中的"设计模式"按钮，退出设计模式，再单击"模糊查找/替换"按钮，如下图所示。

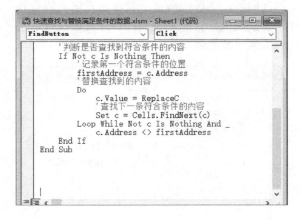

```
快速查找与替换满足条件的数据.xlsm - Sheet1 (代码)

FindButton                    Click

            ' 判断是否查找到符合条件的内容
        If Not c Is Nothing Then
            ' 记录第一个符合条件的位置
            firstAddress = c.Address
            ' 替换查找到的内容
            Do
                c.Value = ReplaceC
                ' 查找下一条符合条件的内容
                Set c = Cells.FindNext(c)
            Loop While Not c Is Nothing And _
                c.Address <> firstAddress
        End If
End Sub
```

	A	B	C	D	E
1	精确查找/替换		模糊查找/替换		
2	现任职务	员工编号	姓名	性别	年龄
3	人事部经理	M-001	华扬	Man	30
4	企划部经理	M-002	刘浦	Man	27
5	人事部职员	M-003	李静	女	24
6	企划部职员	M-004	代熙	女	23
7	推广部职员	M-005	黄琴	女	24
8	推广部职员	M-006	周晔	Man	26
9	推广部经理	M-007	任燕	女	25
10	会计部经理	M-008	麦晴	女	26
11	行政部经理	M-009	谢勇	Man	25
12	行政部职员	M-010	郝杰	Man	24
13	秘书长	M-011	刘艺琳	女	27

✖ 重点语法与代码剖析：Range.FindNext 方法的用法

Range.FindNext 方法是继续由 Find 方法开始的搜索，查找匹配相同条件的下一个单元格，并返回表示该单元格的 Range 对象。该操作不影响选定内容和活动单元格。该方法的语法格式为：表达式 .FindNext(After)。其中，After 参数是可选参数，用于指定一个单元格，查找将从该单元格之后开始；直到本方法绕回到此单元格时，才检测其内容。此单元格对应于从用户界面搜索时的活动单元格的位置。如果未指定本参数，查找将从区域的左上角单元格之后开始。注意：After 必须是查找区域中的单个单元格。

步骤08 输入查找内容。此时弹出"输入查找内容"对话框，在文本框中输入"大"，单击"确定"按钮，如下图所示。

步骤09 输入要替换为的内容。弹出"输入替换为内容"对话框，提示用户输入需要替换为的内容，在文本框中输入"专科"，单击"确定"按钮，如下图所示。

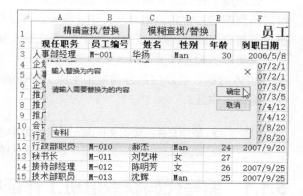

步骤10 查看替换后的效果。系统自动执行对应的程序代码，执行完毕后可看到包含"大"的单元格内容全被替换为"专科"了，如右图所示。

第5章 公司值班管理系统

很多公司都会安排人员值班，这就需要对值班人员进行有效的统一管理。本章将运用 VBA 用户窗体和程序代码制作一个值班管理系统。该系统能够自动提取信息制作出值班人员佩戴的工作证。为了避免无关人员任意修改值班安排，该系统还具备访问权限控制功能，只有输入正确的用户名和密码才能打开工作簿。

5.1 批量制作值班工作证

公司员工在值班时通常都要佩戴自己的值班工作证，工作证内容一般包括员工所属部门、姓名、相片及工作证编号。假设根据公司规定，工作证编号由员工所属部门编号、身份证号码后6位、员工性别编码（男性为"1"，女性为"2"）组成。员工的相片以员工的姓名命名，保存在"相片资料"文件夹中。本节将编写 VBA 代码，自动按照公司规定生成工作证编号，然后在模板中填写信息并插入相片，批量制作出值班工作证。

扫码看视频

◎ 原始文件：实例文件\第5章\原始文件\自动生成证件.xlsm、"相片资料"文件夹
◎ 最终文件：实例文件\第5章\最终文件\自动生成证件.xlsm

5.1.1 编写代码获取值班工作证编号

本小节将编写 VBA 程序，根据员工编号制作"值班证件列表"表格，并获取各员工的值班工作证编号。具体操作如下。

步骤01 查看"值班证件列表"工作表。打开原始文件，单击"值班证件列表"工作表标签，可看到该工作表中已存在如下图所示的数据。

步骤02 自动获取数据中的变量。进入VBE编程环境，单击菜单栏中的"插入>模块"命令，在打开的"模块1（代码）"窗口中输入如下图所示的代码段，该段代码主要用于定义"自动获取数据"过程中的变量，再获取"值班证件列表"中数据的行数。

	A	B	C	D
1	员工编号	姓名	部门	工作证编号
2	010001			
3	010002			
4	010003			
5	010004			
6	010005			
7	010006			
8	010007			
9				
10				
11				

基本档案　值班证件列表　Sheet3

步骤03 根据员工编号获取员工信息。在"模块1（代码）"窗口中继续输入如右图所示的代码段，该段代码主要使用双重循环根据员工编号获取员工的姓名、部门及工作证编号，并调用自定义函数PaperNum()获取值班工作证编号。

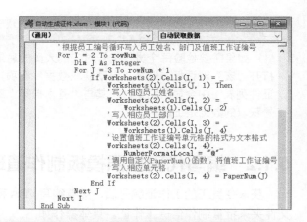

✖ 重点语法与代码剖析：Worksheets(2).Cells(I, 4).NumberFormatLocal="@" 语句的用法

步骤 03 代码段中的该语句用于将第 I 行第 4 列的单元格数字显示格式设置为文本格式。它使用 Range 对象的 NumberFormatLocal 属性来设置单元格的格式，该属性的语法格式及功能如下。

★语法格式

表达式 .NumberFormatLocal

★功能说明

以用户语言字符串的形式返回或设置一个 Variant 值，它代表对象的格式代码。注意：Format() 函数使用的格式代码字符串与 NumberFormat 和 NumberFormatLocal 属性使用的格式代码字符串不同。

步骤04 自定义PaperNum()函数。在"模块1（代码）"窗口中继续输入如下图所示的代码段，该段代码是用户自定义的PaperNum()函数，用于获取工作证编号。其中，使用VBA的内置函数Right()获取员工身份证号码的后6位。

```
'自定义PaperNum()函数，自动生成值班工作证编号
Function PaperNum(AN As Integer) As String
    '定义Str变量存储员工性别编号
    Dim Str As String
    If Worksheets(1).Cells(AN, 3).Value = "女" Then
        Str = "2"
    Else
        Str = "1"
    End If
    '定义SFZ变量存储身份证号码的后六位
    Dim SFZ As String
    SFZ = Right(Worksheets(1).Cells(AN, 6).Value, 6)
    '根据员工所在部门编号确定值班工作证编号
    PaperNum = Worksheets(1).Cells(AN, 5) + SFZ + Str
End Function
```

步骤05 执行宏。返回Excel视图，按Alt+F8组合键，弹出"宏"对话框，在"宏名"列表框中单击"自动获取数据"选项，单击"执行"按钮，如下图所示，即可执行编写的宏代码。

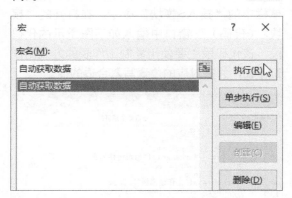

步骤06 执行宏的效果。系统自动执行选中的宏代码，执行完毕后，在"值班证件列表"工作表中显示相应的结果，如右图所示。

	A	B	C	D
1	员工编号	姓名	部门	工作证编号
2	010001	刘海	行政部	011654231
3	010002	谢豪	销售部	062619851
4	010003	郝婷	秘书处	025016322
5	010004	何敏	人事部	033214582
6	010005	陈熙	生产部	059515271
7	010006	单韵	保卫科	077451522
8	010007	李彪	技术部	049215421

👍 **高手点拨：检验获取的值班证件列表的数据是否正确**

　　如果需要检验每个员工编号对应的人员信息是否获取正确，可以将员工编号顺序打乱，然后打开"宏"对话框，选择"自动获取数据"选项，再单击"执行"按钮。执行完毕后，在"值班证件列表"中会显示结果，将其与"基本档案"工作表中的数据进行对比，即可得知根据员工编号获取的数据是正确的。

5.1.2　编写代码按照模板制作值班工作证

　　获取各员工的工作证编号后，接着编写 VBA 程序代码，根据"值班证件列表"和"相片资料"文件夹来批量制作值班工作证。具体操作如下。

步骤01　创建值班工作证模板。继续上一小节的操作，双击Sheet3工作表标签，然后将其重命名为"工作证模板"，在工作表中创建"值班工作证"表格，如下图所示。

步骤02　进入VBE编程环境。在"开发工具"选项卡下单击"代码"组中的Visual Basic按钮，如下图所示，即可进入VBE编程环境。

步骤03　开始编写制作工作证的代码。单击菜单栏中的"插入>模块"命令，在打开的"模块2（代码）"窗口中输入如下图所示的代码段，该代码段主要使用复制工作表的方式制作工作证，并在对应的位置写入合适的值。

步骤04　编写选择相片资料的代码。在"模块2（代码）"窗口中继续输入如下图所示的代码段，该段代码主要使用对话框选择保存员工相片的文件夹。

```
Sub 自动生成证件()
    '声明存储工作证列表的变量
    Dim list As Worksheet
    Set list = Worksheets("值班证件列表")
    '通过复制工作表制作工作证，并在对应位置写入合适的值
    For I = 2 To 8
        Worksheets("工作证模板").Copy _
            before:=Worksheets(1)
        With Worksheets(1)
            .Name = list.Cells(I, 2).Value
            .Range("B2").Value = list.Cells(I, 3).Value
            .Range("B3").Value = list.Cells(I, 2).Value
            .Range("B4").Value = list.Cells(I, 4).Value
            .Range("B4").HorizontalAlignment = xlLeft
        End With
    Next I
```

```
    '使用对话框选择保存相片的文件夹
    Dim Fpath As String
    Fpath = ""
    Dim fs As FileDialog
    Set fs = Application.FileDialog _
        (msoFileDialogFolderPicker)
    Dim Result As Integer
    With fs
        .AllowMultiSelect = False
        Result = .Show
        If Result <> 0 Then
            Fpath = fs.SelectedItems(1)
        Else
            Fpath = ""
        End If
    End With
    Set fs = Nothing
```

👍 **高手点拨：设置单元格的水平对齐方式**

之前介绍过，Range对象的HorizontalAlignment属性可用于设置单元格的水平对齐方式。该属性的值可为xlCenter（居中对齐）、xlDistributed（平均对齐）、xlJustify（调节对齐）、xlLeft（左对齐）、xlRight（右对齐）等。步骤03中的.Range("B4").HorizontalAlignment=xlLeft语句用来设置单元格B4的水平对齐方式为左对齐。

步骤05 获取员工相片的文件名。在"模块2（代码）"窗口中继续输入如下图所示的代码段，该段代码主要使用循环语句依次将工作证设置为当前工作表，再将单元格B3中的员工姓名赋值给变量Name，然后使用"+"连接字符串".JPG"，得到员工相片的文件名。

步骤06 编写"获取图片文件的路径"代码。在"模块2（代码）"窗口中继续输入如下图所示的代码段，该段代码通过文件系统访问选定文件夹下所有的JPG文件，并比较其名称与前面获取的名称是否相同。如果相同，则在前面选择的路径后连接"\"+"图片名称"，并且退出循环。

步骤07 插入并设置图片。在"模块2（代码）"窗口中继续输入如右图所示的代码段并保存，该段代码主要使用Shapes对象的AddPicture方法插入图片。

✖ **重点语法与代码剖析：Shapes.AddPicture 方法的用法**

在 Excel 2007 及其之前版本的 VBA 中，使用 Pictures.Insert 方法在工作表中插入图片。从 Excel 2010 开始，使用 Pictures.Insert 方法插入的图片仅是一个链接，如果图片源文件被删除、改名或移动位置，工作表中的图片将显示为链接错误。若要将图片"真正地"插入工作表中，应使用 Shapes.AddPicture 方法。

★**语法格式**

表达式 .AddPicture(Filename, LinkToFile, SaveWithDocument, Left, Top, Width, Height)

★**功能说明**

Shapes.AddPicture 方法用于在 Excel 工作表中插入图片，它将返回一个代表新图片的 Shape 对象。其中，"表达式"是一个代表 Shapes 对象的变量。下面对该方法的参数进行详细介绍。

● Filename 是必需参数，用于指定要插入的图片文件的路径。

● LinkToFile 是必需参数，若为 True，则在插入的图片与源图片之间建立链接；若为 False，则插入的图片是源图片的一个独立副本。

● SaveWithDocument 是必需参数，若为 True，则将插入的图片与文档一起保存；若为 False，则只在文档中保存图片的链接信息。若 LinkToFile 参数为 False，则该参数必须为 True。

● Left、Top 是必需参数，用于指定插入后的图片左上角相对于单元格 A1 左边线和上边线的位置（以磅为单位）。

● Width、Height 是必需参数，用于指定插入后的图片的宽度和高度（以磅为单位）。

步骤08 插入按钮控件。返回Excel视图，在"开发工具"选项卡下单击"控件"组中的"插入"按钮，在展开的列表中单击"按钮（窗体控件）"图标，如下图所示。

步骤09 为控件指定宏。在当前工作表中绘制按钮控件，弹出"指定宏"对话框，在"宏名"列表框中单击"自动生成证件"选项，如下图所示，然后单击"确定"按钮。

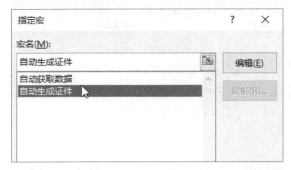

步骤10 重命名按钮控件。返回工作表，将按钮控件重命名为"自动生成值班工作证"，然后单击任意位置激活按钮控件，如下图所示。

步骤11 执行"自动生成证件"宏。单击"自动生成值班工作证"按钮，如下图所示，即可执行宏代码。

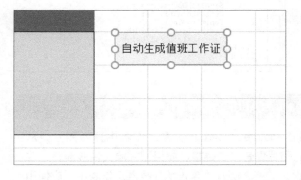

步骤12 选择员工相片的文件夹。系统自动执行宏代码，弹出"浏览"对话框，在地址栏中选择"相片资料"文件夹的路径，选定"相片资料"文件夹，单击"确定"按钮，如下左图所示。

步骤13 查看值班工作证的制作效果。系统继续执行宏代码，执行完毕后得到如下右图所示的效果。可看到员工的相片已填入相应的单元格中，并已调整好相片的大小及位置。

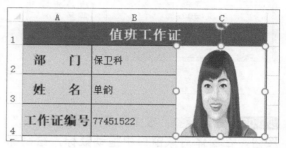

步骤14　查看其他值班工作证的效果。单击其他员工姓名的工作表，如"单韵"工作表，在该工作表中即显示了单韵的值班工作证，如右图所示。

5.2　设置值班人员登记权限

制作好值班工作证后，为了避免他人任意更改值班工作证及值班安排信息，可以使用 VBA 程序对工作簿的访问权限进行控制，让值班人员可以查看值班信息，但不能更改，并赋予特定人员修改的权限。下面就结合使用 VBA 程序中的用户窗体和模块代码设置工作簿的访问权限。

扫码看视频

◎ 原始文件：实例文件\第5章\原始文件\值班人员登记权限.xlsm
◎ 最终文件：实例文件\第5章\最终文件\值班人员登记权限.xlsm

5.2.1　设计用户界面

要使用 VBA 程序来设置值班人员的访问权限，首先需要设计一个合理的用户窗体作为 VBA 程序代码的载体。具体操作如下。

步骤01　创建用户权限表格。打开原始文件，插入一个新的工作表，并将其重命名为"用户权限"，在其中输入"查看权限"和"修改权限"的信息，如下图所示。

步骤02　插入用户窗体。进入VBE编程环境，在"工程"窗口中右击"VBAProject（值班人员登记权限.xlsm）"选项，在弹出的快捷菜单中单击"插入>用户窗体"命令，如下图所示。

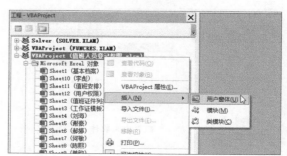

步骤03 打开"属性"窗口。插入用户窗体对象后，在打开的窗体对象窗口的任意位置右击，在弹出的快捷菜单中单击"属性"命令，如下图所示。

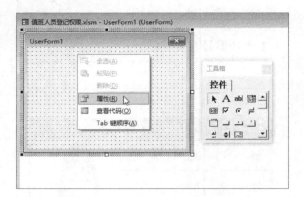

步骤04 修改用户窗体的属性。在打开的"属性"窗口中，将"(名称)"属性更改为User，将Caption属性更改为"用户界面"，如下图所示。在窗体对象窗口中查看修改后的效果。

步骤05 绘制标签。在工具箱中单击"标签"按钮，在窗体对象窗口中拖动鼠标，绘制标签，如下图所示。

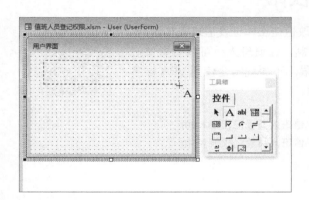

步骤06 修改标签的属性。选定绘制的标签，在"属性"窗口中设置"(名称)"属性为Name、Caption属性为"用户名"，单击Font属性右侧的对话框启动器按钮，如下图所示。

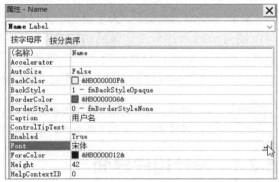

步骤07 设置标签的字体。弹出"字体"对话框，设置"字体"为"华文楷体"、"字形"为"粗体"、"大小"为"四号"，单击"确定"按钮，如下图所示。

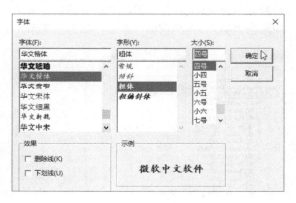

步骤08 设置标签的字体颜色。单击ForeColor右侧的下三角按钮，在弹出的列表中单击"调色板"选项卡中的蓝色色标，如下图所示。

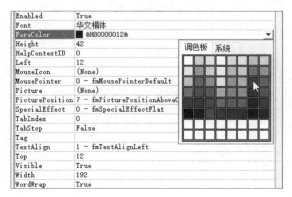

步骤09 绘制文本框。在工具箱中单击"文本框"按钮，在标签上方拖动鼠标，绘制文本框，如下图所示。绘制完毕后，释放鼠标。

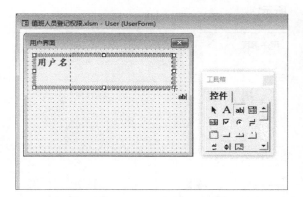

步骤10 修改文本框的属性。选定绘制的文本框，在"属性"窗口中将"(名称)"属性更改为 UserName，其余保持默认值，如下图所示。

步骤11 制作"密码"标签。制作"密码"标签的方法与制作"用户名"标签的方法相同，唯一不同的是将"密码"标签的"(名称)"属性更改为Code，Caption属性更改为"密码"，如下图所示。

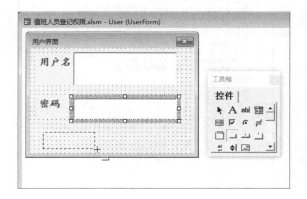

步骤12 制作"密码"标签后的文本框。绘制文本框的方法与前面的方法相同，绘制完成后在"属性"窗口中将其"(名称)"属性更改为 UserCode，如下图所示。

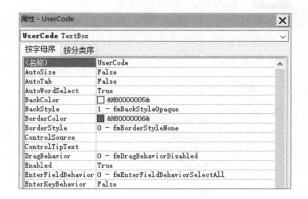

步骤13 绘制按钮。在工具箱中单击"命令按钮"控件，在窗体对象窗口中的适当位置拖动鼠标，绘制按钮，如下图所示。

步骤14 更改按钮的属性。选定该控件，在"属性"窗口中将"(名称)"属性更改为OK，将Caption属性更改为"确定"，并利用相同的方法设置按钮文本的字体格式，如下图所示。

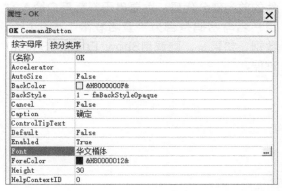

步骤15 制作"取消"按钮。在窗体对象窗口中按住Ctrl键，拖动"确定"按钮控件，复制一个按钮控件，并将其"(名称)"属性更改为Cancel，Caption属性更改为"取消"，如下图所示。

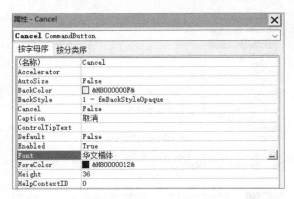

步骤16 查看"用户界面"窗体效果。此时在窗体对象窗口中可适当调整各控件的大小和位置，设计好的"用户界面"窗体效果如下图所示。

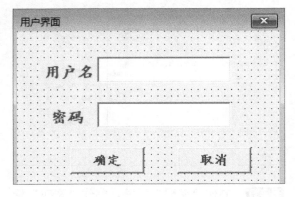

5.2.2 添加控件对应的事件代码

设计好用户窗体后，还需要为该窗体中的按钮控件编写对应的事件代码。具体操作如下。

步骤01 打开用户窗体代码窗口。继续上一小节的操作，在"工程"窗口中右击User窗体，在弹出的快捷菜单中单击"查看代码"命令，如下图所示。

步骤02 为"取消"按钮添加动作事件。在打开的"User（代码）"窗口中输入如下图所示的代码段，该段代码用于在单击"取消"按钮时，隐藏"用户界面"窗体。

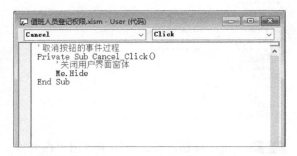

步骤03 为"确定"按钮添加动作事件。在"User（代码）"窗口中继续输入如右图所示的代码段，该段代码为"确定"按钮动作事件的前半部分代码，主要用于判断用户输入的用户名与密码是否为"查看权限"表格中的数据。如果是，则调用Show_Enable_Sheet()过程。

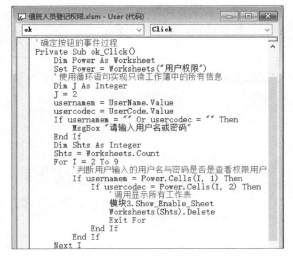

步骤04 编写代码判断是否为修改权限用户。在"User（代码）"窗口中继续输入如下图所示的代码段，该代码段同样将循环语句与If判断语句相结合，判断输入的用户名与密码是否为"修改权限"表格中的数据。如果是，则调用Show_Writen_Sheet()过程。

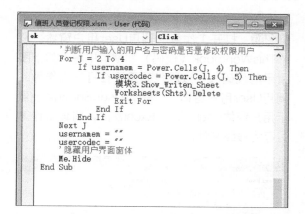

步骤05 自定义Hide_Of_All()过程。插入"模块3"，在"模块3（代码）"窗口中输入如下图所示的代码段，该代码段用于保护工作簿中所有的工作表，并且隐藏所有工作表。其中，使用Worksheet对象的Protect方法来设置密码，保护所有工作表。

👍 **高手点拨：** UserName.Value和UserCode.Value变量

在循环语句中使用的UserName.Value和UserCode.Value变量是指用户在"用户界面"窗体中输入的用户名和密码，也就是指系统自动运用文本框的名称变量存储用户输入的用户名和密码。

步骤06 自定义Show_Enable_Sheet()过程。在"模块3（代码）"窗口中继续输入如下图所示的代码段，该段代码用于显示工作簿中的所有工作表。其中，使用Worksheet对象的Visible属性来实现工作表的显示。

步骤07 自定义Show_Writen_Sheet()过程。在"模块3（代码）"窗口中继续输入如下图所示的代码段，该代码段用于显示工作簿中所有的工作表，并撤销工作表的保护。其中，使用Worksheet对象的Unprotect方法来撤销工作表的保护。

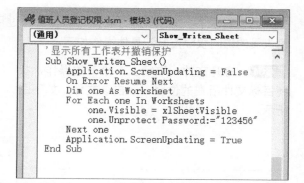

✖ **重点语法与代码剖析：显示与隐藏工作表**

隐藏与显示工作表时使用了 Worksheet 对象的 Visible 属性，该属性用于返回或设置一个 XlSheetVisibility 值，用于确定对象是否可见。其语法格式为：表达式 .Visible。其中，"表达式"是一个代表 Worksheet 对象的变量。XlSheetVisibility 值的枚举如下表所示。

名称	值	描述
xlSheetHidden	0	隐藏工作表，可以通过菜单取消隐藏
xlSheetVeryHidden	2	隐藏工作表。使工作表重新可见的唯一方法是将此属性设置为 True（用户无法使该工作表可见）
xlSheetVisible	-1	显示工作表

步骤08　设置关闭工作簿之前保护并隐藏所有工作表。在"工程"窗口中双击ThisWorkbook选项，在打开的代码窗口中输入如下图所示的代码段，该段代码用于保护并隐藏除新建工作表外的所有工作表，最后关闭工作簿。

步骤09　打开工作簿时调用User用户窗体。在"ThisWorkbook（代码）"窗口中输入如下图所示的代码段，该段代码用于在打开工作簿时调用User用户窗体。其中，User.Show用于显示用户窗体User。返回Excel视图，将该工作簿另存为最终文件。

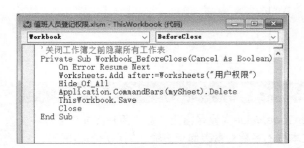

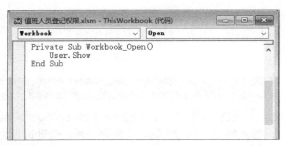

👍 **高手点拨**：Application.CommandBars属性的用法

在步骤08中使用了Application.CommandBars属性，该属性返回一个CommandBars对象，它代表Excel命令栏。其语法格式为：表达式.CommandBars。其中，"表达式"是一个返回Application对象的表达式。

5.2.3　通过用户界面访问

完成前两个小节的操作后，接下来需要通过用户界面访问该工作簿来检测是否成功实现了值班人员的访问权限控制。具体操作如下。

步骤01　打开文件。继续上一小节的操作，找到目标文件所在的位置，双击该文件，如下图所示。

步骤02　输入用户名和密码。弹出"用户界面"对话框，可看到打开的工作簿中只显示了新建的工作表Sheet1，其余的工作表都被隐藏了。在对话框中输入用户名和密码，单击"确定"按钮，如下图所示。

步骤03　弹出提示框。弹出提示框，提示用户将永久删除此工作表，询问是否继续，单击"删除"按钮即可，如下图所示。

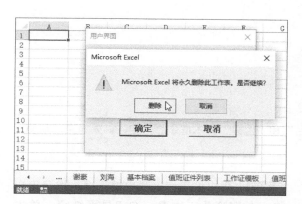

步骤04　查看各工作表的效果。显示所有工作表后，用户可查看需要的信息，但是不能修改。例如，在"单韵"工作表中选中单元格B3，如下图所示。

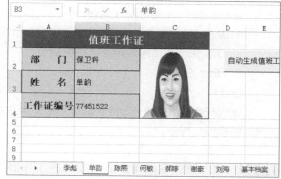

👍 **高手点拨：隐藏"用户界面"窗体**

　　若要在运行完程序代码后自动隐藏"用户界面"窗体，则可以在"User（代码）"窗口中End Sub语句的上方写入Me.Hide语句。

步骤05　弹出提示框。按Delete键，系统将弹出提示框，提示用户工作表已被保护，只能查看，单击"确定"按钮即可，如右图所示。如要修改则需撤销工作表的保护。

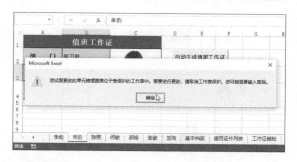

步骤06　提示输入用户名和密码。关闭并打开工作簿，弹出"用户界面"对话框，直接单击"确定"按钮，如下图所示。若需要弹出提示框，则可以在"User（代码）"窗口中使用If…End If语句进行判断。

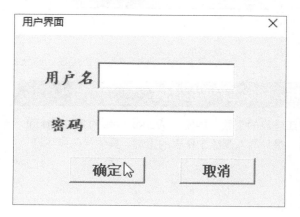

步骤07　弹出提示框。当"用户名"和"密码"文本框为空时，单击"确定"按钮后将弹出提示框，提示用户输入用户名和密码，单击"确定"按钮即可，如下图所示。

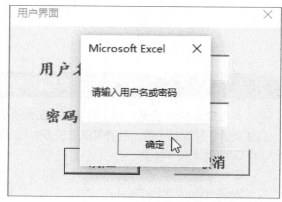

✕ 重点语法与代码剖析：判断"用户名"和"密码"文本框是否为空

```
Private usernamem As String
Private usercodec As String
usernamem = UserName.Value
usercodec = UserCode.Value
If usernamem = "" Or usercodec = "" Then
    MsgBox " 请输入用户名或密码 "
    Exit  Sub
End If
```

该代码主要使用 If…End If 语句判断"用户名"和"密码"文本框是否为空，如果为空，则使用对话框弹出提示。

步骤08 输入修改权限用户。若要修改工作簿中的内容，在"用户界面"窗体中输入修改权限用户"谢鹏"及密码"XP5643"，单击"确定"按钮，如下图所示。

步骤09 弹出提示框。弹出提示框，提示用户将永久删除此工作表，询问是否继续，单击"删除"按钮即可，如下图所示。

步骤10 查看有修改权限用户的效果。此时所有隐藏的工作表都显示出来了，并且撤销了所有工作表的保护。例如，在"单韵"工作表中选中单元格B3，按Delete键，即可删除单元格B3中的内容，如右图所示。

✕ 重点语法与代码剖析：删除工作表的代码

首先定义 Shts 变量，用于存储新建工作表后工作表的个数，再使用 Worksheets 对象的 Count 方法统计工作表的个数，并将其赋值给 Shts 变量，最后写入删除工作表的语句。具体代码如下。

```
Dim Shts As Integer
Shts = Worksheets.Count
Worksheets(Shts).Delete
```

考勤管理系统

考勤管理是指公司对员工的出勤情况进行记录和考核，是公司管理中最基本的制度之一，它能够规范全体员工的工作态度和工作行为，从而提升工作业绩。本章将使用 VBA 程序代码制作一个考勤管理系统，实现自动创建考勤表，自动拆分窗格以便比较当月员工考勤情况，以及自动拆分工作簿以便比较两个月的员工考勤情况等功能。

6.1 自动创建考勤表

考勤表每个月都需要制作一张，因为每个月的工作日是不同的，这样一张一张地制作考勤表既费时又费力。本节将详细介绍如何使用 VBA 程序代码自动创建考勤表，并且冻结考勤表表头。在自动创建的考勤表中还需要包含斜线表头，以及自动根据输入的月份统计当月天数并获取相应的工作日数。

扫码看视频

◎ 原始文件：无
◎ 最终文件：实例文件\第6章\最终文件\自动创建考勤表.xlsm

6.1.1 编写代码创建考勤表的主体

本小节将编写 VBA 代码实现自动根据用户输入的月份（用于自动计算工作日）和人数创建空白的考勤表的主体部分，并调整行高和列宽，设置边框样式等，具体操作如下。

步骤01 进入VBE编程环境。新建一个空白工作簿，将其另存为"自动创建考勤表.xlsm"，然后在"开发工具"选项卡下单击"代码"组中的Visual Basic按钮，如下图所示。

步骤02 插入模块。进入VBE编程环境，在"工程"窗口中右击"VBAProject（自动创建考勤表.xlsm）"选项，在弹出的快捷菜单中单击"插入>模块"命令，如下图所示。

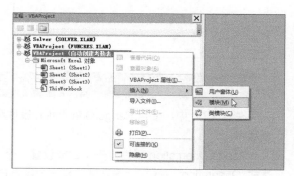

步骤03 编写"自动创建考勤表()"过程的代码。在打开的"模块1（代码）"窗口中输入如下左图所示的代码段，该段代码是"自动创建考勤表()"过程的第1部分代码，用于获取用户输入的考勤表月份。

步骤04 编写代码写入考勤表的标题内容。在"模块1（代码）"窗口中继续输入如下右图所示的代码段，该段代码是"自动创建考勤表()"过程的第2部分代码，用于检查用户输入的数据是否合法，然后以月份重命名工作表，并写入考勤表的标题内容。

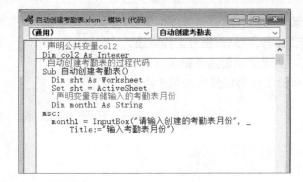

```
' 声明公共变量col2
Dim col2 As Integer
'自动创建考勤表的过程代码
Sub 自动创建考勤表()
    Dim sht As Worksheet
    Set sht = ActiveSheet
    '声明变量存储输入的考勤表月份
    Dim month1 As String
msc:
    month1 = InputBox("请输入创建的考勤表月份", _
        Title:="输入考勤表月份")
```

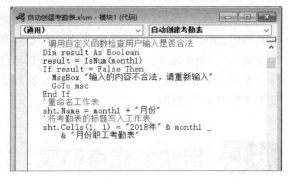

```
    '调用自定义函数检查用户输入是否合法
    Dim result As Boolean
    result = IsNum(month1)
    If result = False Then
        MsgBox "输入的内容不合法，请重新输入"
        GoTo msc
    End If
    '重命名工作表
    sht.Name = month1 + "月份"
    '将考勤表的标题写入工作表
    sht.Cells(1, 1) = "2018年" & month1 _
        & "月份职工考勤表"
```

知识链接　设置输入对话框的标题

InputBox() 函数的 Title 参数用于设置对话框的标题，给用户提供更多信息。

步骤05 编写代码写入考勤表字段。在"模块1（代码）"窗口中继续输入如下图所示的代码段，该段代码是"自动创建考勤表()"过程的第3部分代码，用于将考勤表的固定字段写入相应的单元格中，然后调用自定义的"自动填充工作日()"过程写入指定月对应的工作日日期。

```
    '输入考勤表固定字段
    sht.Cells(2, 1) = "序号"
    sht.Cells(2, 2) = "姓名"
    sht.Cells(2, 3) = "时间\日期"
    '自动生成工作日日期
    自动填充工作日 (month1)
```

步骤06 编写代码设置"工作日数"等字段的文本方向。在"模块1（代码）"窗口中继续输入如下图所示的代码段，该段代码是"自动创建考勤表()"过程的第4部分代码，使用Range.Orientation属性设置指定区域的文本方向，使用Range.ReadingOrder属性设置阅读顺序。

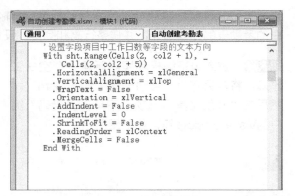

```
    '设置字段项目中工作日数等字段的文本方向
    With sht.Range(Cells(2, col2 + 1), _
        Cells(2, col2 + 5))
        .HorizontalAlignment = xlGeneral
        .VerticalAlignment = xlTop
        .WrapText = False
        .Orientation = xlVertical
        .AddIndent = False
        .IndentLevel = 0
        .ShrinkToFit = False
        .ReadingOrder = xlContext
        .MergeCells = False
    End With
```

✖ 重点语法与代码剖析：Range.Orientation 与 Range.ReadingOrder 属性的用法

在步骤 06 中，使用 Range.Orientation 属性和 Range.ReadingOrder 属性设置文本的方向和阅读顺序。

Range.Orientation 属性用于返回或设置一个 Variant 值，它代表文本方向。其语法格式为：表达式 .Orientation。其中，"表达式"是一个代表 Range 对象的变量。此属性的值可为 –90°～90° 之间的整数，还可为以下常量：xlDownward（将所有文字旋转 90°）、xlHorizontal（水平方向）、xlUpward（将所有文字旋转 270°）和 xlVertical（垂直方向）。

Range.ReadingOrder 属性用于返回或设置指定对象的阅读顺序。它可为以下常量之一：xlRTL（从右到左）、xlLTR（从左到右）或 xlContext，其数据类型为 Long 类型。

步骤07　编写代码输入员工人数创建考勤表表格。在"模块1（代码）"窗口中继续输入如下图所示的代码段，该段代码是"自动创建考勤表()"过程的第5部分代码，用于获取用户输入的员工人数，循环制作员工上下午考勤表格，并合并同一员工的序号和姓名单元格。

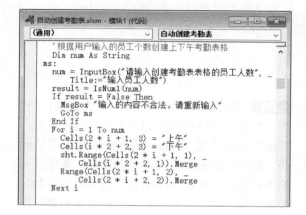

步骤08　编写代码设置考勤表的行高和列宽。在"模块1（代码）"窗口中继续输入如下图所示的代码段，该段代码是"自动创建考勤表()"过程的第6部分代码，用于设置从第2行第4列开始至表格末尾的行高和列宽，然后设置考勤表的标题格式。

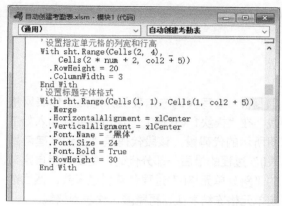

步骤09　编写代码设置字段项目的格式和行高。在"模块1（代码）"窗口中继续输入如下图所示的代码段，该段代码是"自动创建考勤表()"过程的第7部分代码，用于设置字段格式和自动调整行高，然后为考勤表添加边框。

```
'设置字段格式和行高
With sht.Range(Cells(2, 1), Cells(2, col2 + 5))
  .Font.Name = "黑体"
  .Font.Bold = True
  .Rows.AutoFit
End With
'添加考勤表边框
With sht.Range(Cells(1, 1), _
    Cells(2 * num + 2, col2 + 5))
  .Borders(xlDiagonalDown).LineStyle = xlNone
  .Borders(xlDiagonalUp).LineStyle = xlNone
  With .Borders(xlEdgeLeft)
    .LineStyle = xlContinuous
    .ColorIndex = xlAutomatic
    .TintAndShade = 0
    .Weight = xlThin
  End With
```

步骤10　编写代码设置上下边框的样式。在"模块1（代码）"窗口中继续输入如下图所示的代码段，该段代码是"自动创建考勤表()"过程的第8部分代码，用于设置考勤表上边框和下边框的线条样式、颜色和粗细等。

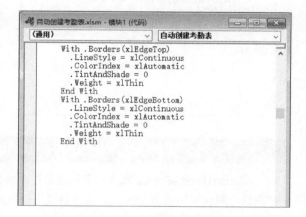

步骤11　编写代码设置右边框和所有单元格的垂直线条样式。在"模块1（代码）"窗口中继续输入如右图所示的代码段，该段代码是"自动创建考勤表()"过程的第9部分代码，用于设置右边框和所有单元格的垂直线条样式。

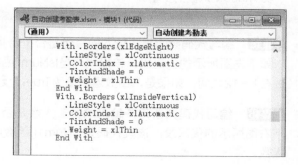

步骤12 定义变量创建斜线表头单元格。在"模块1（代码）"窗口中继续输入如右图所示的代码段，该段代码是"自动创建考勤表()"过程的第10部分代码，用于设置所有单元格的水平线条样式，然后获取斜线表头单元格的行号与列号。

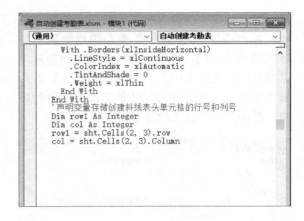

步骤13 编写代码冻结表头并隐藏工作表网格线。在"模块1（代码）"窗口中继续输入如下图所示的代码段，该段代码是"自动创建考勤表()"过程的最后一部分代码，主要调用自定义的"斜分单元格()"过程创建斜线表头，然后选定单元格冻结表头，再隐藏工作表网格线。

步骤14 自定义IsNum()函数。在"模块1（代码）"窗口中继续输入如下图所示的代码段，该段代码是自定义IsNum()函数的前半部分代码，用于判断是否已输入月份数据。如果没有输入数据，函数值为False，并强制退出函数。如果已输入数据，会将输入的数据强制转换为整数型数据。

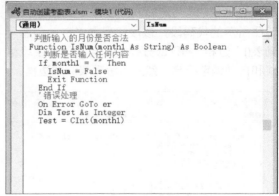

✖ 重点语法与代码剖析：Window.FreezePanes 属性的用法

Window.FreezePanes 属性用于指定是否冻结窗格，数据类型为 Boolean 类型。如果拆分窗格被冻结，则该属性值为 True。其语法格式为：表达式 .FreezePanes。其中，"表达式"是一个代表 Window 对象的变量。

步骤15 编写代码判断用户输入的月份是否符合指定的范围。在"模块1（代码）"窗口中继续输入如下左图所示的代码段，该段代码是IsNum()函数的后半部分代码，用于判断用户输入的月份是否在1~12之间。如果是，函数返回值为True；反之，则为False。

步骤16 编写代码判断用户输入的员工人数是否正确。在"模块1（代码）"窗口中继续输入如下右图所示的代码段，该段代码是IsNum1()函数的前半部分代码，用于检测用户是否已输入员工人数。

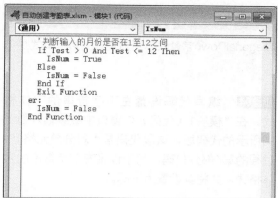

步骤17 编写代码检测用户输入的人数是否合法。在"模块1（代码）"窗口中继续输入如右图所示的代码段，该段代码是IsNum1()函数的后半部分代码，用于检测输入的员工人数值是否大于0。如果大于0，函数返回值为True；反之，则为False。

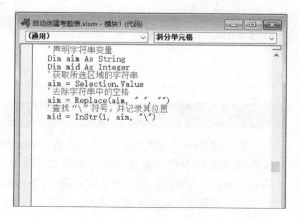

6.1.2 编写代码设置斜线表头

编写完创建表格主体部分的过程代码后，本小节接着编写创建斜线表头的过程代码。具体操作如下。

步骤01 自定义"斜分单元格()"过程。继续上一小节的操作，在"模块1（代码）"窗口中继续输入如下图所示的代码段，该段代码是"斜分单元格()"过程的第1部分代码，用于添加单元格左上角至右下角的斜线，然后设置该斜线的样式。

步骤02 编写代码查找"\"符号的位置。在"模块1（代码）"窗口中继续输入如下图所示的代码段，该段代码是"斜分单元格()"过程的第2部分代码，用于去除指定单元格中的空格，然后使用InStr()函数查找"\"符号的位置并记录下来。

```
'制作斜线表头的过程代码
Sub 斜分单元格(sht As Worksheet, row As Integer, _
    col As Integer)
    sht.Cells(row, col).Select
    '设置左上至右下的斜线
    With Selection.Borders(xlDiagonalDown)
        .LineStyle = xlContinuous
        .Weight = xlThin
        .ColorIndex = xlAutomatic
    End With
```

```
'声明字符串变量
Dim aim As String
Dim mid As Integer
'获取所选区域的字符串
aim = Selection.Value
'去除字符串中的空格
aim = Replace(aim, " ", "")
'查找"\"符号，并记录其位置
mid = InStr(1, aim, "\")
```

👍 **高手点拨：设置单元格左上至右下的斜线**

在步骤01的代码段中，使用Borders集合中的xlDiagonalDown常量表示当前设置的边框样式是选中区域每个单元格左上角至右下角的边框。

步骤03 编写代码替换字符。在"模块1（代码）"窗口中继续输入如下图所示的代码段，该段代码是"斜分单元格()"过程的第3部分代码，使用Replace()函数替换指定字符串中的"\"字符为空格，然后将获取的字符串写入单元格。

步骤04 编写代码设置左下字符串的字体格式。在"模块1（代码）"窗口中继续输入如下图所示的代码段，该段代码是"斜分单元格()"过程的第4部分代码，用于设置左下字符串的字体格式，并将其设置为下标。

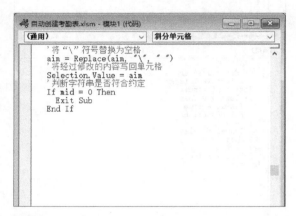

步骤05 编写代码设置右上字符串的字体格式。在"模块1（代码）"窗口中继续输入如下图所示的代码段，该段代码是"斜分单元格()"过程的第5部分代码，用于设置右上字符串的字体格式，并将其设置为上标。

步骤06 编写代码自动调整行高和列宽。在"模块1（代码）"窗口中继续输入如下图所示的代码段，该段代码是"斜分单元格()"过程的最后一部分代码，用于自动调整选定单元格的行高和列宽。

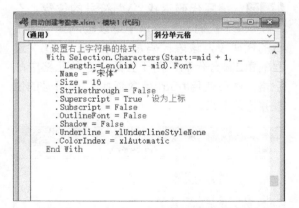

✂️ **重点语法与代码剖析：设置字符串格式**

在步骤04和05的代码段中，使用Characters对象的Font属性返回一个Font对象，再利用该Font对象的属性设置选中字符的格式。其中，使用Characters(start, length)（start为起始字符序号，length为要返回的字符个数）返回Characters对象。使用Font.Subscript属性设置指定字符为下标。如果字体格式设置为下标，则该属性值为True。其默认值为False，数据类型为Variant类型，语法格式为：表达式 .Subscript。其中，"表达式"是一个代表 Font 对象的变量。使用 Font. Superscript 属性设置指定字符为上标，如果该属性的值为 True，那么指定字符被设置为上标，默认值为 False。注意：Font 对象的 Superscript 和 Subscript 属性不能同时为 True，因为一个字符不能既被指定为上标，又被指定为下标。

步骤07 编写"自动填充工作日()"过程的代码。在"模块1（代码）"窗口中继续输入如下图所示的代码段，该段代码是"自动填充工作日()"过程的第1部分代码，调用自定义的 MDay() 函数获取指定月份的天数。

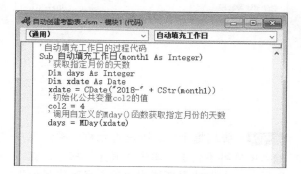

步骤08 编写代码将工作日日期写入相应的单元格中。在"模块1（代码）"窗口中继续输入如下图所示的代码段，该段代码用于判断指定月份的每一天是否为休息日。如果不是，则将日期写入相应的单元格中。

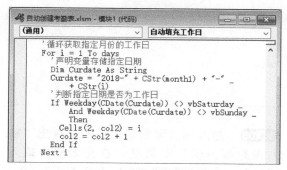

步骤09 编写代码将统计日期数的固定字段写入相应的单元格中。在"模块1（代码）"窗口中继续输入如下图所示的代码段，该段代码是"自动填充工作日()"过程的最后一部分代码，用于将固定字段的名称动态写入相应单元格。

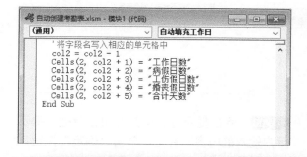

步骤10 自定义获取指定月份天数的函数。在"模块1（代码）"窗口中继续输入如下图所示的代码段，该段代码结合使用DateSerial()与Date()函数，返回指定月份的最后一日，即指定月份的天数。

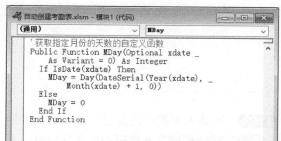

✖ 重点语法与代码剖析：获取指定月份的天数

MDay=Day(DateSerial(Year(xdate), Month(xdate)+1, 0)) 语句用于获取指定月份的天数。其中，DateSerial(year, month, day) 函数会根据给出的年、月、日参数返回相应的日期数据；Day(date) 函数会根据给出的日期参数返回相应的天数，如 Day("2018-5-24") 将返回 24。在该语句中，xdate 变量保存的是指定的年份和月份；Year(xdate) 获取 xdate 中的年份，作为 year 参数；Month(xdate) 获取 xdate 中的月份，Month(xdate)+1 则代表下个月，作为 month 参数；day 参数设置为 0，实际上是由 1-1 计算而来，1 代表 Month(xdate)+1 的第一天，1-1 则代表 Month(xdate)+1 的第一天的前一天，即 Month(xdate) 的最后一天；这样，DateSerial(Year(xdate), Month(xdate)+1, 0) 返回的是 xdate 中指定年份和月份的最末一天的日期，再通过 Day() 函数的处理，便得到指定月份的天数。

6.1.3 运行代码创建考勤表

前两个小节完成了代码的编写，本小节就来运行代码，对代码的运行效果进行测试，具体操作如下。

步骤01 打开"宏"对话框。继续上一小节的操作，返回Excel视图，在"开发工具"选项卡下单击"代码"组中的"宏"按钮，如下图所示。

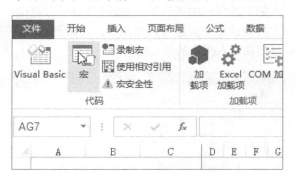

步骤02 执行"自动创建考勤表"过程代码。弹出"宏"对话框，单击"自动创建考勤表"选项，单击"执行"按钮，如下图所示。

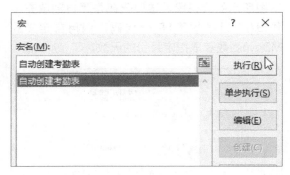

步骤03 输入创建考勤表的月份。弹出"输入考勤表月份"对话框，在文本框中输入"一"，单击"确定"按钮，如下图所示。

步骤04 弹出提示框。弹出提示框，提示用户输入的内容不合法，单击"确定"按钮，如下图所示。此时将重新弹出"输入考勤表月份"对话框。

步骤05 不输入考勤表的月份。在"输入考勤表月份"对话框的文本框中不输入任何值，直接单击"确定"按钮，如下图所示。

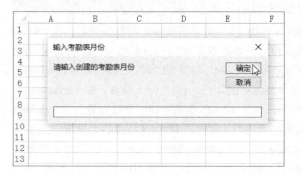

步骤06 弹出提示框。仍然弹出提示框，提示用户输入的内容不合法，单击"确定"按钮，如下图所示。

步骤07　重新输入考勤表的月份。在"输入考勤表月份"对话框的文本框中输入"1"，单击"确定"按钮，如下图所示。

步骤08　输入员工人数。此时弹出"输入员工人数"对话框，在文本框中输入"三十"，单击"确定"按钮，如下图所示。

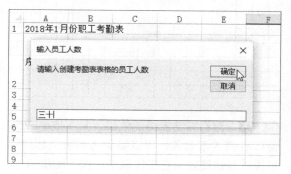

步骤09　弹出提示框。弹出提示框，提示用户输入的内容不合法，单击"确定"按钮，如下图所示。

步骤10　不输入员工人数。返回"输入员工人数"对话框，在文本框中不输入任何内容，直接单击"确定"按钮，如下图所示。

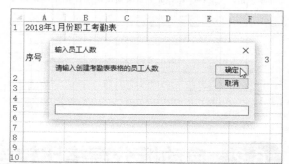

步骤11　弹出提示框。仍然弹出提示框，提示用户输入的内容不合法，单击"确定"按钮，如下图所示。

步骤12　输入正确的员工人数。返回"输入员工人数"对话框，在文本框中输入"30"，单击"确定"按钮，如下图所示。

步骤13　选定冻结窗格的单元格。此时弹出"输入"对话框，可以输入冻结窗格的基准单元格，如单元格D3，单击"确定"按钮，如下左图所示。

步骤14　查看自动创建的考勤表效果。工作簿中自动根据员工人数创建了考勤表，并冻结了考勤表的表头，效果如下右图所示。

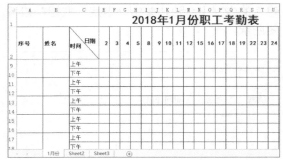

步骤15 查看冻结窗格的效果。向下拖动Excel窗口右侧的滚动条，可以看到考勤表的标题和字段项目始终显示在工作表中，如下图所示。

步骤16 继续查看冻结窗格的效果。向右拖动Excel窗口下方的滚动条，可以看到考勤表的序号、姓名、时间/日期字段列的内容始终显示在工作表中，如下图所示。

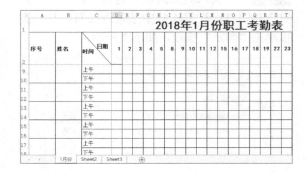

6.2 自动拆分窗格比较当月考勤情况

本节将在上一节创建的"自动创建考勤表 .xlsm"工作簿的基础上，输入员工的序号和姓名，填写相应的考勤情况，再编写 VBA 程序代码统计各类请假日数和工作天数等数据，并编写 VBA 程序代码进行窗格拆分，以便比较当月不同员工的考勤情况。

扫码看视频

◎ 原始文件：实例文件\第6章\原始文件\拆分窗格比较当月员工出勤情况.xlsm
◎ 最终文件：实例文件\第6章\最终文件\拆分窗格比较当月员工出勤情况.xlsm

6.2.1 编写代码统计考勤情况

将当月各员工的考勤情况（如迟到次数、请病假或事假的天数等）录入相应的单元格中后，就需要按照公司考勤制度的相关规定，对当月各员工的考勤情况进行统计。本小节将通过编写 VBA 代码来快速完成统计工作。具体操作如下。

步骤01 输入考勤记录。打开原始文件，在"序号"和"姓名"列中输入员工的序号和姓名，再输入每天的迟到、请假等情况，如下左图所示。填写时用1代表迟到，用2代表病假，用3代表工伤假，用4代表婚丧假。

步骤02 插入模块。进入VBE编程环境，在"工程"窗口中右击"VBAProject（拆分窗格比较当月员工出勤情况.xlsm）"选项，在弹出的快捷菜单中单击"插入>模块"命令，如下右图所示。

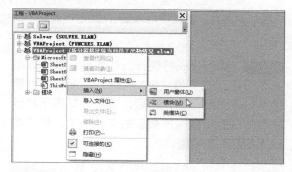

步骤03 编写"自动统计各类日数()"过程代码。在打开的"模块2（代码）"窗口中输入如下图所示的代码段，该段代码是"自动统计各类日数()"过程的第1部分代码，用于获取当前工作表的行数和列数。

步骤04 声明变量保存各类日数。在"模块2（代码）"窗口中继续输入如下图所示的代码段，该段代码是"自动统计各类日数()"过程的第2部分代码，用于声明存储各类日数的变量。

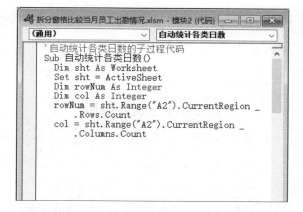

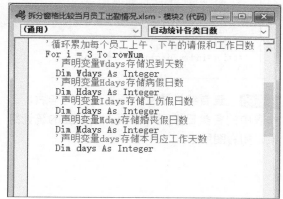

步骤05 初始化变量并获取指定单元格的值。在"模块2（代码）"窗口中继续输入如下图所示的代码段，该段代码是"自动统计各类日数()"过程的第3部分代码，用于为各变量赋初值，并将指定单元格的值赋给变量aim。

步骤06 编写代码统计各类日数。在"模块2（代码）"窗口中继续输入如下图所示的代码段，该段代码是"自动统计各类日数()"过程的第4部分代码，该段代码使用Select Case语句进行分类统计。

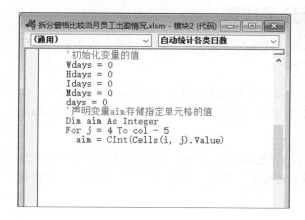

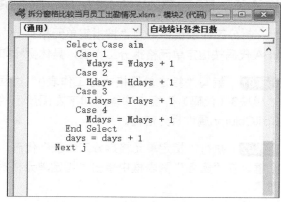

知识链接 **快速统计各类日数**

　　员工缺勤的各类日数是每种缺勤项目的数值分别累加，此处在填写表格时用不同数字代表不同的缺勤项目，然后使用 Select Case 语句按不同数字分别进行累加。

步骤07 编写代码将统计出的各类日数写入相应单元格。在"模块2（代码）"窗口中继续输入如下图所示的代码段，该段代码用于将计算出的各类日数写入相应的单元格中，然后隐藏工作表中的零值。

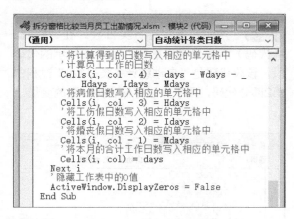

步骤09 查看统计结果。程序执行完毕后，工作表中的各类日数列下都填入了相应的统计结果，如右图所示。

步骤08 运行"自动统计各类日数"过程代码。返回Excel视图，按Alt+F8组合键，打开"宏"对话框，在"宏名"列表框中单击"自动统计各类日数"选项，单击"执行"按钮，如下图所示。

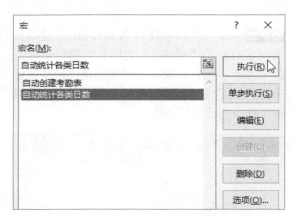

6.2.2 编写代码按指定单元格拆分工作表

　　拆分工作表窗格分为"按指定单元格拆分"和"按指定位置拆分"两种情况。本小节将编写VBA 代码按指定单元格拆分工作表，具体操作如下。

步骤01 编写"指定单元格拆分工作表()"过程代码。进入VBE编程环境，插入"模块3"，在"模块3（代码）"窗口中输入如下左图所示的代码段，其中使用Window.SplitRow和Window.SplitColumn属性拆分窗格。

步骤02 执行"指定单元格拆分工作表"代码。返回Excel视图，按Alt+F8组合键，打开"宏"对话框，在"宏名"列表框中单击"指定单元格拆分工作表"选项，单击"执行"按钮，如下右图所示。

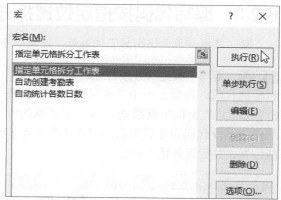

> ✕ **重点语法与代码剖析**：Window.SplitRow 和 Window.SplitColumn 属性的用法
>
> 　　Window.SplitRow 属性用于返回或设置将指定窗口拆分成窗格处的行号（拆分线以上的行数）。其数据类型为 Long 类型，语法格式为：表达式 .SplitRow。其中，"表达式"是一个代表 Window 对象的变量，该属性对应的行号值范围为 1 ～ 1 048 576。
>
> 　　Window.SplitColumn 属性用于返回或设置将指定窗口拆分成窗格处的列号（拆分线左侧的列数）。其数据类型为 Long 类型，语法格式为：表达式 .SplitColumn。其中，"表达式"是一个代表 Window 对象的变量，该属性对应的列号值范围为 1 ～ 16 384。

步骤03　选择拆分处的单元格。此时会弹出"选择单元格"对话框，选取需要作为拆分点的单元格，如单元格B7，单击"确定"按钮，如下图所示。

步骤04　查看拆分窗格后的效果。程序执行完毕后，工作表就会以选定单元格为拆分点进行拆分，得到如下图所示的效果。

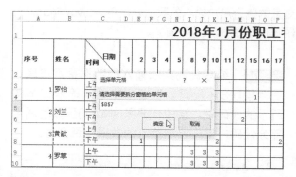

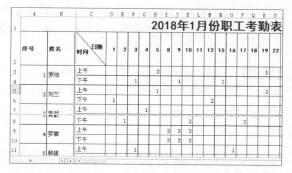

步骤05　比较员工考勤情况。此时便可拖动滚动条，对比工作表中相距较远的两个员工的考勤情况，如右图所示。

113

6.2.3 编写代码按指定位置拆分工作表

除了按指定单元格拆分工作表外，还可以按指定位置拆分工作表。具体操作如下。

步骤01 编写"指定拆分线位置拆分工作表()"过程的代码。继续上一小节的操作，在"模块3（代码）"窗口中继续输入如下图所示的代码段，该段代码用于获取用户输入的水平拆分线位置，并检查其是否合法。

步骤02 编写拆分窗格的代码。在"模块3（代码）"窗口中继续输入如下图所示的代码段，该段代码的前半部分用于获取用户输入的垂直拆分线位置，后半部分用于拆分窗格，并设置拆分线的位置。

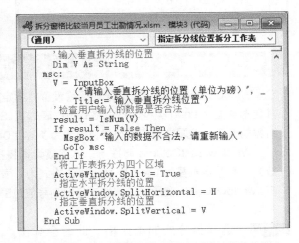

✖ 重点语法与代码剖析：按拆分线位置拆分窗格

在步骤 02 的代码段中，先用 ActiveWindow.Split=True 语句拆分当前窗口，再用 ActiveWindow.SplitHorizontal=H 语句设置水平拆分线的位置（H 变量的值为用户输入的数值），用 ActiveWindow.SplitVertical=V 语句设置垂直拆分线的位置（V 变量的值为用户输入的数值）。

步骤03 自定义IsNum()函数。在"模块3（代码）"窗口中继续输入如下图所示的代码段，该段代码用于检测用户是否已在文本框中输入数据。

步骤04 编写代码判断输入的数据是否正确。在"模块3（代码）"窗口中继续输入如下图所示的代码段，该段代码是IsNum()函数的后半部分代码，用于检测输入的数据是否合法。

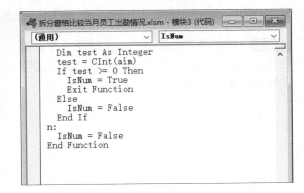

步骤05 运行宏。返回Excel视图，按Alt+F8组合键，打开"宏"对话框，在"宏名"列表框中单击"指定拆分线位置拆分工作表"选项，单击"执行"按钮，如下左图所示。

步骤06　输入水平拆分线的位置。程序开始执行，弹出"输入水平拆分线位置"对话框，提示用户输入水平拆分线的位置，在文本框中输入"-120"，单击"确定"按钮，如下右图所示。

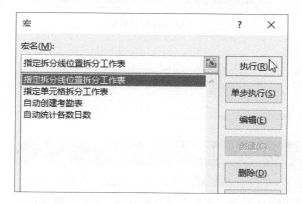

步骤07　弹出提示框。此时弹出提示框，提示用户输入的数据不合法，需重新输入，单击"确定"按钮，如下图所示。

步骤08　重新输入水平拆分线的位置。返回"输入水平拆分线位置"对话框，在文本框中输入"0"，单击"确定"按钮，如下图所示。

步骤09　不输入垂直拆分线的位置。弹出"输入垂直拆分线位置"对话框，提示用户输入垂直拆分线的位置，直接单击"确定"按钮，如下图所示。

步骤10　弹出提示框。此时弹出提示框，提示用户输入的数据不合法，需重新输入，单击"确定"按钮，如下图所示。

步骤11　重新输入垂直拆分线的位置。返回"输入垂直拆分线位置"对话框，在文本框中输入"150"，单击"确定"按钮，如下左图所示。

步骤12　查看拆分窗格后的效果。程序执行完毕后，当前工作表被拆分为上下两个区域，用户可以逐行比较员工的考勤情况，如下右图所示。

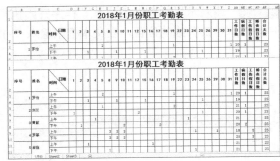

✖ 重点语法与代码剖析：拆分窗格时的区域划分

当 ActiveWindow.SplitRow=0，ActiveWindow.SplitColumn=1 时，表示将当前窗口拆分为左右两个区域，拆分线左侧的区域宽度为工作表 A 列的列宽。其中，0 和 1 表示拆分线上方的行数和左侧的列数。

当 ActiveWindow.SplitRow=1，ActiveWindow.SplitColumn=0 时，表示将当前窗口拆分为上下两个区域，拆分线上方的区域高度为工作表第 1 行的行高。其中，1 和 0 表示拆分线上方的行数和左侧的列数。

当 ActiveWindow.SplitHorizontal=0，ActiveWindow.SplitVertical=0 时，表示不拆分当前窗口。

当 ActiveWindow.SplitHorizontal=120，ActiveWindow.SplitVertical=120 时，表示将当前窗口拆分为 4 个区域，水平拆分线和垂直拆分线的位置均为 120 磅。

当 ActiveWindow.SplitHorizontal=0，ActiveWindow.SplitVertical=120 时，表示将当前窗口拆分为上下两个区域，垂直拆分线的位置为 120 磅。

当 ActiveWindow.SplitHorizontal=120，ActiveWindow.SplitVertical=0 时，表示将当前窗口拆分为左右两个区域，水平拆分线的位置为 120 磅。

6.3 ▸ 自动拆分工作簿跨月比较考勤情况

在本实例中，考勤表按月份存储在同一个工作簿的不同工作表中，如果需要比较两个月的考勤记录，来回切换工作表不仅麻烦，而且容易出错。本节将编写 VBA 代码将"自动比较两个月考勤情况.xlsm"工作簿按月份拆分为多个工作簿，再将拆分出的工作簿进行并排显示，以方便进行比较。

扫码看视频

◎ **原始文件：** 实例文件\第6章\原始文件\自动比较两个月考勤情况.xlsm
◎ **最终文件：** 实例文件\第6章\最终文件\自动比较两个月考勤情况.xlsm、1月份.xlsx、
2月份.xlsx、3月份.xlsx

6.3.1 编写代码拆分及并排显示工作簿

本小节将编写拆分工作簿及并排显示工作簿的过程代码，具体操作如下。

步骤01 录入2月份、3月份的考勤记录。打开原始文件，在工作簿的Sheet2、Sheet3工作表中分别录入2月份和3月份的考勤记录，并修改工作表名称，如下图所示。

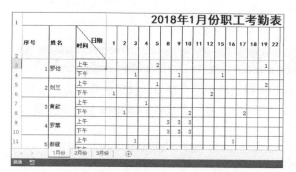

步骤02 查看2月份的考勤情况。单击"2月份"标签，切换至"2月份"工作表，可看到在该工作表中记录了2月份的考勤情况，如下图所示。

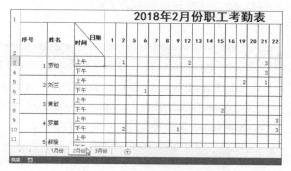

步骤03 查看3月份的考勤情况。单击"3月份"标签，切换至"3月份"工作表，可看到在该工作表中记录了3月份的考勤情况，如下图所示。

步骤04 插入模块。进入VBE编程环境，在"工程"窗口中右击"VBAProject(自动比较两个月考勤情况.xlsm)"选项，在弹出的快捷菜单中单击"插入>模块"命令，如下图所示。

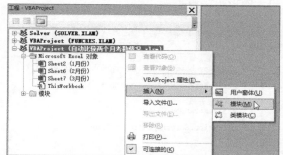

步骤05 编写"并列比较()"过程的代码。在打开的"模块4（代码）"窗口中输入如下图所示的代码段，该段代码调用"拆分工作簿()"过程将当前工作簿按工作表拆分为多个工作簿，然后使用Application.GetOpenFilename方法让用户选择并打开指定工作簿，最后将它与当前工作簿进行并排显示。

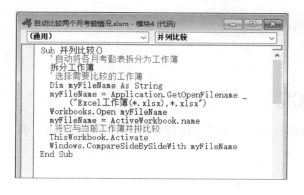

```
Sub 并列比较()
    '自动将各月考勤表拆分为工作簿
    拆分工作簿
    '选择需要比较的工作簿
    Dim myFileName As String
    myFileName = Application.GetOpenFilename _
        ("Excel工作簿(*.xlsx),*.xlsx")
    Workbooks.Open myFileName
    myFileName = ActiveWorkbook.name
    '将它与当前工作簿并排比较
    ThisWorkbook.Activate
    Windows.CompareSideBySideWith myFileName
End Sub
```

步骤06 编写"拆分工作簿()"过程的代码。在"模块4（代码）"窗口中继续输入如下图所示的代码段，该段代码先获取拆分后工作簿的保存路径，再新建工作簿。

```
Sub 拆分工作簿()
    '获取目标文件夹路径
    Dim patch As String
    patch = GetPatch()
    If patch = "" Then
        Exit Sub
    End If
    '循环访问当前工作簿的所有工作表
    Application.ScreenUpdating = False
    For i = 1 To Worksheets.Count
        Dim sht As Worksheet
        Set sht = ThisWorkbook.Worksheets(i)
        Workbooks.Add
```

✖ **重点语法与代码剖析：显示标准的"打开"对话框，并获取用户选择的文件名**

在步骤 05 的代码段中，myFileName=Application.GetOpenFilename("Excel 工作簿 (*.xlsx), *.xlsx") 语句用于显示标准的"打开"对话框，获取用户选择的文件名，然后使用 Workbooks 对象的 Open 方法打开指定的工作簿。

✖ **重点语法与代码剖析：Windows.CompareSideBySideWith 方法的用法**

Windows.CompareSideBySideWith 方法用于以并排模式打开两个窗口。其语法格式为：表达式 .CompareSideBySideWith(WindowName)。其中，"表达式"是一个代表 Windows 对象的变量；WindowName 是必需参数，指窗口的名称。

注意：CompareSideBySideWith 方法不能用于 Application 对象或 ActiveWorkbook 属性。

步骤07 编写代码保存新工作簿。在"模块4（代码）"窗口中继续输入如下图所示的代码段，将指定工作表复制到新工作簿中，然后以该工作表的名称将新工作簿保存到指定路径，再关闭该工作簿。

步骤08 自定义GetPatch()函数。在"模块4（代码）"窗口中继续输入如下图所示的代码段，该段代码是GetPatch()函数的前半部分代码，用于调用文件选取对话框。

步骤09 编写代码返回文件夹路径。在"模块4（代码）"窗口中继续输入如右图所示的代码段，该段代码是GetPatch()函数的后半部分代码，用于返回用户所选文件夹的路径。

6.3.2 运行代码并排比较考勤情况

编写好代码后，本小节将执行代码，实现自动拆分工作簿并并排显示两个月的考勤情况。具体操作如下。

步骤01　执行"并列比较"过程代码。继续上一小节的操作，返回Excel视图，按Alt+F8键，打开"宏"对话框，单击"并列比较"选项，单击"执行"按钮，如下图所示。

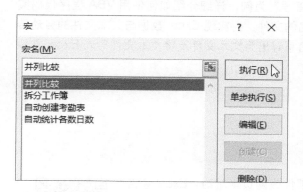

步骤02　选择保存工作簿的文件夹路径。程序执行后，在工作表中弹出"浏览"对话框，在地址栏中选择保存工作簿的路径，单击"确定"按钮，如下图所示。

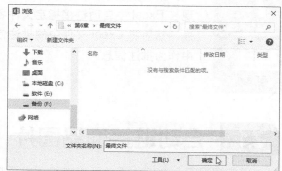

步骤03　选择需要比较的工作簿。弹出"打开"对话框，选择需要比较的工作簿，如"1月份.xlsx"，单击"打开"按钮，如下图所示。

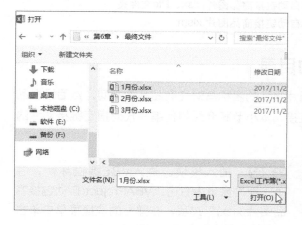

步骤04　查看并排比较的效果。程序执行完毕后，工作簿"自动比较两个月考勤情况"与"1月份"会以并排模式显示，如下图所示。此时用户可以拖动滚动条，同步滚动比较两个月的考勤情况。

读书笔记

外部文件的链接管理

本章主要以"入库商品信息管理"为例，详细介绍如何使用 VBA 程序代码实现在 Excel 中自动链接指定文件名的文件，再实现 Excel 数据与文本文件的自动转换，然后将 Excel 文件中的批注信息导出为文本文件及将文本文件导入 Excel 文件中作为批注信息。

7.1 自动链接商品图片

通常情况下，在工作表单元格中输入电子邮件或网页地址时，Excel 会自动将它们设置为超链接，用户只需单击该单元格就能链接到相应的地址。本节将使用 VBA 程序代码来实现这样的超链接功能：自动根据单元格中输入的商品品名文本在指定目录下查找对应的同名商品图片文件并建立超链接，用户点击单元格就能打开相应的商品图片。

扫码看视频

◎ 原始文件：实例文件\第7章\原始文件\自动链接商品图片.xlsx、Pic文件夹
◎ 最终文件：实例文件\第7章\最终文件\自动链接商品图片.xlsm

7.1.1 编写代码指定链接文件的目录

要实现自动链接商品图片，首先需要设置图片文件的名称与对应商品品名相同，然后设置品名的超链接，最后将图片文件的路径指定给超链接。本小节将介绍如何编写代码指定链接文件的目录，具体操作如下。

步骤01 进入VBE编程环境。打开原始文件，在"开发工具"选项卡下单击"代码"组中的 Visual Basic按钮，如下图所示。

步骤02 插入模块。进入VBE编程环境，在"工程"窗口中右击"VBAProject(自动链接商品图片.xlsx)"选项，在弹出的快捷菜单中单击"插入>模块"命令，如下图所示。

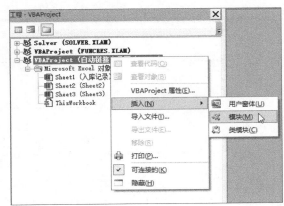

步骤03 编写"指定链接文件的目录()"过程代码。在打开的"模块1（代码）"窗口中输入如下图所示的代码段，该段代码是"指定链接文件的目录()"过程的前半部分代码，用于创建对话框，获取保存链接文件的路径。

步骤04 获取用户指定的文件夹路径。在"模块1（代码）"窗口中继续输入如下图所示的代码段，该段代码是"指定链接文件的目录()"过程的后半部分代码，用于获取用户指定的文件夹路径，并以对话框提示。

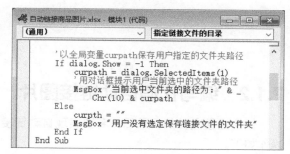

知识链接 **选择文件夹路径**

文件夹路径是指保存图片文件的文件夹的完整路径，这里使用代码调用"浏览"对话框，选择需要的文件夹，再使用 Dialog.SelectedItems(1) 属性获取选定文件夹的完整路径。

步骤05 选择按钮控件。返回Excel视图，在"开发工具"选项卡下单击"控件"组中的"插入"按钮，在展开的列表中单击"按钮（窗体控件）"图标，如下图所示。

步骤06 为按钮控件指定宏。在工作表中的空白处绘制控件，绘制完成后将自动弹出"指定宏"对话框，在"宏名"列表框中单击"指定链接文件的目录"选项，如下图所示，然后单击"确定"按钮。

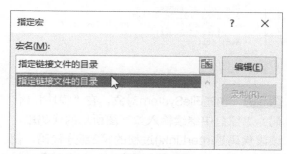

步骤07 运行按钮对应的宏。返回工作表，将按钮控件重命名为"指定目录"，并激活该按钮。接下来需要运行该按钮对应的宏，单击该按钮，如下图所示。

步骤08 选择保存链接文件的文件夹。此时会弹出"浏览"对话框，在对话框中选择保存链接文件的文件夹，如下图所示，单击"确定"按钮。

步骤09 弹出提示框。程序执行完毕后，将弹出提示框，提示用户当前选中文件夹的路径，单击"确定"按钮即可，如右图所示。

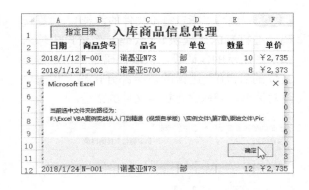

7.1.2 编写代码自动链接图片

指定链接文件的目录后，若要实现自动链接商品图片，还需创建品名单元格的超链接。具体操作如下。

步骤01 编写"自动链接()"过程代码。继续上一小节的操作，在"模块1（代码）"窗口中继续输入如下图所示的代码段，该段代码在选中区域中循环调用InterLink()过程，为单元格添加超链接。

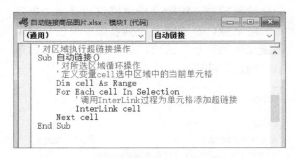

步骤02 编写InterLink()过程代码。在"模块1（代码）"窗口中继续输入如下图所示的代码段，该段代码是InterLink()过程的第1部分代码，用于检查是否设置了当前目录。如果未设置，则提醒用户设置。

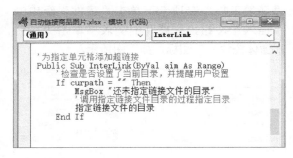

步骤03 创建FileSystem对象。在"模块1（代码）"窗口中继续输入如下图所示的代码段，该段代码是InterLink()过程的第2部分代码，使用CreateObject()函数创建FileSystem对象，然后使用GetFolder方法获取用户指定的文件夹。

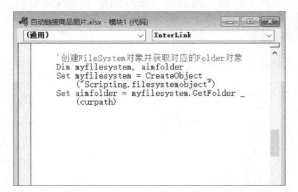

步骤04 为单元格添加超链接。在"模块1（代码）"窗口中继续输入如下图所示的代码段，该段代码是InterLink()过程的最后一部分代码，主要使用循环语句比较文件的基本名称是否与单元格内容相符。如果相符，则添加超链接。

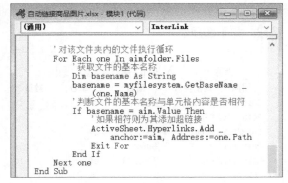

> **✗ 重点语法与代码剖析：GetBaseName 与 Hyperlinks.Add 方法的用法**
>
> GetBaseName 方法用于返回一个包含路径中文件的基本名称（去掉文件扩展名）的字符串。其语法格式为：Object.GetBaseName(path)。其中，Object 是必需的，是一个 FileSystemObject 的名称；path 是必需参数，用于表示要返回其基本名称的文件的路径。
>
> 注意：（1）如果没有文件和 path 参数匹配，GetBaseName 方法返回一个长度为零的字符串（""）。（2）GetBaseName 方法只对提供的 path 字符串起作用。它既不试图辨认路径，也不检查指定路径是否存在。
>
> Hyperlinks.Add 方法用于向指定的区域或形状添加超链接。其语法格式为：表达式 .Add(Anchor, Address, SubAddress, ScreenTip, TextToDisplay)。其中，"表达式"是一个代表 Hyperlinks 对象的变量。Anchor 是必需参数，用于表示超链接的位置，可为 Range 或 Shape 对象。Address 是必需参数，指超链接的地址。SubAddress 是可选参数，指超链接的子地址。ScreenTip 是可选参数，指当鼠标指针停留在超链接上时所显示的屏幕提示。TextToDisplay 是可选参数，指要显示超链接的文本。注意：指定 TextToDisplay 参数时，文本必须是字符串。

> **✗ 重点语法与代码剖析：GetFolder 方法的用法**
>
> GetFolder 方法用于返回一个和指定路径中文件夹相对应的 Folder 对象。其语法格式为：Object. GetFolder(folderspec)。其中，Object 是必需的，它是一个 FileSystemObject 的名称；folderspec 是必需参数，它是指定文件夹的路径（绝对的和相对的）。
>
> 注意：当指定的文件夹不存在时，程序将会报错。

步骤05 为按钮控件指定宏。返回Excel视图，选择按钮控件后，在工作表中的适当位置绘制控件，弹出"指定宏"对话框，在"宏名"列表框中单击"自动链接"选项，如下图所示，然后单击"确定"按钮。

步骤06 运行"自动链接()"过程。返回工作表，将按钮控件重命名为"自动创建超链接"，选择单元格区域A3:F13，单击"自动创建超链接"按钮，如下图所示。

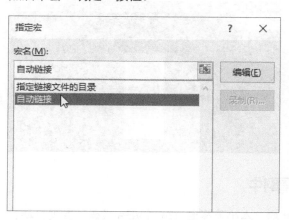

步骤07 弹出提示框。程序自动执行，如果未指定链接文件的目录，将弹出提示框，提示用户还未指定链接文件的目录，单击"确定"按钮即可，如下左图所示。

步骤08 选择链接文件所在的文件夹。此时弹出"浏览"对话框，在地址栏中选择链接文件所在的文件夹，单击"确定"按钮，如下右图所示。

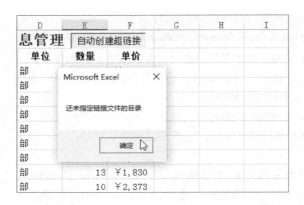

步骤09 弹出提示框。弹出提示框，提示用户当前选中文件夹的路径，单击"确定"按钮即可，如下图所示。

步骤10 查看添加超链接后的效果。程序执行完毕后，可看到选中区域中的"品名"列添加了超链接，如下图所示。

	A	B	C	D	E	F
1	指定目录		入库商品信息管理		自动创建超链接	
2	日期	商品货号	品名	单位	数量	单价
3	2018/1/12	N-001	诺基亚N73	部	10	￥2,735
4	2018/1/12	N-002	诺基亚5700	部	8	￥2,373
5	2018/1/12	M-001	摩托罗拉E6	部	7	￥2,279
6	2018/1/12	S-001	三星U608	部	6	￥2,747
7	2018/1/12	M-001	摩托罗拉V8	部	12	￥3,200
8	2018/1/12	S-002	三星D908i	部	10	￥2,280
9	2018/1/12	S-003	三星D828	部	15	￥2,256
10	2018/1/12	M-003	摩托罗拉E608g	部	13	￥1,830
11	2018/1/24	N-002	诺基亚5700	部	10	￥2,373
12	2018/1/24	N-001	诺基亚N73	部	12	￥2,735
13	2018/1/24	M-001	摩托罗拉E6	部	14	￥2,279

步骤11 查看超链接的链接地址。将鼠标指针置于超链接上，会显示出相应的链接地址，如下图所示。

步骤12 打开链接文件。如果需要查看超链接的内容，单击超链接文本，即可打开相应的文件，如下图所示。

	A	B	C	D	E	F
1	指定目录		入库商品信息管理		自动创建超链接	
2	日期	商品货号	品名	单位	数量	单价
3	2018/1/12	N-001	诺基亚N73	部	10	￥2,735
4	2018/1/12	N-002	诺基亚5			373
5	2018/1/12	M-001	摩托罗拉			279
6	2018/1/12	S-001	三星U60			747
7	2018/1/12	M-001	摩托罗拉V8	部	12	￥3,200
8	2018/1/12	S-002	三星D908i	部	10	￥2,280
9	2018/1/12	S-003	三星D828	部	15	￥2,256
10	2018/1/12	M-003	摩托罗拉E608g	部	13	￥1,830
11	2018/1/24	N-002	诺基亚5700	部	10	￥2,373

7.1.3 编写代码设置自动超链接事件

工作表中"品名"列的内容常常需要修改或新增，本小节将通过编写 VBA 代码，实现自动在修改或新增"品名"列的内容后添加超链接。具体操作如下。

步骤01 修改字段时自动添加超链接。继续上一小节的操作，在"工程"窗口中双击Sheet1选项，打开"Sheet1（代码）"窗口，在其中输入如下左图所示的代码段，该段代码用于在修改C列且只修改一个单元格时，自动调用InterLink()过程。

步骤02　修改单元格数据。在单元格C17中输入"诺基亚5700"，按Enter键，系统自动调用InterLink()过程，弹出提示框，提示用户还未指定链接文件的目录，单击"确定"按钮，如下右图所示。

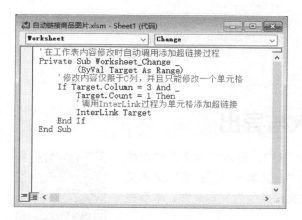

步骤03　选择链接文件保存的文件夹。弹出"浏览"对话框，在对话框中选择链接文件保存的文件夹，如下图所示，单击"确定"按钮。

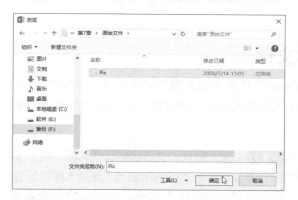

步骤04　显示当前选中文件夹的路径。弹出提示框，提示用户当前选中文件夹的路径，单击"确定"按钮即可，如下图所示。

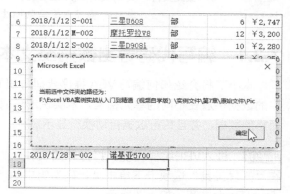

步骤05　查看自动链接后的效果。返回工作表，可看到输入的"诺基亚5700"已经添加了超链接，如下图所示。

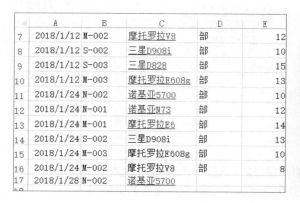

步骤06　查看链接的文件。单击单元格中的"诺基亚5700"超链接，即可打开其链接的文件，如下图所示。

步骤07 查看文本链接的路径。将鼠标指针置于"诺基亚5700"超链接上，即可看到链接文件的路径，如右图所示。

10	2018/1/12	M-003	摩托罗拉E608g	部	13	¥1,830
11	2018/1/24	N-002	诺基亚5700	部	10	¥2,373
12	2018/1/24	N-001	诺基亚N73	部	12	¥2,735
13	2018/1/24	M-001	摩托罗拉E6	部	14	¥2,279
14	2018/1/24	S-002	三星D908i	部	13	¥2,280
15	2018/1/24	M-003	摩托罗拉E608g	部	10	¥1,830
16	2018/1/24	M-001	摩托罗拉V8	部	8	¥3,200
17	2018/1/28	N-002	诺基亚5700	部		

file:///E:\工作文件\2018年6月\《Excel VBA案例实战从入门到精通（视频自学版）》\目录\实例文件\第7章\原始文件\Pic\诺基亚5700.jpg -
单击一次可跟踪超链接，
单击并按住不放可选择此单元格。

7.2 入库商品数据的导入与导出

Excel 自身具备导入 / 导出文本文件的功能。其中，导入文本文件的功能位于"数据"选项卡下"获取外部数据"组中的"自文本"按钮；导出文本文件的功能则位于"文件 > 导出"命令，然后更改文件类型为文本文件。本节将通过编写 VBA 程序代码来实现类似的功能。

扫
码
看
视
频

◎ **原始文件：** 实例文件\第7章\原始文件\商品入库数据的导入与导出.xlsm
◎ **最终文件：** 实例文件\第7章\最终文件\商品入库数据的导入与导出.xlsm、商品入库信息.txt、商品入库信息1.txt

7.2.1 编写代码导出数据至文本文件

本小节将介绍如何编写 VBA 程序代码导出 Excel 工作表中的数据至文本文件。Excel 工作表中的数据存放在不同的单元格里，本实例的代码在将数据导出至文本文件时会用逗号分隔不同单元格的数据，并且每行数据自动换行显示。

步骤01 进入VBE编程环境。打开原始文件，在"开发工具"选项卡下单击"代码"组中的Visual Basic按钮，如下图所示。

步骤02 插入模块。进入VBE编程环境，在"工程"窗口中右击"VBAProject（商品入库数据的导入与导出.xlsm）"选项，在弹出的快捷菜单中单击"插入>模块"命令，如下图所示。

步骤03 编写"导出文件()"过程代码。在打开的"模块2（代码）"窗口中输入如下左图所示的代码段，该段代码是"导出文件()"过程的第1部分代码，用于获取用户输入的文件名。

步骤04 检查文件是否存在。在"模块2（代码）"窗口中继续输入如下右图所示的代码段，该段代码是"导出文件()"过程的第2部分代码，使用Dir()函数检查文件是否存在，并决定是否覆盖文件。

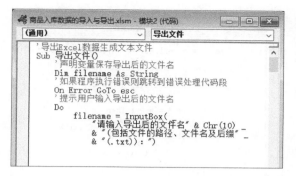

导出Excel数据，生成文本文件

导出 Excel 数据时，需要输入保存数据的路径及文件名，其包含导出数据生成的文本文件类型，并判断文件是否存在。如果存在，则将其覆盖。其中，使用 Dir() 函数检测文件是否存在，使用 FreeFile() 函数获取文件的文件号。

✖ 重点语法与代码剖析：Dir() 和 FreeFile() 函数的用法

Dir() 函数用于返回一个 String，用以表示一个文件名、目录名或文件夹名，它必须与指定的模式、文件属性或磁盘卷标相匹配。其语法格式为 Dir[(pathname[, attributes])]。其中，pathname 是可选参数，用来指定文件名的字符串表达式，可能包含目录、文件夹及驱动器。如果没有找到 pathname，则会返回零长度字符串（""）。attributes 是可选参数，其值为常数或数值表达式，用来指定文件属性。如果省略该参数，则会返回匹配 pathname 但不包含属性的文件。注意：在 Windows 中，Dir() 函数支持使用多字符（*）和单字符（?）通配符来指定多个文件。

FreeFile() 函数用于返回一个 Integer，代表下一个可供 Open 语句使用的文件号。其语法格式为：FreeFile[(rangenumber)]。其中，rangenumber 是可选参数，其数据类型为 Variant，它指定一个范围，以便返回该范围内的下一个可用的文件号。如果将其设置为 0（默认值），则返回一个 1 ～ 255 之间的文件号。如果设置为 1，则返回一个 256 ～ 511 之间的文件号。注意：该函数提供一个尚未使用的文件号。

步骤05 选择需要导出的数据区域。在"模块2（代码）"窗口中继续输入如右图所示的代码段，该段代码是"导出文件()"过程的第3部分代码，使用Open语句打开输出文件，然后选取需要导出的数据区域。

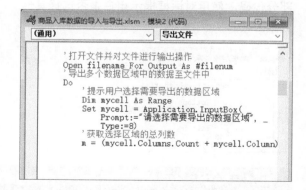

打开文件并写入数据

用户可以使用 Open filename For Output As #filenum 语句打开指定文件号的文件，然后使用 Print 语句将指定数据写入文本文件中。

步骤06 将选择的数据输出到文件中。在"模块2（代码）"窗口中继续输入如右图所示的代码段，该段代码是"导出文件()"过程的第4部分代码，使用双循环将选择区域中每个单元格的数据输出到文件中。

```
' 将选择区域的每一行、每一列数据输出到文件中
For i = mycell.Row To (mycell.Rows.Count _
        + mycell.Row - 1)
    For j = mycell.Column To m - 1
        Print #filenum, ActiveSheet. _
            Cells(i, j).Value;
        ' 判断当前单元格是否是一行的
        ' 最后一个单元格
        If j = m - 1 Then
            ' 输出回车符
            Print #filenum, Chr(10)
        Else
            ' 向文件中输入","
            Print #filenum, ",";
        End If
    Next j
Next i
Print #filenum, Chr(13)
```

✖ 重点语法与代码剖析：Open 语句的用法

Open 语句使用户能够对文件进行输入 / 输出（I/O）操作，因为对文件做任何 I/O 操作之前都必须打开文件。Open 语句分配一个缓冲区供文件进行 I/O 操作，并决定缓冲区所使用的访问方式。

其语法格式为：Open pathname For mode [Access access] [lock] As [#]filenumber [Len=reclength]。

其中，pathname 是必需参数，用于指定文件名，该文件名可能还包括目录、文件夹及驱动器。mode 是必需参数，用于指定文件访问方式，有 Append、Binary、Input、Output 和 Random 方式。如果未指定，则以 Random 访问方式打开文件。access 是可选参数，用于说明对打开的文件可以进行的操作，有 Read、Write 和 Read Write 操作。lock 是可选参数，用于说明限定其他进程打开的文件的操作，有 Shared、Lock Read、Lock Write 和 Lock Read Write 操作。filenumber 是必需参数，指一个有效的文件号，范围为 1 ～ 511 之间。使用 FreeFile() 函数可得到下一个可用的文件号。reclength 是可选参数，其值为小于或等于 32 767（字节）的一个数。对于用随机访问方式打开的文件，该值就是记录长度；对于顺序文件，该值就是缓冲字符数。

注意：在 Binary、Input 和 Random 方式下，可用不同文件号打开同一文件，而不必先关闭该文件。在 Append 和 Output 方式下，若要用不同文件号打开同一文件，则须在打开文件前关闭该文件。

步骤07 提示是否选择其他数据区域。在"模块2（代码）"窗口中继续输入如下图所示的代码段，该段代码是"导出文件()"过程的第5部分代码，使用对话框提示用户是否选择其他数据区域。

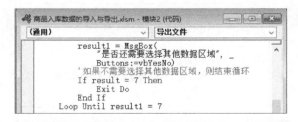

步骤08 关闭文件并弹出成功提示。在"模块2（代码）"窗口中继续输入如下图所示的代码段，该段代码是"导出文件()"过程的最后一部分代码，用于关闭打开的文件，并以对话框形式提示文件导出成功。

✖ 重点语法与代码剖析：Print # 语句的用法

Print # 语句用于将格式化显示的数据写入顺序文件中。其语法格式为：Print #filenumber[, outputlist]。其中，filenumber 是必需参数，表示任何有效的文件号。outputlist 是可选参数，用于指定表达式或要打印的表达式列表。其设置为：[{Spc(n) | Tab[(n)]}] [expression] [charpos]。其中，

Spc(n) 用来在输出数据中插入空白字符，而"n"指的是要插入的空白字符数。Tab(n) 用来将插入点定位在某一绝对列号上，这里"n"是列号。使用无参数的 Tab 可将插入点定位在下一个打印区的起始位置。expression 是指要打印的数值表达式或字符串表达式。charpos 用于指定下一个字符的插入点，使用分号可将插入点定位在上一个显示字符之后。如果省略 charpos，则在下一行打印下一个字符。

　　注意：通常用 Line Input # 或 Input 读取 Print # 在文件中写入的数据，但是如果今后想用 Input # 语句读取文件的数据，则要用 Write # 语句，而不用 Print # 语句将数据写入文件。因为在使用 Write # 时，会将数据域分界，以确保每个数据域的完整性，所以可用 Input # 将数据读出来。使用 Write # 还能确保任何位置的数据都被正确读出。

步骤09　打开"宏"对话框。返回Excel视图，在"开发工具"选项卡下单击"代码"组中的"宏"按钮。

步骤10　执行宏。弹出"宏"对话框，在"宏名"列表框中单击"导出文件"选项，单击"执行"按钮，如下图所示。

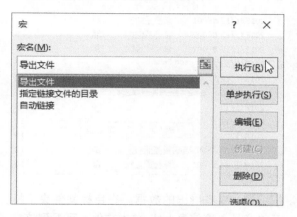

步骤11　输入文件名。此时弹出输入对话框，提示用户输入导出后的文件名，在文本框中输入具体的文件路径、文件名及后缀，单击"确定"按钮，如下图所示。

步骤12　选择需要导出的数据区域。弹出另一个输入对话框，提示用户选择需要导出的数据区域，在工作表中选择单元格区域A2:F7，单击"确定"按钮，如下图所示。

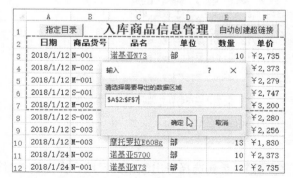

步骤13　弹出提示框。弹出提示框，提示用户是否还需要选择其他数据区域，单击"是"按钮，如下左图所示。

步骤14　选择其他要导出的数据区域。弹出输入对话框，在工作表中选择单元格区域A10:F16，单击"确定"按钮，如下右图所示。

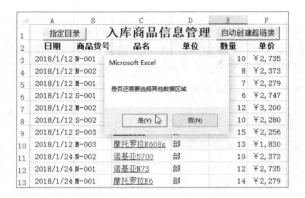

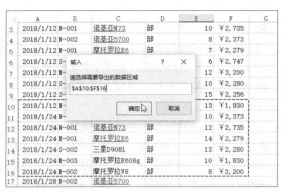

步骤15 弹出提示框。弹出提示框，提示用户是否还需要选择其他数据区域，单击"否"按钮，如下图所示。

步骤16 文件导出成功提示。程序执行完毕后，弹出提示框，提示用户文件导出成功，单击"确定"按钮即可，如下图所示。

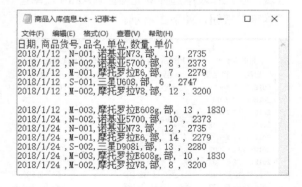

	A	B	C	D	E	F
3	2018/1/12	N-001	诺基亚N73	部	10	￥2,735
4	2018/1/12	N-002	诺基亚5700	部	8	￥2,373
5	2018/1/12	M-001			7	￥2,279
6	2018/1/12	S-001			6	￥2,747
7	2018/1/12	M-002			12	￥3,200
8	2018/1/12	S-002			10	￥2,280
9	2018/1/12	S-003			15	￥2,256
10	2018/1/12	M-003			13	￥1,830
11	2018/1/24	N-002	诺基亚5700	部	10	￥2,373
12	2018/1/24	N-001	诺基亚N73	部	12	￥2,735
13	2018/1/24	M-001	摩托罗拉E6	部	14	￥2,279
14	2018/1/24	S-002	三星D908i	部	13	￥2,280
15	2018/1/24	M-003	摩托罗拉E608g	部	10	￥1,830

步骤17 查看导出的数据。在目标文件夹下打开"商品入库信息.txt"文本文件，可看到该文件中存在导出的两个数据区域的数据，并且以空行隔开，如下图所示。

步骤18 覆盖已存在的文件。重新执行"导出文件"宏，输入文件名，若输入的文件名已存在，会弹出提示框，提示文件已存在，是否覆盖该文件，单击"是"按钮，如下图所示。

```
商品入库信息.txt - 记事本                   —   □   ×
文件(F) 编辑(E) 格式(O) 查看(V) 帮助(H)
日期,商品货号,品名,单位,数量,单价
2018/1/12 ,N-001,诺基亚N73,部 , 10 , 2735
2018/1/12 ,N-002,诺基亚5700,部, 8 , 2373
2018/1/12 ,M-001,摩托罗拉E6,部, 7 , 2279
2018/1/12 ,S-001,三星U608,部, 6 , 2747
2018/1/12 ,M-002,摩托罗拉V8,部, 12 , 3200

2018/1/12 ,M-003,摩托罗拉E608g,部, 13 , 1830
2018/1/24 ,N-002,诺基亚5700,部, 10 , 2373
2018/1/24 ,N-001,诺基亚N73,部, 12 , 2735
2018/1/24 ,M-001,摩托罗拉E6,部, 14 , 2279
2018/1/24 ,S-002,三星D908i,部, 13 , 2280
2018/1/24 ,M-003,摩托罗拉E608g,部, 10 , 1830
2018/1/24 ,M-002,摩托罗拉V8,部, 8 , 3200
```

	A	B	C	D	E	F
3	2018/1/12	N-001	诺基亚N73	部	10	￥2,735
4	2018/1/12	N-002	诺基亚5700	部	8	￥2,373
5	2018/1/12	N-00			7	￥2,279
6	2018/1/12	S-00			6	￥2,747
7	2018/1/12				12	￥3,200
8	2018/1/12	S-00			10	￥2,280
9	2018/1/12	S-00			15	￥2,256
10	2018/1/12	N-00			13	￥1,830
11	2018/1/24				10	￥2,373
12	2018/1/24		诺基亚N73	部	12	￥2,735
13	2018/1/24	M-001	摩托罗拉E6	部	14	￥2,279
14	2018/1/24	S-002	三星D908i	部	13	￥2,280

步骤19 重新选择导出数据的区域。弹出输入对话框，在工作表中选择要导出数据的单元格区域 A2:F7，单击"确定"按钮，如下左图所示。

步骤20 弹出提示框。弹出提示框，提示用户是否还需要选择其他数据区域，单击"否"按钮，如下右图所示。

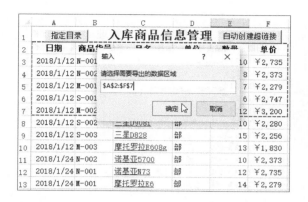

步骤21　文件导出成功提示。程序执行完毕后，弹出提示框，提示用户文件导出成功，单击"确定"按钮即可，如下图所示。

步骤22　查看重新导出的数据。在目标文件夹中打开"商品入库信息.txt"文件，可看到如下图所示的数据。

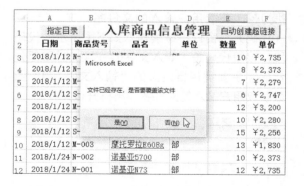

步骤23　不覆盖已存在的文件。重新执行"导出文件"宏，输入文件名，若输入的文件名已存在，会弹出提示框，提示文件已存在，是否覆盖该文件，单击"否"按钮，如下图所示。

步骤24　输入新文件名。在弹出的输入对话框的文本框中输入新的文件路径、文件名及后缀，单击"确定"按钮，如下图所示。

步骤25　选择导出的数据区域。弹出输入对话框，提示用户选择需要导出的数据区域，选择单元格区域A2:F8，单击"确定"按钮，如下左图所示。

步骤26　不选择其他的数据区域。弹出提示框，提示用户是否还需要选择其他的数据区域，单击"否"按钮，如下右图所示。

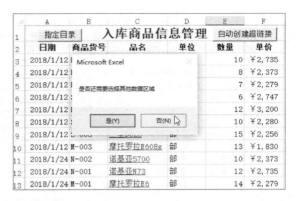

步骤27 提示文件导出成功。程序执行完毕后弹出提示框，提示用户文件导出成功，单击"确定"按钮即可，如下图所示。

步骤28 查看导出的数据。在目标文件夹下打开"商品入库信息1.txt"文件，即可查看导出的数据，如下图所示。

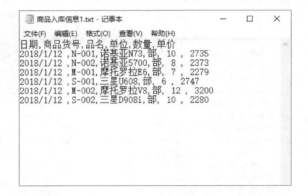

7.2.2 编写代码将文本文件导入 Excel 表格

本小节将介绍如何编写 VBA 程序代码将文本文件中的数据导入 Excel 工作表。文本文件中不同项目的数据以逗号分隔，本实例的代码在将数据导入至 Excel 工作表时会自动识别逗号分隔符，将不同项目的数据写入不同单元格中。

步骤01 编写"导入文件()"过程代码。继续上一小节的操作，在"模块2（代码）"窗口中继续输入如下图所示的代码段，该段代码是"导入文件()"过程的第1部分代码，主要用于声明变量。

步骤02 获取用户输入的文件名。在"模块2（代码）"窗口中继续输入如下图所示的代码段，该段代码是"导入文件()"过程的第2部分代码，主要调用自定义的"输入文件名()"函数获取用户输入的文件名，再打开该文件。

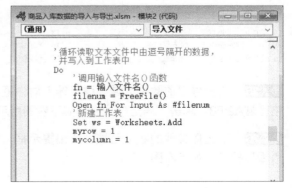

步骤03　读取文件中的字符并写入工作表。在"模块2（代码）"窗口中继续输入如下图所示的代码段，该段代码是"导入文件()"过程的第3部分代码，用于读取文件中的字符，并写入相应的单元格。

步骤04　判断是否需要导入其他的文本文件。在"模块2（代码）"窗口中继续输入如下图所示的代码段，该段代码是"导入文件()"过程的最后一部分代码，用于判断是否需要导入其他的文本文件。如果不需要，则关闭文件并提示文件导入成功。

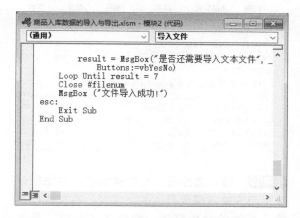

知识链接　将文本文件导入Excel工作表

　　要将文本文件导入 Excel 工作表中，首先需打开指定文件号的文本文件，即使用 Open fn For Input As #filenum 语句打开文本文件，再使用 Input #filenum, readout 语句读取文本文件中的数据。

✖ 重点语法与代码剖析：用 Input # 语句读取文件中以逗号分隔的字符

　　在步骤 03 的代码段中，Input #filenum, readout 语句用于读出文件中以逗号分隔的字符，并将读取的值赋给 readout 变量。

步骤05　自定义"输入文件名()"函数。在"模块2（代码）"窗口中继续输入如下图所示的代码段，该段代码主要用于获取用户输入的文件名，并检查该文件是否存在。如果不存在，则重新输入文件名。

步骤06　运行"导入文件()"过程代码。返回Excel视图，按Alt+F8组合键，打开"宏"对话框，在"宏名"列表框中单击"导入文件"选项，单击"执行"按钮，如下图所示。

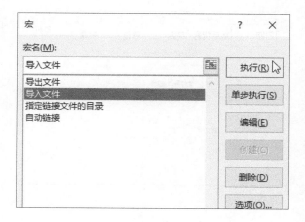

步骤07 输入文件名。弹出输入对话框，提示用户输入需要导入的文件名，在文本框中输入具体的文件路径、文件名及后缀，单击"确定"按钮，如下图所示。

步骤08 提示是否导入其他文件。弹出提示框，提示用户是否还需要导入文本文件。若要导入，则单击"是"按钮，如下图所示。

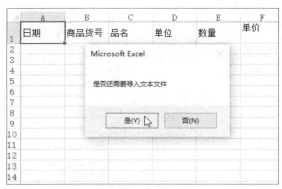

步骤09 输入文件名。再次弹出输入对话框，提示用户输入需要导入的文件名，在文本框中输入具体的文件路径、文件名及后缀，单击"确定"按钮，如下图所示。

步骤10 不继续导入其他文件。弹出提示框，提示用户是否还需要导入文本文件。若不再导入，则单击"否"按钮，如下图所示。

步骤11 提示文件导入成功。程序执行完毕后会弹出提示框，提示文件导入成功，单击"确定"按钮，如下图所示。

步骤12 查看导入文本文件后的效果。此时，工作表Sheet13和Sheet12中即为用户两次导入的文本文件的数据，如下图所示。

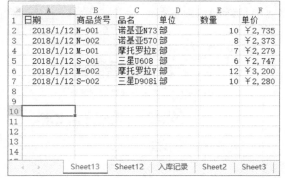

7.3 商品备注信息的导入与导出

如果用户需要对 Excel 工作表中数据单元格的批注信息进行统一操作，可以先将数据单元格的批注信息导出至一个文本文件中，然后在文本文件中输入或修改需要为数据单元格添加的批注信息，再使用 VBA 程序代码将其导入到工作表中，并且为不同的数据单元格添加相对应的批注信息。

◎ 原始文件：实例文件\第7章\原始文件\商品备注信息的导入与导出.xlsm
◎ 最终文件：实例文件\第7章\最终文件\商品备注信息的导入与导出.xlsm、商品附加信息.txt、商品附加信息1.txt

7.3.1 编写代码导出批注至文本文件

商品的备注信息一般单独存放在表格的一列中，有时也可以使用单元格批注来实现。本小节将介绍如何将批注文本导出到文本文件中，具体操作如下。

步骤01 查看批注信息。打开原始文件，将鼠标指针置于"品名"列下方的任意单元格上，可看到该商品的基本参数以批注形式显示，如下图所示。

步骤02 插入模块。进入VBE编程环境，在"工程"窗口中右击"VBAProject（商品备注信息的导入与导出.xlsm）"选项，在弹出的快捷菜单中单击"插入>模块"命令，如下图所示。

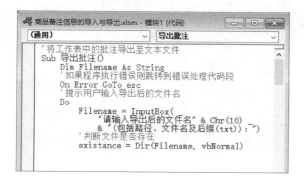

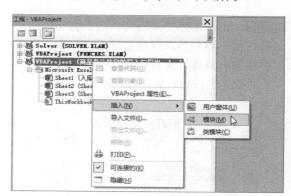

步骤03 编写"导出批注()"过程代码。在打开的"模块1（代码）"窗口中输入如下图所示的代码段，该段代码是"导出批注()"过程的第1部分代码，用于获取用户输入的导出文件名，并检查该文件是否存在。

步骤04 获取文件号并打开该文件。在"模块1（代码）"窗口中继续输入如下图所示的代码段，该段代码是"导出批注()"过程的第2部分代码，用于判断是否覆盖已存在的文件，获取文件号并打开该文件进行输出操作。

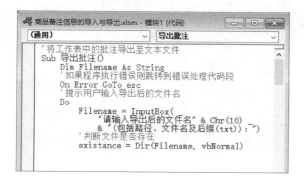

```
'将工作表中的批注导出至文本文件
Sub 导出批注()
    Dim Filename As String
    '如果程序执行错误则跳转到错误处理代码段
    On Error GoTo esc
    '提示用户输入导出后的文件名
    Do
        Filename = InputBox( _
            "请输入导出后的文件名" & Chr(10) _
            & "(包括路径、文件名及后缀(txt)):")
        '判断文件是否存在
        existance = Dir(Filename, vbNormal)
```

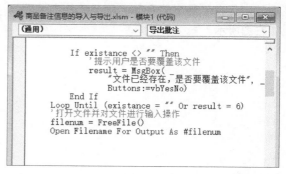

```
        If existance <> "" Then
            '提示用户是否要覆盖该文件
            result = MsgBox( _
                "文件已经存在，是否要覆盖该文件", _
                Buttons:=vbYesNo)
        End If
    Loop Until (existance = "" Or result = 6)
    '打开文件并对文件进行输入操作
    filenum = FreeFile()
    Open Filename For Output As #filenum
```

知识链接 **用Comments对象设置批注**

批注用于对单元格添加注释，用户可以编辑批注中的文字，也可以删除不需要的批注。在 Excel VBA 中，可以使用 Comments 对象设置单元格的批注信息。

步骤05 输出批注所在单元格内容及批注文本到文件中。在"模块1（代码）"窗口中继续输入如下图所示的代码段，该段代码是"导出批注()"过程的最后一部分代码，用于将批注所在单元格内容及批注文本写入文本文件中。

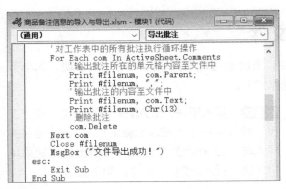

步骤06 执行"导出批注()"过程代码。返回Excel视图，按Alt+F8组合键，打开"宏"对话框，在"宏名"列表框中单击"导出批注"选项，单击"执行"按钮，如下图所示。

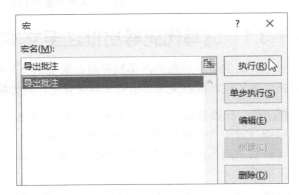

步骤07 输入保存批注的文件名。弹出输入对话框，提示用户输入保存批注的文件名，在文本框中输入具体的文件路径、文件名及后缀，单击"确定"按钮，如下图所示。

步骤08 提示文件导出成功。程序执行完毕后弹出提示框，提示文件导出成功，单击"确定"按钮即可，如下图所示。此时可看到该工作表中的所有批注文本都被删除了。

步骤09 查看导出文件的效果。在目标文件夹中打开"商品附加信息.txt"文件，可看到在该文件中保存了导出的商品名称及其基本参数，如右图所示。

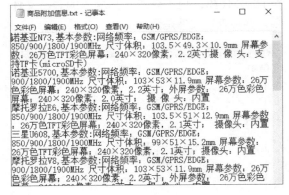

步骤10　不覆盖已存在的文件。重新执行"导出批注"宏，输入文件名，如果目标文件夹中已存在用户输入的文件名，会弹出提示框，提示文件已存在，是否要覆盖该文件，单击"否"按钮，如右图所示。

步骤11　重新输入文件名。再次弹出输入对话框，在文本框中输入具体的文件路径、文件名及后缀，单击"确定"按钮，如下图所示。

步骤12　提示文件导出成功。程序执行完毕后弹出提示框，提示用户文件导出成功，单击"确定"按钮即可，如下图所示。

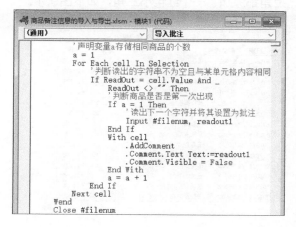

7.3.2　编写代码将文本文件作为批注导入 Excel 表格

除了可以将批注信息导出到文本文件，还可以通过 VBA 程序将文本文件作为批注信息导入到 Excel 表格。具体操作如下。

步骤01　编写"导入批注()"过程的代码。继续上一小节的操作，再次进入VBE编程环境，在"模块1（代码）"窗口中继续输入如下图所示的代码段，该段代码是"导入批注()"过程的第1部分代码，用于获取需要导入的文件名，然后打开该文件并进行输入操作。

```
商品备注信息的导入与导出.xlsm - 模块1 (代码)
(通用)                        导入批注
'将文本文件内容导入工作表生成批注
Sub 导入批注()
    Dim ReadOut As String
    Dim readout1 As String
    Dim Filename As String
    Dim cells As Range
    On Error GoTo ms
    '获得需要导入的批注文件名
    Filename = Application.GetOpenFilename
    '打开文件
    filenum = FreeFile()
    Open Filename For Input As #filenum
    While Not EOF(filenum)
        Input #filenum, ReadOut
```

步骤02　将读出的数据写入相应单元格的批注中。在"模块1（代码）"窗口中继续输入如下图所示的代码段，该段代码是"导入批注()"过程的第2部分代码，用于读取打开的文本文件的数据，然后与单元格内容比较，将读出的基本参数添加为单元格的批注文本。

```
商品备注信息的导入与导出.xlsm - 模块1 (代码)
(通用)                        导入批注
        '声明变量a存储相同商品的个数
        a = 1
    For Each cell In Selection
        '判断读出的字符串不为空且与某单元格内容相同
        If ReadOut = cell.Value And _
            ReadOut <> "" Then
            '判断商品是否是第一次出现
            If a = 1 Then
                '读出下一个字符并将其设置为批注
                Input #filenum, readout1
            End If
            With cell
                .AddComment
                .Comment.Text Text:=readout1
                .Comment.Visible = False
            End With
            a = a + 1
        End If
    Next cell
    Wend
    Close #filenum
```

知识链接 将文本文件中的数据添加到单元格批注中

在步骤 02 中，使用 Input #filenum, readout1 语句将指定文件中的数据读入变量 readout1 中，再使用 AddComment 方法添加批注，并以 readout1 变量的值作为 Comment 对象的 Text 属性的值。

步骤03 批注导入成功提示。在"模块1（代码）"窗口中继续输入如下图所示的代码段，该段代码是"导入批注()"过程的最后一部分代码，用于在完成批注导入后提示导入成功。

步骤04 选择要添加批注信息的数据区域。返回Excel视图，在"入库记录"工作表中选中单元格区域A3:F16，如下图所示。

步骤05 执行"导入批注()"过程代码。按 Alt+F8组合键，打开"宏"对话框，在"宏名"列表框中单击"导入批注"选项，单击"执行"按钮，如下图所示。

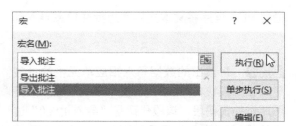

步骤06 选择要导入的文本文件。弹出"打开"对话框，在地址栏中选择导入文件所在的路径，单击"商品附加信息.txt"文件，如下图所示，然后单击"打开"按钮。

步骤07 批注导入成功。程序执行完毕后，在工作表中可看到"品名"列的数据单元格的右上角都添加了一个红色小三角，如下图所示。

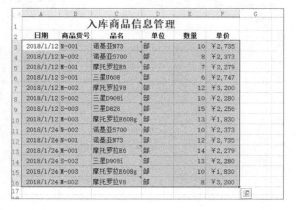

步骤08 查看导入的批注信息。此时将鼠标指针置于红色小三角所在的单元格上，可查看相应的批注信息，如下图所示。

销售分析系统

各公司在销售产品后，都会将销售数据记录下来，并根据销售数据分析产品的市场表现，相应调整生产、营销等方面的策略和计划。在分析数据时，图表是最常用和最有效的工具之一。Excel 的图表功能已很强大，本章则将使用 Excel VBA 程序代码实现更加自动化的图表制作，如灵活修改数据区域生成动态图表、快速转换图表类型等。

8.1 ▶ 快速分析各分店月销售额占比

本节以"庆瑞电器各分店销售表 .xlsx"为例，使用 Excel 中的三维饼图分析各分店的月销售额占比。先使用"开发工具"选项卡下的"录制宏"按钮，录制一个制作三维饼图的宏，然后参考录制的宏代码，编写出自定义创建三维饼图的 VBA 程序。该程序允许用户选定需要分析的数据区域，能够更加方便、灵活地创建三维饼图。

扫码看视频

◎ 原始文件：实例文件\第8章\原始文件\庆瑞电器各分店销售表.xlsx
◎ 最终文件：实例文件\第8章\最终文件\三维饼图.xlsm

8.1.1 录制"自动创建三维饼图"宏

本小节将使用"录制宏"功能录制创建各分店月销售额占比三维饼图的宏代码，为后续的 VBA 程序编写奠定基础。具体操作如下。

步骤01 单击"录制宏"按钮。打开原始文件，在"开发工具"选项卡下单击"代码"组中的"录制宏"按钮，如下图所示。

步骤02 录制宏。弹出"录制宏"对话框，在"宏名"文本框中输入"自动创建三维饼图"，单击"确定"按钮，如下图所示。

步骤03 选择创建图表的数据。返回工作表，选中单元格区域A3:B14，如下左图所示。

步骤04 插入三维饼图。在"插入"选项卡下单击"图表"组中的"插入饼图或圆环图"按钮，在展开的列表中单击"三维饼图"选项，如下右图所示。

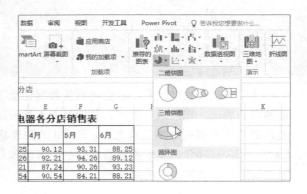

步骤05 查看创建的三维饼图效果。此时，在工作表中根据选择的数据区域创建了各分店1月份销售额的三维饼图，但是图表中没有显示数据标签，如下图所示。

步骤06 输入图表标题。在图表中选中图表标题，并输入"2018年1月各分店的销售额"，如下图所示。

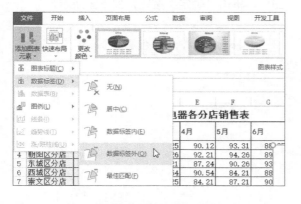

步骤07 显示数据标签。在"图表工具-设计"选项卡下单击"图表布局"组中的"添加图表元素"按钮，在展开的列表中单击"数据标签>数据标签外"选项，如下图所示。

步骤08 查看显示数据标签后的效果。此时，在饼图的每个扇区外都显示了相应的数据标签，表示每个分店的销售额，如下图所示。

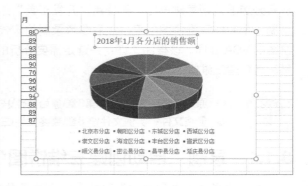

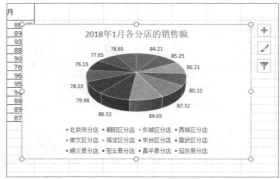

步骤09 打开"设置数据标签格式"窗格。单击"图表布局"组中的"添加图表元素"按钮，在展开的列表中单击"数据标签>其他数据标签选项"，如下左图所示。

步骤10 设置数据标签格式。打开"设置数据标签格式"任务窗格，在"标签包括"选项组中勾选"类别名称"和"百分比"复选框，单击"关闭"按钮，如下右图所示。

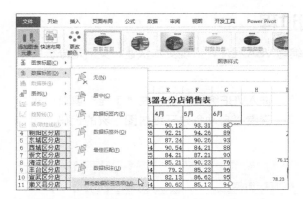

步骤11　查看设置数据标签格式后的效果。返回工作表，可以看到三维饼图的数据标签显示了类别名称和百分比，如下图所示。

步骤12　删除图例。单击"图表布局"组中的"添加图表元素"按钮，在展开的列表中单击"图例>无"选项，如下图所示。

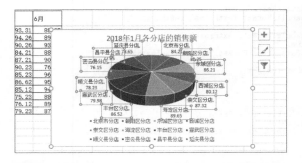

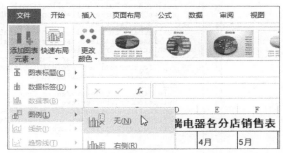

步骤13　移动图表。如果需要将创建好的图表移动到新工作表中，则可在"图表工具-设计"选项卡下单击"位置"组中的"移动图表"按钮，如下图所示。

步骤14　输入图表工作表的名称。弹出"移动图表"对话框，选中"新工作表"单选按钮，在其后的文本框中输入文本"2018年1月各分店的销售额"，单击"确定"按钮，如下图所示。

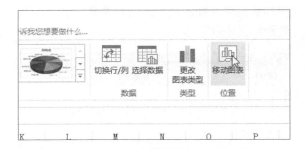

步骤15　查看移动图表后的效果。此时，三维饼图被移动到"2018年1月各分店的销售额"工作表中，如右图所示。移动完图表后，切换至"开发工具"选项卡，单击"代码"组中的"停止录制"按钮，停止宏的录制。

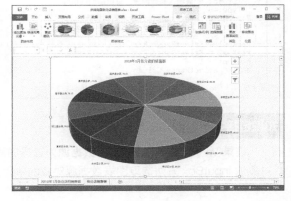

8.1.2 参考宏代码编写创建饼图过程

录制完宏之后，本小节将参考录制的宏代码编写 VBA 程序，实现更加快速、灵活地分析各分店月销售额占比的功能。具体操作如下。

步骤01 查看录制的宏代码。继续上一小节的操作，进入VBE编程环境，在"工程"窗口中双击"模块1"选项，在打开的"模块1（代码）"窗口中查看"自动创建三维饼图"宏的代码，如下图所示。

```
三维饼图.xlsm - 模块1 (代码)
(通用)                              自动创建三维饼图
    Sub 自动创建三维饼图()
    ' 自动创建三维饼图 宏
        Range("A3:B14").Select
        ActiveSheet.Shapes.AddChart2(262, xl3DPie).Select
        ActiveChart.SetSourceData Source:=Range("各分店销售表!$A$3:$B$14")
        ActiveChart.ChartTitle.Select
        ActiveChart.SetElement (msoElementDataLabelOutSideEnd)
        ActiveChart.ApplyDataLabels
        ActiveChart.FullSeriesCollection(1).DataLabels.Select
        ActiveChart.SeriesCollection(1).DataLabels.Format.TextFrame2.TextRange. _
            Characters.Text = ""
        ActiveChart.SeriesCollection(1).DataLabels.Format.TextFrame2.TextRange. _
            InsertChartField msoChartFieldValue, "", 1
        With ActiveChart.SeriesCollection(1).DataLabels.Format.TextFrame2.TextRange. _
            Characters(1, 5).ParagraphFormat
            .TextDirection = msoTextDirectionLeftToRight
            .Alignment = msoAlignCenter
        End With
        Selection.ShowCategoryName = True
        Selection.ShowPercentage = True
        Application.CommandBars("Format Object").Visible = False
        ActiveChart.SetElement (msoElementLegendNone)
        ActiveChart.Location where:=xlLocationAsNewSheet, Name:="2018年1月各分店的销售额"
    End Sub
```

步骤02 编写"创建饼图()"过程代码。在菜单栏中单击"插入>模块"命令，在打开的"模块2（代码）"窗口中输入如下图所示的代码段，该段代码用于选取创建饼图的数据区域。

```
庆瑞电器各分店销售表.xlsx - 模块2 (代码)
(通用)                              创建饼图
    Sub 创建饼图()
    Dim SelectRange As Range
    Dim MonthName As String
    Dim rowNum1 As Integer
    Dim rowNum2 As Integer
    er:
    Set SelectRange = Application.InputBox _
        (prompt:="请输入需要创建三维饼图的区域", _
        Type:=8)
    MonthName = Worksheets("各分店销售表") _
        .Cells(2, SelectRange.Column).Value
    '定义变量储存选择区域的行号
    rowNum1 = SelectRange.Row
    rowNum2 = SelectRange.Row + SelectRange. _
        Count - 1
    col1 = SelectRange.Column
```

步骤03 判断所选区域是否符合要求。在"模块2（代码）"窗口中继续输入如下图所示的代码段，该段代码主要使用If语句和For循环语句判断用户选择的数据区域是否是一列，以及是否包含非数字信息。

```
庆瑞电器各分店销售表.xlsx - 模块2 (代码)
(通用)                              创建饼图
    '如果所选区域不是一列则弹出警告
    If SelectRange.Columns.Count <> 1 Then
        MsgBox "选取的区域只能为一列，请重新选择！"
        GoTo er
    End If
    '判断所选区域中是否含有非数字信息
    For Each one In SelectRange
        If Not Application.WorksheetFunction. _
            IsNumber(one.Value) Then
            MsgBox "所选区域包含非数字信息"
            GoTo er
        End If
    Next one
```

知识链接 **修改图表的数据源**

在录制的宏代码中，图表的数据源为选择的固定的单元格区域，修改代码时可使用 Application 对象的 InputBox 方法选取图表数据源对应的单元格区域。

✖ 重点语法与代码剖析：Application.InputBox 方法的用法

Application.InputBox 方法主要用于显示一个接收用户输入的对话框。返回此对话框中输入的信息。其语法格式为：表达式 .InputBox(Prompt, Title, Default, Left, Top, HelpFile, HelpContextID, Type)。其中，"表达式"是一个代表 Application 对象的变量。下面分别介绍各参数的数据类型及意义。

● Prompt 参数是必需参数，数据类型为 String，它表示要在对话框中显示的消息，可为字符串、数字、日期或逻辑值，在显示之前 Excel 自动将其值强制转换为 String。

● Title 参数是可选参数，数据类型为 Variant，它表示对话框的标题，如果省略该参数，默认标题将为"输入"。

● Default 参数是可选参数，数据类型为 Variant，它用于指定一个初始值，该值在对话框最初显示时出现在文本框中，如果省略该参数，文本框将为空。该值可以是 Range 对象。

● Left 参数是可选参数，数据类型为 Variant，用于指定对话框相对于屏幕左上角的 X 坐标（以磅为单位）。

● Top 参数是可选参数，数据类型为 Variant，用于指定对话框相对于屏幕左上角的 Y 坐标（以磅为单位）。

● HelpFile 参数是可选参数，数据类型为 Variant，它表示此对话框使用的帮助文件名，如果存在 HelpFile 和 HelpContextID 参数，对话框中将出现一个帮助按钮。

● HelpContextID 是可选参数，数据类型为 Variant，表示 HelpFile 中帮助主题的上下文 ID 号。

● Type 参数是可选参数，数据类型为 Variant，用于指定返回的数据类型，如果省略该参数，对话框将返回文本。这是该方法与前面介绍的 InputBox() 函数的主要区别之一。下表列出了可以在 Type 参数中传递的值及含义。可以为下列值之一或其中几个值的和。例如，对于一个可接受文本和数字的输入框，将 Type 设置为 1+2。

值	含义
0	公式
1	数字
2	文本（字符串）
4	逻辑值（True 或 False）
8	单元格引用，作为一个 Range 对象
16	错误值，如 #N/A
64	数值数组

步骤04　删除工作簿中月份相同的图表。在"模块2（代码）"窗口中继续输入如右图所示的代码段，该段代码使用If语句与InStrRev()函数相配合，判断图表工作表名称中是否包含选取数据区域的月份名称。如果有，则删除该图表对象。

步骤05　编写新建图表代码。在"模块2（代码）"窗口中继续输入如右图所示的代码段，该段代码主要实现了新建图表、设置图表类型、生成数据系列、重命名图表工作表等功能。

✖ 重点语法与代码剖析：Chart.Location 方法的用法

　　新建图表对象时，需要使用 Chart 对象的 Location 方法来指定图表的位置。其语法格式为：Chart.Location(where, name)。其中，where 参数用于指定图表插入的位置。图表插入的位置有两种：作为新工作表插入工作簿中或者作为图像对象插入工作表中。如果选择第 1 种位置，则 name 表示新工作表的名称；如果选择第 2 种位置，则 name 表示要插入的工作表名称。

知识链接　检测指定图表是否存在

　　在创建指定名称的图表时，首先需要检测该图表是否存在。检测时使用 InStrRev() 函数获取指定字符串在图表名称字符串中的位置，若函数返回值不等于 0，则该图表存在。

✖ 重点语法与代码剖析：InStrRev() 函数的用法

　　InStrRev() 函数用于返回一个字符串在另一个字符串中出现的位置，从字符串的末尾算起。其语法格式为：InstrRev(stringcheck, stringmatch[, start[, compare]])。其中，stringcheck 是必需参数，表示要执行搜索的字符串表达式。stringmatch 是必需参数，表示要搜索的字符串表达式。start 是可选参数，是一个数值表达式，用于设置每次搜索的开始位置。如果忽略，则使用 –1，表示从上一个字符位置开始搜索。如果 start 包含 Null，则产生一个错误。compare 是可选参数，为数字值，指出在判断子字符串时所使用的比较方法。如果忽略，则执行二进制比较。

　　InStrRev() 函数的返回值如下：当 stringcheck 的长度为 0 时，则返回 0；当 stringcheck 为 Null 时，则返回 Null；当 stringmatch 的长度为 0 时，则返回 start；当 stringmatch 为 Null 时，则返回 Null；当 stringmatch 没有找到时，则返回 0；当 stringmatch 在 stringcheck 中找到时，则返回找到匹配字符串的位置；当 start>Len(stringmatch) 时，则返回 0。

步骤06　设置图表的格式。在"模块2（代码）"窗口中继续输入如右图所示的代码段，该段代码主要设置图表标题、显示数据标签，并设置数据标签的显示格式。

步骤07 设置数据系列的分类标志。在"模块2（代码）"窗口中继续输入如右图所示的代码段，该段代码主要使用循环语句显示图表中数据系列的分类标志，并设置图表的显示比例为100%。

> ✖ **重点语法与代码剖析：ActiveWindow.Zoom=100**
>
> ActiveWindow.Zoom=100，是指将当前窗口的显示比例强制调整到 100%，在该语句中使用了 Window.Zoom 属性，该属性用于返回或设置窗口的显示尺寸。其语法格式为：表达式 .Zoom，其中，"表达式"是一个代表 Window 对象的变量。窗口的尺寸以百分数（不带百分号）表示，例如，100 代表原始尺寸，200 代表双倍尺寸，以此类推。
>
> 注意：此属性仅对窗口中的当前工作表起作用。也可将此属性设置为 True，则窗口尺寸将自动适应当前所选区域。

8.1.3 运行代码生成指定月份占比分析饼图

参考录制的宏代码编写完 VBA 程序代码后，本小节接着运行该代码，快速分析各分店指定月份的月销售额占比。具体操作如下。

步骤01 为按钮控件指定宏。继续上一小节的操作，返回Excel视图，在工作表中绘制按钮控件，弹出"指定宏"对话框。在"宏名"列表框中单击"创建饼图"选项，如下图所示，然后单击"确定"按钮。

步骤02 运行宏。返回工作表，将按钮控件上的文本修改为"创建三维饼图"，然后激活并单击该按钮，即可运行宏，如下图所示。

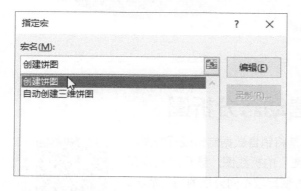

步骤03 选择创建饼图的数据区域。系统自动弹出"输入"对话框，选中单元格区域C3:D14，单击"确定"按钮，如下左图所示。

步骤04 弹出提示框。弹出提示框，提示用户选择的区域只能为一列，单击该对话框中的"确定"按钮，如下右图所示。

（左上表格）2018年庆瑞电器各分店销售表，输入对话框："请输入需要创建三维饼图的区域" $C$3:$D$14

（右上表格）2018年庆瑞电器各分店销售表，Microsoft Excel 提示框："选取的区域只能为一列，请重新选择！"

步骤05 重新选取数据区域。再次弹出"输入"对话框，选中单元格区域C2:C14，单击"确定"按钮，如下图所示。

步骤06 弹出提示框。再次弹出提示框，提示用户所选区域包含非数字信息，单击"确定"按钮，如下图所示。

（左表格）2018年庆瑞电器各分店销售表，输入对话框："请输入需要创建三维饼图的区域" $C$2:$C$14

（右表格）2018年庆瑞电器各分店销售表，Microsoft Excel 提示框："所选区域包含非数字信息"

步骤07 重新选取数据区域。再次弹出"输入"对话框，选中单元格区域C3:C14，单击"确定"按钮，如下图所示。

步骤08 查看创建的三维饼图效果。此时可看到工作簿中插入了"2018年2月各分店的销售额"工作表，且表中包含"2018年2月各分店的销售额"三维饼图，如下图所示。

（左下表格）2018年庆瑞电器各分店销售表，输入对话框："请输入需要创建三维饼图的区域" $C$3:$C$14

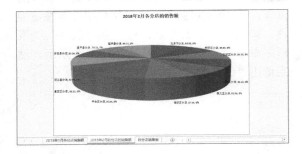

2018年2月各分店的销售额

8.2 自动创建各分店销售动态分析图

为了更好地分析销售动态并预测变化趋势，常将销售数据制作成折线图。本节将利用 VBA 程序制作名为"销售动态分析图"的折线图，该程序允许用户根据需要选择数据区域，添加到图表中，从而方便比较不同分店的销售情况。

扫码看视频

◎ 原始文件：实例文件\第8章\原始文件\庆瑞电器各分店销售表.xlsx
◎ 最终文件：实例文件\第8章\最终文件\销售动态分析图.xlsm

8.2.1　编写代码创建折线图

本小节将编写 VBA 程序创建数据点折线图，以便对各分店的月度销售动态进行分析。具体操作如下。

步骤01 查看工作表中的内容。打开原始文件，可看到在工作表中已存在如右图所示的数据。进入VBE编程环境，单击菜单栏中的"插入>模块"命令，插入"模块1"。

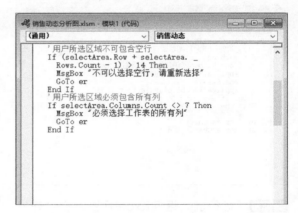

单位：万元	2018年庆瑞电器各分店销售表					
分店 月份	1月	2月	3月	4月	5月	6月
北京市分店	84.21	88.53	81.25	90.12	93.31	88.25
朝阳区分店	85.25	86.55	90.26	92.21	94.26	89.12
东城区分店	86.21	84.56	88.21	87.24	90.26	93.23
西城区分店	80.12	83.25	86.54	90.54	84.21	88.21
崇文区分店	87.32	81.54	85.25	84.21	87.21	90.26
海淀区分店	89.65	87.54	90.54	85.21	90.23	76.26
丰台区分店	86.52	90.54	86.54	79.2	85.23	90.26
宣武区分店	79.98	85.21	88.21	82.13	86.62	95.62
顺义县分店	78.23	82.65	86.54	80.62	85.12	94.23
密云县分店	76.15	80.34	83.54	72.23	75.23	88.23
昌平县分店	77.65	73.21	79.54	70.26	76.12	89.26
延庆县分店	78.65	80.25	81.21	86.23	79.23	87.26

各分店销售表

步骤02 创建"销售动态()"过程。在打开的"模块1（代码）"窗口中输入如下图所示的代码段，该段代码是创建销售动态折线图的第1部分代码，用于选择需要的数据区域，并判断选择的数据区域是否包含标题行。

```
销售动态分析图.xlsm - 模块1 (代码)
(通用)                        销售动态

Sub 销售动态()
    '保存当前工作表和用户选择的区域
    Dim Sht As Worksheet
    Set Sht = Worksheets("各分店销售表")
    Dim selectArea As Range
er: Set selectArea = Application.InputBox
        (prompt:="请选择需要创建销售动态折线图的区域", _
        Type:=8)
    '检查用户所选区域是否正确
    If selectArea.Row = 1 Then
        MsgBox "不可以选择标题行，请重新选择"
        GoTo er
    End If
```

步骤03 判断是否为需要的数据区域。在"模块1（代码）"窗口中继续输入如下图所示的代码段，该段代码是创建销售动态折线图的第2部分代码，用于判断选取的数据区域是否有空行，以及是否选择了所有列的内容。

```
销售动态分析图.xlsm - 模块1 (代码)
(通用)                        销售动态

    '用户所选区域不可包含空行
    If (selectArea.Row + selectArea. _
        Rows.Count - 1) > 14 Then
        MsgBox "不可以选择空行，请重新选择"
        GoTo er
    End If
    '用户所选区域必须包含所有列
    If selectArea.Columns.Count <> 7 Then
        MsgBox "必须选择工作表的所有列"
        GoTo er
    End If
```

步骤04 调用自定义过程。在"模块1（代码）"窗口中继续输入如下图所示的代码段，该段代码主要调用自定义过程CreatTitles()和CreatChart()，并把选择的数据区域传递到自定义过程中。

```
销售动态分析图.xlsm - 模块1 (代码)
(通用)                        销售动态

    '为用户所选区域添加X值
    CreatTitles selectArea
    '制作折线图
    CreatChart Sht, selectArea
End Sub
```

步骤05 自定义CreatTitles()过程。在"模块1（代码）"窗口中继续输入如下图所示的代码段，该段代码主要用来为用户所选区域添加横坐标，其中使用Application.Union方法合并单元格区域。

```
销售动态分析图.xlsm - 模块1 (代码)
(通用)                        CreatTitles

    '为用户所选区域添加X值
Sub CreatTitles(selectArea As Range)
    For Each one In selectArea.Areas
        '判断用户所选区域是否已含有标题
        If one.Row = 2 Then
            Exit Sub
        End If
    Next one
    '如果不包含则添加标题区域
    Set selectArea = Application.Union
        (Worksheets("各分店销售表").Range("A2:G2"), _
        selectArea)
End Sub
```

知识链接　添加标题行至数据源

　　由于前面的代码中要求用户在选取数据区域时不能选取标题行，因此，在后续的代码中使用 Application 对象的 Union 方法将用户选取的单元格区域和标题行合并为一个区域，作为图表的数据源，这样创建的图表更加清晰，坐标轴的含义更加明确。

✖ 重点语法与代码剖析：Application.Union 方法的用法

　　Application.Union 方法用于返回两个或多个区域的合并区域。其语法格式为：表达式.Union(Arg1, Arg2, …, Arg30)。其中，"表达式"是一个代表 Application 对象的变量；Ag1, Arg2, …, Arg30 参数的数据类型为 Range，每个参数都表示一个 Range 对象。在该方法中，必须指定至少两个 Range 对象。Application.Union 方法的返回值为 Range 类型。

步骤06　编写创建图表的代码。在"模块1（代码）"窗口中继续输入如下图所示的代码段，该段代码主要用于判断工作簿中是否存在"销售动态分析图"图表。如果存在，则删除该图表，然后使用Chart.Add方法新建图表。

步骤07　设置图表格式。在"模块1（代码）"窗口中继续输入如下图所示的代码段，该段代码主要用于设置图表的类型、数据源、图表标题、坐标轴标题等。

```
'创建图表
Sub CreatChart(Sht As Worksheet, area As Range)
'检查销售动态分析图是否存在
For Each one In Charts
    If one.Name = "销售动态分析图" Then
        Application.DisplayAlerts = False
        one.Delete
        Application.DisplayAlerts = True
    End If
Next one
'创建新图表
Dim chr As Chart
Set chr = Charts.Add
```

```
'设置图表格式
With chr
    .Location where:=xlLocationAsNewSheet
    .ChartType = xlLineMarkers
    .SetSourceData Source:=area, PlotBy:=xlRows
    .Name = "销售动态分析图"
    .HasTitle = True
    .ChartTitle.Characters.Text = _
        "2018年上半年各分店销售额分析图"
    .Axes(xlCategory, xlPrimary).HasTitle = False
    .Axes(xlValue, xlPrimary).HasTitle = True
    .Axes(xlValue, xlPrimary).AxisTitle. _
        Characters.Text = "销售额:万元"
    chr.HasDataTable = False
End With
End Sub
```

步骤08　运行宏。返回Excel视图，在"开发工具"选项卡下单击"代码"组中的"宏"按钮，在弹出的"宏"对话框中单击"销售动态"选项，单击"执行"按钮，如下图所示。

步骤09　选择创建图表的数据区域。系统开始执行宏，弹出"输入"对话框，选择单元格区域A1:G3，单击"确定"按钮，如下图所示。

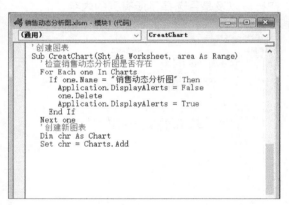

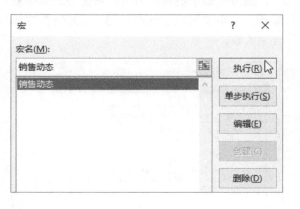

步骤10　弹出提示框。弹出提示框，提示用户不可以选择标题行，单击"确定"按钮，如下图所示。

步骤11　重新选择数据区域。弹出"输入"对话框，选择单元格区域A3:F3，单击"确定"按钮，如下图所示。

步骤12　弹出提示框。弹出提示框，提示用户必须选择工作表的所有列，单击"确定"按钮，如下图所示。

步骤13　重新选择数据区域。再次弹出"输入"对话框，选择单元格区域A14:G15，单击"确定"按钮，如下图所示。

步骤14　弹出提示框。弹出提示框，提示用户不可以选择空行，单击"确定"按钮，如下图所示。

步骤15　重新选择数据区域。弹出"输入"对话框，选择单元格区域A3:G4，单击"确定"按钮，如下图所示。

步骤16　显示自动创建的折线图效果。当用户选择的数据区域正确时，系统自动向下执行代码。执行完毕后，在工作簿中新建了销售动态分析图，如右图所示。

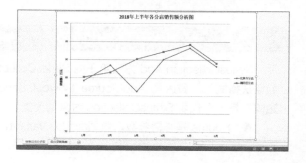

8.2.2　编写代码添加数据系列

在创建数据点折线图后，若发现图中包含的数据不够完整，可通过编写 VBA 程序代码来添加其他的数据。具体操作如下。

步骤01 定义"添加数据()"过程。继续上一小节的操作，在菜单栏中单击"插入>模块"命令，然后在打开的"模块2（代码）"窗口中输入如下图所示的代码段，该段代码是"添加数据()"过程的第1部分代码，主要用于选择需要添加的数据区域。

步骤02 判断所选数据区域是否符合要求。在"模块2（代码）"窗口中继续输入如下图所示的代码段，该段代码是"添加数据()"过程的第2部分代码，其中重复使用的代码可以自定义为过程或函数，以减少代码的长度。

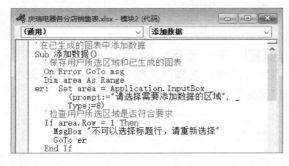

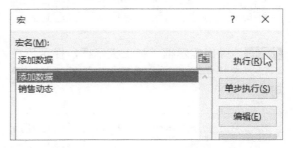

步骤03 为图表添加数据系列。在"模块2（代码）"窗口中继续输入如下图所示的代码段，该段代码主要使用SeriesCollection.Add方法向SeriesCollection集合添加一个新的数据系列。

步骤04 运行"添加数据()"过程。返回工作表中，按Alt+F8组合键，打开"宏"对话框，在"宏名"列表框中单击"添加数据"选项，单击"执行"按钮，如下图所示。

知识链接　添加数据系列

添加数据系列是指在图表已有数据系列的基础上，再添加其他需要的数据系列，而且对已有数据系列不进行删除或修改。它必须在已有图表的基础上添加，若没有图表，则添加不成功。在 Excel VBA 中可使用 SeriesCollection 对象的 Add 方法进行添加。

✖ 重点语法与代码剖析：SeriesCollection.Add 方法的用法

SeriesCollection.Add 方法用于向 SeriesCollection 集合添加一个或多个新的数据系列。该方法的语法格式为：表达式 .Add(Source, Rowcol, SeriesLabels, CategoryLabels, Replace)。其中，"表达式"是一个代表 SeriesCollection 对象的变量。下面详细介绍该方法中各参数的具体含义。

● Source 是必需参数，数据类型为 Variant，指作为 Range 对象的新数据。

● Rowcol 是可选参数，数据类型为 XlRowCol，用于指定新值是位于指定区域的行中还是列中。

● SeriesLabels 是可选参数，数据类型为 Variant。它表示如果第 1 行或第 1 列包含数据系列的名称，则为 True；如果第 1 行或第 1 列包含数据系列的第 1 个数据点，则为 False。如果省略此参数，Excel 将尝试根据第 1 行或第 1 列中的内容确定数据系列名称的位置。

● CategoryLabels 是可选参数，数据类型为 Variant。它表示如果第 1 行或第 1 列包含分类标签的名称，则为 True；如果第 1 行或第 1 列包含数据系列的第 1 个数据点，则为 False。如果省略此参数，Excel 将尝试根据第 1 行或第 1 列中的内容确定分类标签的位置。

● Replace 是可选参数，数据类型为 Variant。它表示如果 CategoryLabels 为 True 且 Replace 为 True，那么指定的分类将替换当前数据系列中存在的分类；如果 Replace 为 False，现有的分类将保留。其默认值为 False。

SeriesCollection.Add 方法的返回值是一个代表新数据系列的 Series 对象。

步骤05 选择需要的数据区域。弹出"输入"对话框，在工作表中选择要添加的单元格区域 A8:G8，单击"确定"按钮，如下图所示。

步骤06 查看添加数据系列后的效果。系统自动执行添加数据系列的代码，执行完毕后，得到如下图所示的效果。

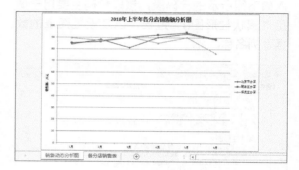

8.3 图表类型的自动转换

不同类型的图表适用于不同的分析需求。如果要比较各分店销售额的高低，最好使用柱形图，如簇状柱形图、三维圆柱图；如果要分析各分店销售额的变化趋势，则最好使用折线图。本节将使用 VBA 程序对用户选取的数据区域制作默认图表，并且提供在簇状柱形图、三维圆柱图和数据点折线图之间转换的功能按钮，方便用户快速转换图表类型。

扫码看视频

◎ 原始文件：实例文件\第8章\原始文件\庆瑞电器各分店销售表.xlsx
◎ 最终文件：实例文件\第8章\最终文件\图表类型的自动转换.xlsm

8.3.1 编写代码创建默认簇状柱形图

在 Excel 中，默认的图表类型为簇状柱形图。本小节将介绍如何编写创建簇状柱形图的 VBA 程序代码，具体操作如下。

步骤01 查看工作表中的内容。打开原始文件，可看到在工作表中已存在如下左图所示的数据。进入VBE编程环境，单击菜单栏中的"插入>模块"命令，插入"模块1"。

步骤02 创建默认图表。在打开的"模块1（代码）"窗口中输入如下右图所示的代码段，该段代码是"创建默认图表()"过程的前半部分代码，其中定义变量MyRange、rowNum、col1、col2为全局变量，然后获取用户选择的数据区域，并检测该数据区域是否符合要求。

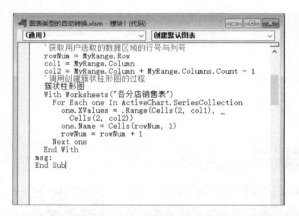

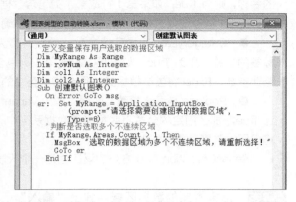

步骤03 输入"创建默认图表()"过程的后半部分代码。在"模块1（代码）"窗口中继续输入如下图所示的代码段，该段代码主要用于调用"簇状柱形图()"过程，以及设置图表的数据系列名称。

步骤04 创建"簇状柱形图()"过程。在"模块1（代码）"窗口中继续输入如下图所示的代码段，该段代码主要用于删除"图表"工作表中的图表，并创建新图表。

```
      '获取用户选取的数据区域的行号与列号
      rowNum = MyRange.Row
      col1 = MyRange.Column
      col2 = MyRange.Column + MyRange.Columns.Count - 1
      '调用创建簇状柱形图的过程
      簇状柱形图
      With Worksheets("各分店销售表")
        For Each one In ActiveChart.SeriesCollection
          one.XValues = .Range(Cells(2, col1), _
            Cells(2, col2))
          one.Name = Cells(rowNum, 1)
          rowNum = rowNum + 1
        Next one
      End With
    msg:
    End Sub
```

```
      '创建簇状柱形图
      Sub 簇状柱形图()
        '对所有图表进行循环操作
        Sheets("图表").Activate
        For Each one In ActiveSheet.ChartObjects
          one.Delete
        Next one
        Charts.Add
        '获取用户选取的数据区域的行号
        rowNum = MyRange.Row
```

✖ 重点语法与代码剖析：Series.XValues 属性的用法

　　Series.XValues 属性用于返回或设置图表数据系列中 x 值的数组。XValues 属性可设置为工作表区域或数值数组，但不能为二者的组合。其数据类型为 Variant，可读写，语法格式为：表达式.XValues。其中，"表达式"是一个代表 Series 对象的变量。需要注意的是，对于数据透视图，该属性为只读。

步骤05 设置图表类型。在"模块1（代码）"窗口中继续输入如右图所示的代码段，该段代码主要用于将图表设置为簇状柱形图，并更改图表标题，然后将图表对象移动到"图表"工作表中。

```
      '设置图表类型为簇状柱形图
      ActiveChart.ChartType = xlColumnClustered
      ActiveChart.SetSourceData Source:=MyRange, _
        PlotBy:=xlRows
      ActiveChart.HasTitle = True
      ActiveChart.ChartTitle.Characters.Text = _
        "销售额柱形图"
      ActiveChart.Location where:=xlLocationAsObject, _
        Name:="图表"
```

步骤06 设置图表的坐标轴标题。在"模块1（代码）"窗口中继续输入如右图所示的代码段，该段代码使用With…End With语句设置图表的横坐标轴标题为"月份"、纵坐标轴标题为"月销售额（万）"。

8.3.2 编写代码创建三维圆柱图

相较于簇状柱形图来说，三维圆柱图更具有立体感和空间感。本小节将介绍如何编写创建三维圆柱图的 VBA 程序代码，具体操作如下。

步骤01 创建"三维圆柱图()"过程。继续上一小节的操作，在"模块1（代码）"窗口中继续输入如下图所示的代码段，该段代码与创建簇状柱形图的代码相似，区别在于图表的类型不同。

步骤02 设置三维圆柱图的坐标轴标题。在"模块1（代码）"窗口中继续输入如下图所示的代码段，该段代码与设置簇状柱形图的坐标轴标题的代码相同。

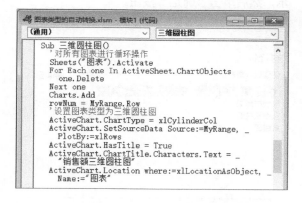

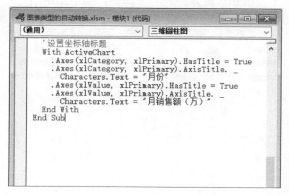

8.3.3 编写代码创建数据点折线图

数据点折线图常用于观察数据的变化趋势。本小节将介绍如何编写创建数据点折线图的 VBA 程序代码，具体操作如下。

步骤01 创建"折线图()"过程。继续上一小节的操作，在"模块1（代码）"窗口中继续输入如右图所示的代码段，该段代码是"折线图()"过程的前半部分代码，它与创建簇状柱形图的代码相似，区别在于图表的类型不同。

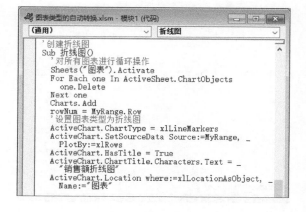

步骤02 设置折线图的坐标轴标题。在"模块1（代码）"窗口中继续输入如右图所示的代码段，该段代码是"折线图()"过程的后半部分代码，它与设置簇状柱形图的坐标轴标题的代码完全相同。

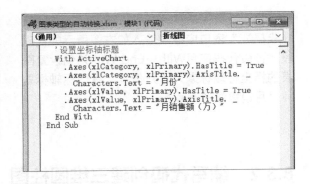

8.3.4 运行代码转换图表类型

完成 VBA 程序代码的编写后，本小节通过创建按钮控件，让用户可在各图表类型之间切换。具体操作如下。

步骤01 选择按钮控件。继续上一小节的操作，返回Excel视图，新建一个名为"图表"的工作表。在"开发工具"选项卡下单击"控件"组中的"插入"按钮，在展开的列表中单击"按钮（窗体控件）"图标，如下图所示。

步骤02 绘制按钮控件并指定宏。在工作表中的适当位置绘制按钮控件，绘制完成后释放鼠标，弹出"指定宏"对话框。在"宏名"列表框中单击"创建默认图表"选项，如下图所示，然后单击"确定"按钮。

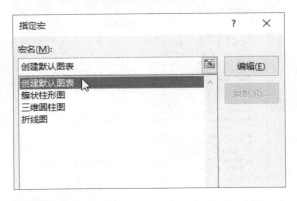

步骤03 绘制其他按钮控件。返回工作表，将按钮上的文本修改为需要的文本，然后用相同的方法绘制其他的按钮控件，并为它们指定相应的宏，得到如下图所示的效果。

步骤04 选择创建图表的数据区域。单击"创建默认图表"按钮，系统会自动弹出"输入"对话框，在"各分店销售表"工作表中选择单元格区域A3:C4和E3:G4，单击"确定"按钮，如下图所示。

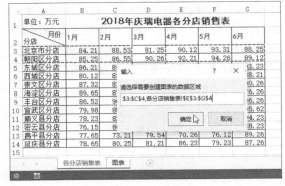

步骤05　弹出提示框。弹出提示框，提示用户选取的数据区域为多个不连续区域，单击"确定"按钮，如下图所示。

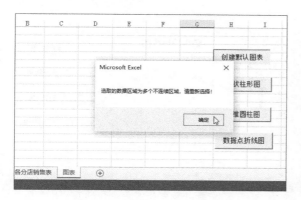

步骤06　重新选择数据区域。再次弹出"输入"对话框，选择单元格区域A3:G4，单击"确定"按钮，如下图所示。

步骤07　查看创建默认图表后的效果。系统会自动执行程序代码，执行完毕后，在"图表"工作表中会显示根据选定数据区域创建的默认图表，如下图所示。

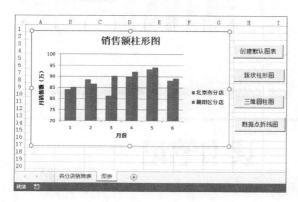

步骤08　将默认图表转换为三维圆柱图。如果用户需要将创建的默认图表转换为三维圆柱图，则单击"图表"工作表中的"三维圆柱图"按钮，如下图所示。

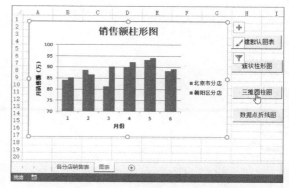

步骤09　查看图表类型转换后的效果。系统自动执行"三维圆柱图"宏，执行完毕后，在工作表中将删除原来的图表，并创建三维圆柱图，如下图所示。

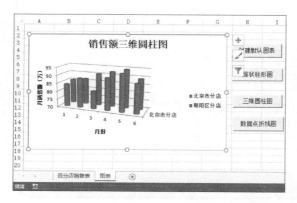

步骤10　切换至折线图。如果用户需要将当前工作表中图表的类型转换为数据点折线图，则单击"数据点折线图"按钮，如下图所示。

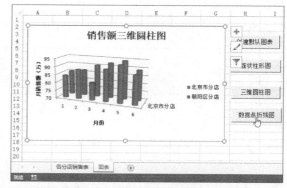

步骤11 查看图表类型转换后的效果。系统自动执行"折线图"宏，执行完毕后，在工作表中得到如下图所示的图表。

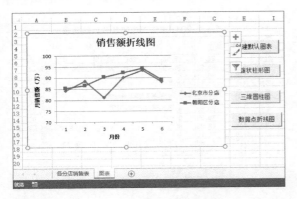

步骤12 切换至簇状柱形图。如果用户需要将图表转换为默认的图表类型"簇状柱形图"，则单击"簇状柱形图"按钮，如下图所示。

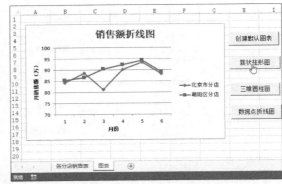

步骤13 查看簇状柱形图的效果。系统自动执行"簇状柱形图"宏，执行完毕后，"图表"工作表中的图表将会转换为如右图所示的效果。

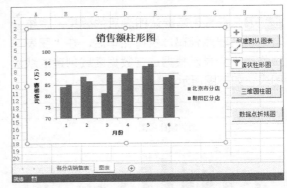

读书笔记

出货情况管理

公司在管理出货情况时，常常需要查看某个日期、某个购货单位或某种产品的出货记录。若采用筛选、数据汇总功能实现会比较烦琐，而使用数据透视表则会比较容易。本章将介绍如何使用 VBA 程序快速生成数据透视表和数据透视图。

9.1 快速生成静态数据透视表

静态数据透视表是指修改源数据时，数据透视表中的数据保持不变。用户需切换至"数据透视表工具 - 分析"选项卡，单击"数据"组中的"刷新"按钮，数据透视表才会根据修改后的数据做相应的更改。本节将以"出货表.xlsx"为例，介绍如何使用 VBA 程序快速生成静态数据透视表。

扫码看视频

◎ 原始文件：实例文件\第9章\原始文件\出货表.xlsx
◎ 最终文件：实例文件\第9章\最终文件\出货表的静态数据透视表.xlsm

9.1.1 编写代码创建静态数据透视表

要生成出货表的静态数据透视表，首先需要创建数据透视表，然后添加相应的字段。本小节将介绍如何编写创建静态数据透视表的过程代码，具体操作如下。

步骤01 查看"产品信息"工作表的数据。打开原始文件，单击"产品信息"标签，切换至"产品信息"工作表，可看到在该工作表中记录了每个产品代码对应的产品名称及其单价，如下图所示。

步骤02 进入VBE编程环境。在"开发工具"选项卡下单击"代码"组中的Visual Basic按钮，如下图所示。

步骤03 插入模块。进入VBE编程环境后，右击"工程"窗口中的"VBAProject（出货表.xlsx）"选项，在弹出的快捷菜单中单击"插入>模块"命令，如下左图所示。

步骤04 编写"创建静态数据透视表()"过程的第1部分代码。在打开的"模块1（代码）"窗口中输入如下右图所示的代码段，该段代码主要用于检查工作簿中是否存在"出货统计表"。如果存在，则弹出对话框提示删除；若不存在，则新建此工作表。

步骤05 编写创建数据透视表的代码。在"模块1（代码）"窗口中继续输入如右图所示的代码段，该段代码使用Workbook.PivotCaches对象的Create方法创建数据透视表。

知识链接 **创建数据透视表的第1种方法**

在 Excel VBA 中创建数据透视表时，常使用 PivotCaches 对象的 Create 方法创建数据透视表的内存区域，并指定数据透视表的起始位置，然后使用 CreatePivotTable 方法指定表名。

9.1.2 编写代码调整字段位置

接下来还需编写调整数据透视表字段位置的过程代码，才能得到满足需求的静态数据透视表。具体操作如下。

步骤01 设置数据透视表的页字段和列字段。继续上一小节的操作，在"模块1（代码）"窗口中继续输入如右图所示的代码段，该段代码使用PivotFields对象设置页字段和列字段。

知识链接 **设置页字段和列字段**

创建数据透视表并调整数据透视表字段位置时使用的对象为 PivotCaches、PivotTable、PivotField。

✘　重点语法与代码剖析：PivotCaches、PivotTable 和 PivotField 对象的用法

PivotCaches 对象代表工作簿中数据透视表的内存缓存集合，且每个缓存都由一个 PivotCaches 对象代表。其语法格式为：表达式 .PivotCaches。其中，"表达式"是一个代表 Workbook 对象的变量。Workbook.PivotCaches 方法返回的值是一个 PivotCaches 集合，该集合表示指定工作簿中的所有数据透视表缓存，且为只读型。

PivotTable 对象代表工作表中的数据透视表，是 PivotTables 集合的成员。PivotTables 集合包含某一张工作表中的所有 PivotTable 对象。Worksheet.PivotTables 方法的语法格式为：表达式 .PivotTables(Index)。其中，"表达式"是一个代表 Worksheet 对象的变量；Index 是可选参数，用于指定报表的名称或编号。该方法返回的值是一个对象，该对象表示工作表中的单个数据透视表（PivotTable 对象）或所有数据透视表的集合（PivotTables 对象），且为只读型。

PivotField 对象代表数据透视表中的一个字段。它常与系统常量 xlRowField、xlColumnField、xlPageField、xlDataField 相结合，设置数据透视表的行字段、列字段、页字段和数据字段。如果数据透视表的同一位置有多个字段，则可以通过为 Position 属性赋值对这些字段指定顺序。除此之外，用户还可以使用 PivotField 对象的 ColumnFields、DataFields、HiddenFields、PageFields、RowFields、VisibleFields 属性来设置数据透视表的字段。

步骤02　设置数据透视表的行字段和数据字段。在"模块1（代码）"窗口中继续输入如下图所示的代码段，该段代码用于设置数据透视表的行字段，以及将需要的数据字段添加到数据透视表中。

步骤03　更改行标签和列标签。在"模块1（代码）"窗口中继续输入如下图所示的代码段，该段代码用于修改数据透视表的行标签和列标签名称，并在完成数据透视表的创建后，以对话框的形式提示用户创建成功。

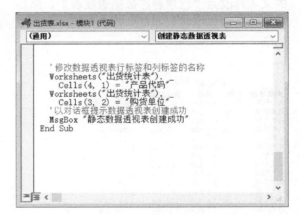

知识链接　设置数据透视表的行字段和数据字段

在 Excel VBA 中，可使用 PivotTable 对象的 AddDataField 方法指定数据字段并指定计算函数。

✘　重点语法与代码剖析：PivotTable.AddDataField 方法的用法

PivotTable.AddDataField 方法用于将数据字段添加到数据透视表中。它返回一个 PivotField 对象，该对象表示新的数据字段。其语法格式为：表达式 .AddDataField(Field, Caption, Function)。其中，"表达式"是一个代表 PivotTable 对象的变量。Field 是必需参数，其数据类型为 Object，主要指服务器上的唯一字段。如果源数据是联机分析处理（OLAP），则唯一字段是多维数据集字段。如果

源数据不是 OLAP，则唯一字段是数据透视表字段。Caption 是可选参数，其数据类型为 Variant，指数据透视表中使用的标签，用于识别该数据字段。Function 是可选参数，其数据类型为 Variant，指在已添加的数据字段中执行的函数。

步骤04 选择按钮控件。返回Excel视图，切换至"出货表"工作表，在"开发工具"选项卡下单击"控件"组中的"插入"按钮，在展开的列表中单击"按钮（窗体控件）"图标，如下图所示。

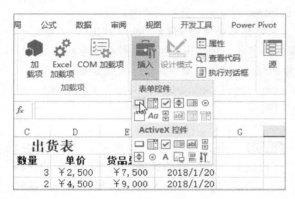

步骤05 绘制按钮控件并指定宏。在工作表的适当位置绘制按钮控件，绘制完成后弹出"指定宏"对话框，在"宏名"列表框中单击"创建静态数据透视表"选项，如下图所示，然后单击"确定"按钮。

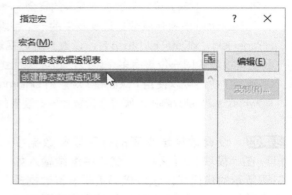

步骤06 执行宏。返回工作表，将按钮控件上的文本修改为"创建静态数据透视表"，然后激活并单击该按钮，即可运行宏代码，如下图所示。

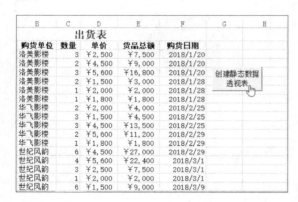

步骤07 弹出提示框。程序执行完毕后，弹出提示框，提示用户静态数据透视表创建成功，单击"确定"按钮即可，如下图所示。

步骤08 查看静态数据透视表的效果。切换至"出货统计表"工作表，在该工作表中生成了"出货表"工作表的数据透视表，页字段为"购货日期"，行字段为"产品代码"，列字段为"购货单位"，数据字段为"货品总额"，如右图所示。

步骤09 再次创建静态数据透视表。再次单击"创建静态数据透视表"按钮，如下图所示。

步骤10 弹出提示框。此时会弹出提示框，提示用户要先删除已存在的"出货统计表"工作表，单击"确定"按钮，如下图所示。

	B	C	D	E	F	G	H
			出货表				
	购货单位	数量	单价	货品总额	购货日期		
	洛美影楼	3	￥2,500	￥7,500	2018/1/20		
	洛美影楼	2	￥4,500	￥9,000	2018/1/20		
	洛美影楼	3	￥5,600	￥16,800	2018/1/28	创建静态数据	
	洛美影楼	2	￥1,500	￥3,000	2018/1/28	透视表	
	洛美影楼	1	￥2,000	￥2,000	2018/1/28		
	洛美影楼	1	￥1,800	￥1,800	2018/1/28		
	华飞影楼	2	￥2,000	￥4,000	2018/2/25		
	华飞影楼	3	￥1,500	￥4,500	2018/2/25		
	华飞影楼	3	￥4,500	￥13,500	2018/2/25		
	华飞影楼	2	￥5,600	￥11,200	2018/2/29		
	华飞影楼	1	￥1,800	￥1,800	2018/2/29		
	世纪风韵	6	￥4,500	￥27,000	2018/2/29		
	世纪风韵	4	￥5,600	￥22,400	2018/3/1		
	世纪风韵	3	￥2,500	￥7,500	2018/3/1		
	世纪风韵	1	￥2,000	￥2,000	2018/3/1		
	世纪风韵	6	￥1,500	￥9,000	2018/3/9		

	A	B	C	D	E
1			出货表		
2	产品代码	购货单位	数量	单价	货品总额
3	P20070123	洛美影楼	3	￥2,500	￥7,500
4	C20070133	洛美影	500	￥9,000	
5	C20070142	洛美影	500	￥16,800	
6	I20070156	洛美影	500	￥3,000	
7	P20070160	洛美影	000	￥2,000	
8	S20070148	洛美影	800	￥1,800	
9	P20070160	华飞影	000	￥4,000	
10	I20070156	华飞影	500	￥4,500	
11	C20070133	华飞影	500	￥13,500	
12	C20070142	华飞影楼	2	￥5,600	￥11,200
13	S20070148	华飞影楼	1	￥1,800	￥1,800
14	C20070133	世纪风韵	6	￥4,500	￥27,000

（Microsoft Excel 提示框：请先删除"出货统计表"，确定）

步骤11 更改数据透视表的源数据。切换至"出货表"工作表，将单元格C4中的数量更改为5，如下图所示，对应的货品总额也会随之改变。

步骤12 查看数据透视表的效果。修改源数据后，切换至"出货统计表"工作表，可看到数据透视表中产品代码"C20070133"对应的"洛美影楼"的货品总额并没有发生相应的改变，说明创建的确实是一个静态数据透视表，如下图所示。

	A	B	C	D	E
1			出货表		
2	产品代码	购货单位	数量	单价	货品总额
3	P20070123	洛美影楼	3	￥2,500	￥7,500
4	C20070133	洛美影楼	5	￥4,500	￥0
5	C20070142	洛美影楼	3	￥5,600	￥16,800
6	I20070156	洛美影楼	2	￥1,500	￥3,000
7	P20070160	洛美影楼	1	￥2,000	￥2,000
8	S20070148	洛美影楼	1	￥1,800	￥1,800
9	P20070160	华飞影楼	2	￥2,000	￥4,000
10	I20070156	华飞影楼	3	￥1,500	￥4,500
11	C20070133	华飞影楼	3	￥4,500	￥13,500
12	C20070142	华飞影楼	2	￥5,600	￥11,200
13	S20070148	华飞影楼	1	￥1,800	￥1,800
14	C20070133	世纪风韵	6	￥4,500	￥27,000

	A	B	C	D	E
1	购货日期	(全部) ▼			
2					
3	求和项:货品总额	购货单位 ▼			
4	产品代码 ▼	华飞影楼	洛美影楼	世纪风韵	总计
5	C20070133	13500	9000	27000	49500
6	C20070142	11200	16800	22400	50400
7	I20070156	4500	3000	9000	16500
8	P20070123		7500	7500	15000
9	P20070160	4000	2000	2000	8000
10	S20070148	1800	1800	1800	5400
11	总计	35000	40100	69700	144800

9.2 快速制作动态数据透视表

本节将介绍如何在创建静态数据透视表代码的基础上进行修改，创建动态数据透视表。静态数据透视表中的 PivotCaches 对象是固定的，它不随源数据的变化而变化，因此，静态数据透视表不会随着源数据的变化而自动更新。本节将把 VBA 程序代码中 PivotCaches 对象的 SourceData 属性更改为可变的，当在数据透视表源数据中添加、更改数据时，数据透视表会立即自动更新。

扫码看视频

◎ **原始文件**：实例文件\第9章\原始文件\出货表的动态数据透视表.xlsm
◎ **最终文件**：实例文件\第9章\最终文件\出货表的动态数据透视表.xlsm

9.2.1　编写代码创建动态数据透视表

为了创建动态数据透视表，本小节将在创建静态数据透视表代码的基础上进行修改，将其中的不可变量更换为可变量。具体操作如下。

步骤01　插入模块。打开原始文件，进入VBE编程环境，在"工程"窗口中右击"VBAProject（出货表的动态数据透视表.xlsm）"选项，在弹出的快捷菜单中单击"插入>模块"命令，如下图所示。

步骤02　编写"动态数据透视表()"过程代码。在打开的"模块2（代码）"窗口中输入如下图所示的代码段，该段代码用于判断自定义函数Have()的返回值是否为真。若为真，则调用自定义过程ReFresh()刷新数据透视表，否则调用自定义过程CreatTable()创建动态数据透视表。

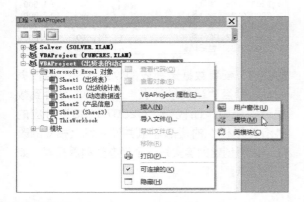

步骤03　自定义Have()函数。在"模块2（代码）"窗口中继续输入如下图所示的代码段，该段代码结合使用For Each…Next循环语句与If…End If语句，判断当前工作簿中是否存在指定名称的工作表。

步骤04　编写CreatTable()过程的第1部分代码。在"模块2（代码）"窗口中继续输入如下图所示的代码段，该段代码用于获取数据源区域，并新建一个用于存储动态数据透视表的工作表。

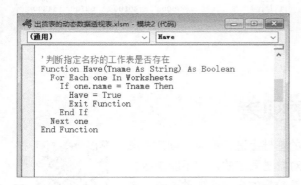

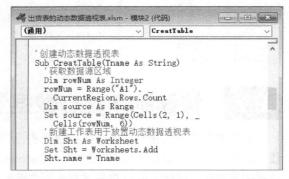

步骤05　编写CreatTable()过程的第2部分代码。在"模块2（代码）"窗口中继续输入如右图所示的代码段，该段代码主要使用PivotCaches.Add方法创建数据透视表。

知识链接 **创建数据透视表的第2种方法**

在步骤 05 中使用了创建数据透视表的另一种方法，即结合使用 PivotCaches 对象的 Add 方法与 PivotCache 对象的 CreatePivotTable 方法。

✖ 重点语法与代码剖析：PivotCaches.Add 与 PivotCache.CreatePivotTable 方法的用法

PivotCaches.Add 方法用于添加新的数据透视表缓存到 PivotCaches 集合，并返回一个 Pivot-Cache 对象，其语法格式为：PivotCaches.Add(SourceType, SourceData)。SourceType 是必需参数，用于指定数据透视表缓存的数据来源类型，可为以下常量之一：xlConsolidation、xlDatabase、xlExternal、xlPivotTable、xlScenario。SourceData 是可选参数，用于指定新的数据透视表缓存的源数据。如果 SourceType 参数不是 xlExternal，则必须给出 SourceData 参数。SourceData 参数可以是 Range 对象、存储有单元格区域的数组或一个代表现有数据透视表名称的文本常量。

PivotCache.CreatePivotTable 方法用于基于一个 PivotCache 对象创建一个数据透视表，并返回一个 PivotTable 对象，其语法格式为：表达式 .CreatePivotTable(TableDestination, TableName, ReadData, DefaultVersion)。"表达式"是一个代表 PivotCache 对象的变量。TableDestination 为必需参数，用于指定放置数据透视表的单元格区域左上角的单元格。TableName 为可选参数，用于指定新的数据透视表的名称。ReadData 为可选参数，本实例中不必指定。DefaultVersion 为可选参数，用于指定数据透视表的默认版本。

步骤06 编写CreatTable()过程的第3部分代码。在"模块2（代码）"窗口中继续输入如下图所示的代码段，该段代码主要用于为数据透视表添加页字段和列字段。

步骤07 编写CreatTable()过程的第4部分代码。在"模块2（代码）"窗口中继续输入如下图所示的代码段，该段代码主要用于为数据透视表添加行字段和数据字段。

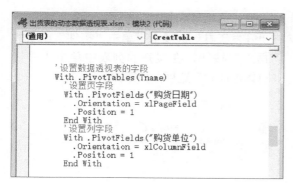

步骤08 自定义ReFresh()过程。在"模块2（代码）"窗口中继续输入如右图所示的代码段，该段代码用于更新动态数据透视表的内容，其中主要使用PivotCache.ReFresh方法来更新数据透视表的缓存。

```
出货表的动态数据透视表.xlsm - 模块2 (代码)
(通用)                              ReFresh
    ' 更新动态数据透视表的内容
    Sub ReFresh(Tname As String)
        ' 获取指定区域的行数
        Dim rowNum As Integer
        rowNum = Range("A1").CurrentRegion.Rows.Count
        With Worksheets(Tname).PivotTables(Tname). _
            PivotCache
            ' 指定新的数据区域
            .SourceData = ActiveSheet.name + _
                "!r2c1:r" & CStr(rowNum) & "c6"
            ' 刷新数据透视表
            .ReFresh
        End With
        ActiveWorkbook.ShowPivotTableFieldList _
            = False
    End Sub
```

> **✖ 重点语法与代码剖析：PivotCache.ReFresh 方法的用法**
>
> PivotCache.ReFresh 方法的语法格式为：表达式 .ReFresh。该方法用于立即重新绘制指定的图表。其中，"表达式"是一个代表 PivotCache 对象的变量。
>
> 在步骤 08 的代码中，首先获取修改后的数据透视表源数据，然后使用 PivotCache.ReFresh 方法重新绘制指定的图表，生成新的数据透视表，即可实现刷新数据透视表的功能。

9.2.2 编写代码自动更新数据透视表

若要实现数据的自动更新，还需添加在修改工作表内容时自动执行的刷新数据透视表的过程代码。具体操作如下。

步骤01 自动更新数据透视表。继续上一小节的操作，在"工程"窗口中双击Sheet1选项，然后在打开的"Sheet1（代码）"窗口中输入如右图所示的代码段，该段代码用于自定义Worksheet_Change()过程和Check()函数。

知识链接 **自动更新数据透视表**

Worksheet_Change(ByVal Target As Range) 事件在更改单元格内容时触发，在其过程代码中调用之前编写的动态数据透视表过程，就可实现自动更新数据透视表数据。

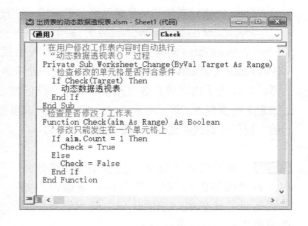

步骤02 返回Excel视图。单击菜单栏中的"文件"菜单，在展开的列表中单击"关闭并返回到Microsoft Excel"命令，如下图所示。

步骤03 选择按钮控件。返回Excel视图后，在"开发工具"选项卡下单击"控件"组中的"插入"按钮，在展开的列表中单击"按钮（窗体控件）"选项，如下图所示。

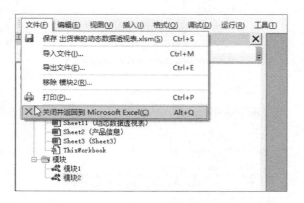

步骤04 绘制按钮控件并指定宏。在工作表的适当位置绘制按钮控件，绘制完成后弹出"指定宏"对话框，在"宏名"列表框中单击"动态数据透视表"选项，如下左图所示，然后单击"确定"按钮。

步骤05　执行"动态数据透视表()"过程。返回工作表，更改按钮控件上的文本为"创建动态数据透视表"并激活该按钮，然后单击该按钮，如下右图所示，即可执行为该按钮指定的宏。

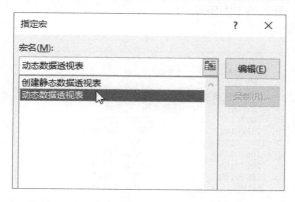

步骤06　查看创建数据透视表后的效果。程序执行完毕后，在工作簿中创建了一个名为"动态数据透视表"的工作表，并在该工作表中生成"出货表"的数据透视表，如下图所示。

步骤07　添加出货记录。切换至"出货表"工作表，在该工作表中添加一条2018年3月20日出货给良缘影楼的记录，如下图所示。

	A	B	C	D	E	F
1	购货日期	（全部）				
2						
3	求和项:货品总额	购货单位				
4	产品代码	华飞影楼	洛美影楼	世纪风韵	总计	
5	C20070133	13500	22500	27000	63000	
6	C20070142	11200	16800	22400	50400	
7	I20070156	4500	3000	9000	16500	
8	P20070123		7500	7500	15000	
9	P20070160	4000	2000	2000	8000	
10	S20070148	1800	1800	1800	5400	
11	总计	35000	53600	69700	158300	

	A	B	C	D	E	F
10	I20070156	华飞影楼	3	￥1,500	￥4,500	2018/2/25
11	C20070133	华飞影楼	3	￥4,500	￥13,500	2018/2/25
12	C20070142	华飞影楼	2	￥5,600	￥11,200	2018/2/29
13	S20070148	华飞影楼	1	￥1,800	￥1,800	2018/2/29
14	C20070133	世纪风韵	6	￥4,500	￥27,000	2018/2/29
15	C20070142	世纪风韵	4	￥5,600	￥22,400	2018/3/1
16	P20070123	世纪风韵	3	￥2,500	￥7,500	2018/3/1
17	P20070160	世纪风韵	1	￥2,000	￥2,000	2018/3/1
18	I20070156	世纪风韵	6	￥1,500	￥9,000	2018/3/9
19	S20070148	世纪风韵	1	￥1,800	￥1,800	2018/3/9
20	P20070133	良缘影楼	6	￥4,500	￥27,000	2018/3/20

步骤08　修改数据透视表源数据后的效果。用户每修改一个单元格内容时，系统都会自动执行"动态数据透视表()"过程刷新数据透视表。切换至"动态数据透视表"工作表，可以看到数据透视表中添加了良缘影楼的记录，如下图所示。

步骤09　查看2018年1月的出货记录。如果需要查看2018年1月的出货记录，可单击"（全部）"右侧的下三角按钮，在展开的列表中勾选"选择多项"复选框，如下图所示。

步骤10 勾选2018年1月的选项。在展开的列表中取消勾选"（全部）"复选框，依次勾选2018年1月的选项，单击"确定"按钮，如下图所示。

步骤11 显示2018年1月的出货记录。此时，在数据透视表中只显示2018年1月的出货记录，如下图所示。

9.3 快速生成动态数据透视图

在 Excel 中，除了可以使用数据透视表将大量数据汇总外，还可以使用数据透视图直观地查看各数据之间的关系。本节首先使用录制宏功能录制一个"创建静态数据透视图"宏，然后在该宏代码的基础上作修改，得到需要的生成动态数据透视图的代码。

◎ 原始文件：实例文件\第9章\原始文件\出货表的动态数据透视图.xlsm
◎ 最终文件：实例文件\第9章\最终文件\出货表的动态数据透视图.xlsm

9.3.1 录制"创建静态数据透视图"宏

本小节将录制一个"创建静态数据透视图"宏，为后续的代码编写提供参考。具体操作如下。

步骤01 打开工作簿。打开原始文件，可看到在该工作簿中存在两个工作表，分别记录了出货记录和产品信息，如下图所示。

步骤02 打开"录制宏"对话框。在"开发工具"选项卡下单击"代码"组中的"录制宏"按钮，如下图所示。

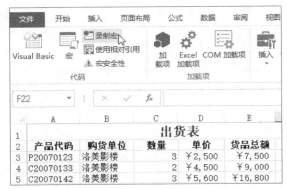

步骤03 输入宏名。弹出"录制宏"对话框，在"宏名"文本框中输入宏名"创建静态数据透视图"，如下图所示，然后单击"确定"按钮，开始宏的录制。

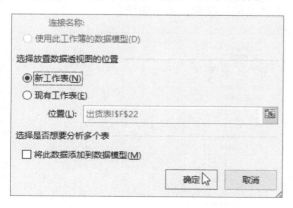

步骤05 选择需分析的数据。弹出"创建数据透视图"对话框，单击"表/区域"文本框后的折叠按钮，如下图所示。

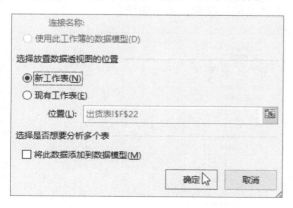

步骤07 选择放置数据透视图的位置。返回"创建数据透视图"对话框，在"选择放置数据透视图的位置"选项组中选中"新工作表"单选按钮，单击"确定"按钮，如下图所示。

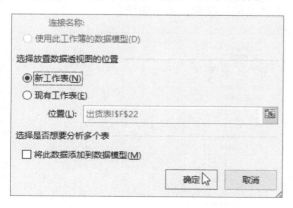

步骤04 打开"创建数据透视图"对话框。在"插入"选项卡下单击"图表"组中的"数据透视图"下三角按钮，在展开的列表中单击"数据透视图"选项，如下图所示。

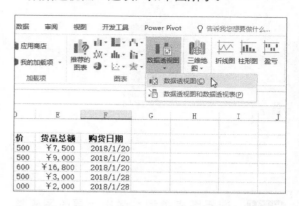

步骤06 选择数据源。在"出货表"工作表中选择单元格区域A2:F19，单击单元格引用按钮，如下图所示。

步骤08 创建空白的数据透视图。此时在工作簿中会新建一个名为"Sheet1"的工作表，其中显示了数据透视图的模板，并打开了"数据透视图字段"窗格，如下图所示。

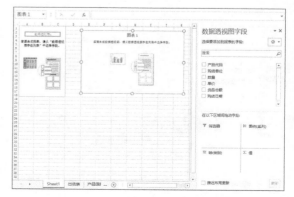

步骤09 为数据透视图添加字段。在"选择要添加到报表的字段"列表框中勾选需要的字段，再将选中的字段拖放到合适的字段区域，如下图所示。

步骤10 更改图表的类型。在"数据透视图工具-设计"选项卡下，单击"类型"组中的"更改图表类型"按钮，如下图所示。

步骤11 选择图表类型。弹出"更改图表类型"对话框，在"柱形图"选项卡中单击"三维柱形图"选项，如下图所示。选择完毕后，单击"确定"按钮。

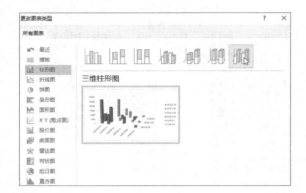

步骤12 查看更改图表类型后的效果。返回工作表，可以看到创建的数据透视图的图表类型已更改为三维柱形图，如下图所示。

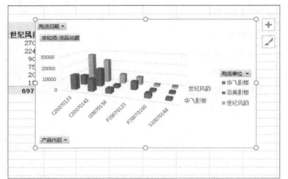

步骤13 设置图表的三维格式。右击图表，在弹出的快捷菜单中单击"设置图表区域格式"命令，如下图所示。

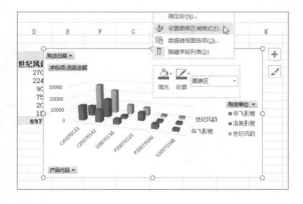

步骤14 设置X轴和Y轴的旋转角度。打开"设置图表区格式"窗格，在"效果"选项卡下设置"三维旋转"选项组中的"X旋转"和"Y旋转"为40°，勾选"直角坐标轴"复选框，单击"关闭"按钮，如下图所示。

步骤15 查看三维旋转后的效果。返回工作表，可以看到数据透视图已根据三维旋转的设置调整了图表的视角，如下图所示。

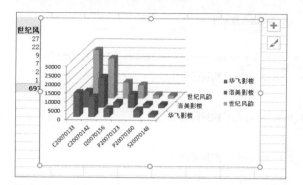

步骤16 删除图例。如果不需要显示图例，则可单击"图表元素"按钮，在展开的列表中取消勾选"图例"复选框，如下图所示。

步骤17 查看删除图例后的效果。此时可看到数据透视图中的图例已被删除，如下图所示。

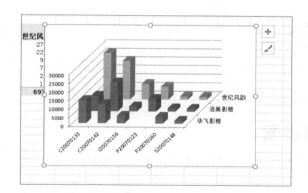

步骤18 停止录制宏。在"开发工具"选项卡下单击"代码"组中的"停止录制"按钮，如下图所示。

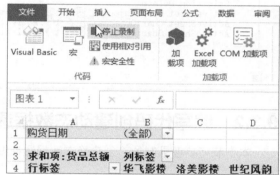

步骤19 查看录制的宏的代码。进入VBE编程环境，在"工程"窗口中双击"模块1"选项，在打开的"模块1（代码）"窗口中记录了刚才创建数据透视图的代码，如下图所示。

步骤20 查看宏的后半部分代码。"创建静态数据透视图"宏的后半部分代码如下图所示。它是根据用户创建数据透视图的步骤来记录的。

9.3.2 编写代码创建动态数据透视图

本小节将参考录制的"创建静态数据透视图"宏代码，编写创建动态数据透视图的代码。具体操作如下。

步骤01 插入模块。继续上一小节的操作，在"工程"窗口中右击"VBAProject（出货表的动态数据透视图.xlsm）"选项，在弹出的快捷菜单中单击"插入>模块"命令，如下图所示。

步骤02 自定义"动态数据透视图()"过程。在打开的"模块2（代码）"窗口中输入如下图所示的代码段，该段代码调用自定义的Have()函数来检查数据透视图是否已存在。如果存在，则调用ReFresh()过程刷新源数据；否则调用CreatTable()过程新建数据透视图。

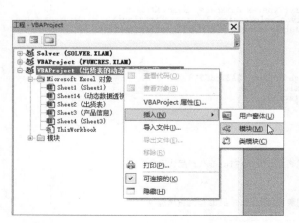

步骤03 自定义Have()函数。在"模块2（代码）"窗口中继续输入如下图所示的代码段，它与9.2.1小节中的Have()函数的代码相同，用于判断指定名称的工作表是否存在。

步骤04 自定义CreatTable()过程。在"模块2（代码）"窗口中继续输入如下图所示的代码段，该段代码主要用于定义变量，存储获取的数据源区域。

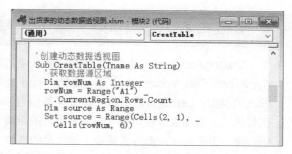

步骤05 编写创建数据透视表的代码。在"模块2（代码）"窗口中继续输入如下图所示的代码段，该段代码主要使用Sheets对象的Add方法新建工作表集合，然后使用PivotCaches.Create方法创建新数据透视表。

步骤06 编写创建数据透视图的代码。在"模块2（代码）"窗口中继续输入如下图所示的代码段，该段代码用于创建数据透视图，并设置数据透视图的图表类型、大小与位置，其中使用Shapes.AddChart方法新建数据透视图。

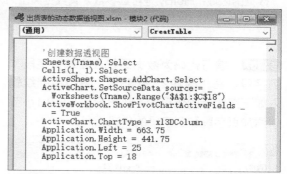

✗ 重点语法与代码剖析：Sheets 对象与 PivotCaches.Create 方法的用法

Sheets 对象是指定的或活动工作簿中所有工作表的集合。它包含 Chart 和 Worksheet 对象。当它与 Add 方法结合使用时，可以创建一个新的工作表并将它添加到集合。

PivotCaches.Create 方法用于创建新的 PivotCaches。其语法格式为：表达式 .Create(SourceType, SourceData, Version)。SourceType 是必需参数，数据类型为 xlPivotTableSourceType，它可以为 xlConsolidation、xlDatabase 或 xlExternal 三种常量。SourceData 是可选参数，数据类型为 Variant，用于指定新数据透视表缓存的数据。Version 是可选参数，数据类型为 Variant，用于指定数据透视表缓存的版本。该参数的常量值请参考帮助文件。使用该方法时需注意以下几点：

● 创建 PivotCache 时，不支持 xlPivotTable 和 xlScenario 这两个常量。如果提供这两个常量之一，将返回运行时错误。

● 如果 SourceType 不为 xlExternal，则 SourceData 参数为必需。该参数可以为 Range 对象（当 SourceType 为 xlConsolidation 或 xlDatabase 时），或为 Excel 工作簿连接对象（当 SourceType 为 xlExternal 时）。

● 如果不提供数据透视表的版本，则版本默认为 xlPivotTableVersion12。不允许使用 xlPivot-TableVersionCurrent 常量，如果提供该常量，将返回运行时错误。

知识链接 创建数据透视图的代码

在 Excel VBA 中可使用 Shapes 对象的 AddChart 方法添加图表，使用 Chart 对象的 SetSource-Data 方法设置图表的数据源区域。

✕ **重点语法与代码剖析**：Shapes.AddChart 与 Chart.SetSourceData 方法的用法

Shapes.AddChart 方法用于在活动工作表中的指定位置创建图表，其语法格式为：表达式 .AddChart(Type, Left, Top, Width, Height)。其中，Type 是可选参数，其数据类型为 XlChartType，用于指定图表的类型；Left 是可选参数，其数据类型为 Variant，用于指定从对象左边界至 A 列左边界（在工作表上）或图表区左边界（在图表上）的距离（以磅为单位）；Top 是可选参数，其数据类型为 Variant，用于指定从图形区域最上端图形的顶端到工作表顶端的距离（以磅为单位）；Width 是可选参数，其数据类型为 Variant，用于指定对象的宽度（以磅为单位）；Height 是可选参数，其数据类型为 Variant，用于指定对象的高度（以磅为单位）。如果用户在创建图表时省略了图表类型、位置和大小，则使用应用程序的默认值。

Chart.SetSourceData 方法用于为指定图表设置数据源区域。其语法格式为：表达式 .SetSourceData(Source, PlotBy)。其中，Source 是必需参数，其数据类型为 Range，用于指定包含源数据的区域；PlotBy 是可选参数，其数据类型为 Variant，用于指定数据绘制方式，可为以下常量之一：xlColumns 或 xlRows。

步骤07 编写代码为数据透视表添加页字段和列字段。在"模块2（代码）"窗口中继续输入如下图所示的代码段，该段代码与9.2.1小节中添加页字段和列字段的代码相同。

步骤08 编写代码为数据透视表添加行字段和数据字段。在"模块2（代码）"窗口中继续输入如下图所示的代码段，该段代码与9.2.1小节中添加行字段和数据字段的代码相同。

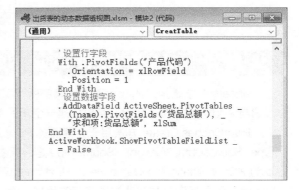

步骤09 编写代码删除数据透视图的图例并设置三维图表的视角。在"模块2（代码）"窗口中继续输入如右图所示的代码段，该段代码用于删除图例，并设置三维图表视图的转角和仰角为30°。

步骤10 自定义ReFresh()过程。在"模块2（代码）"窗口中继续输入如下图所示的代码段，该段代码用于更新数据透视表和数据透视图。

步骤11 为按钮控件指定宏。返回Excel视图，选定按钮控件，在工作表的适当位置绘制，弹出"指定宏"对话框，在"宏名"列表框中单击"动态数据透视图"选项，如下图所示，然后单击"确定"按钮。

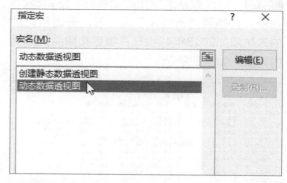

步骤12 运行指定的宏。返回工作表，将按钮控件上的文本修改为"创建动态数据透视图"，并激活该按钮控件。单击该按钮以运行宏，如下图所示。

步骤13 查看程序执行后的效果。系统自动执行指定的程序，在工作簿中新建一个名为"动态数据透视图"的工作表，并在其中创建了数据透视表和数据透视图，如下图所示。

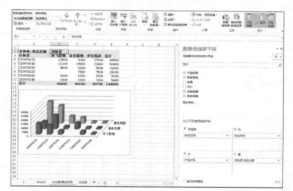

9.3.3 编写代码更新数据透视图

完成创建动态数据透视图过程代码的编写后，本小节继续编写自动更新数据透视图的过程代码。具体操作如下。

步骤01 修改单元格内容时自动刷新数据透视表与数据透视图。继续上一小节的操作，进入VBE编程环境，在"工程"窗口中双击Sheet2选项，在打开的"Sheet2（代码）"窗口中输入如右图所示的代码段，该段代码用于在修改"出货表"工作表单元格内容时自动调用"动态数据透视图()"过程。

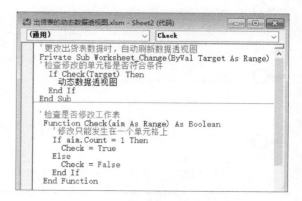

知识链接 自动更新数据透视图

　　本小节同样利用在更改单元格内容时触发的Worksheet_Change(ByVal Target As Range)事件，在其过程代码中调用之前编写的动态数据透视图过程，就可实现自动更新数据透视图。

步骤02　修改数据透视图的源数据。返回Excel视图，切换至"出货表"工作表，在出货记录的末尾添加2018年4月2日良缘影楼购买打印机的记录，如下图所示。

步骤03　自动刷新数据透视表和数据透视图的效果。在修改源数据区域中的内容时，系统会自动刷新"动态数据透视图"工作表中的内容，如下图所示。

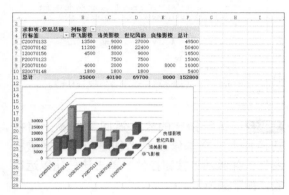

读书笔记

员工出差管理系统

本章将使用 Excel VBA 的用户窗体及程序代码制作一个简单的员工出差管理系统，该系统的主要功能为：能以对话框交互的方式录入出差信息，并自动根据公司的出差规定计算预支费用；能根据录入的出差行程设置提醒，在打开工作簿时会自动弹出对话框显示即将到来的出差行程；能快速显示当天在外出差的人员，以便进行人员调配。

10.1 交互式录入出差记录

前面的实例中介绍过如何使用 VBA 代码实现交互式录入信息，本节将使用 Excel VBA 用户窗体实现出差信息的交互式录入，再根据公司制定的预支费用规定，计算出差的预支费用。

扫码看视频

◎ 原始文件：实例文件\第10章\原始文件\员工出差管理系统.xlsx
◎ 最终文件：实例文件\第10章\最终文件\交互式录入出差记录.xlsm

10.1.1 设计"出差信息录入"用户窗体

要实现交互式录入出差信息，首先需要设计一个合理的"出差信息录入"用户窗体作为信息载体。具体操作如下。

步骤01 打开工作簿。打开原始文件，在其中的"出差记录"工作表中已录入了员工出差记录的标题和列字段名称，如下图所示。

步骤02 插入用户窗体。进入VBE编程环境，在"工程"窗口中右击"VBAProject（员工出差管理系统.xlsx）"选项，在弹出的快捷菜单中单击"插入>用户窗体"命令，如下图所示。

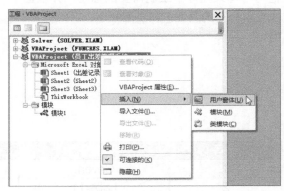

步骤03 修改用户窗体的属性。打开用户窗体的"属性"窗口，设置"(名称)"属性为OutRecord、Caption属性为"出差信息录入"、Font属性为"微软雅黑"，如下左图所示。

步骤04 查看设置用户窗体属性后的效果。在"属性"窗口中更改相应的属性后，在用户窗体对象窗口中可以即时查看更改后的效果，如下右图所示。

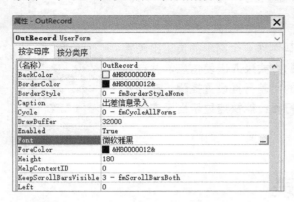

步骤05 绘制框架控件。在工具箱中单击"框架"按钮，然后在用户窗体对象窗口中绘制3个框架，并且分别将框架控件的Caption属性更改为"事由""人员、地点""往返日期"，如下图所示。

步骤06 绘制标签控件并修改其属性。在用户窗体对象窗口的"事由"框架中绘制一个标签控件，并打开其"属性"窗口，设置"(名称)"属性为Cevent，Caption属性为空，Font属性为华文楷体、粗体、小四，如下图所示。

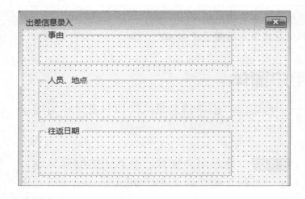

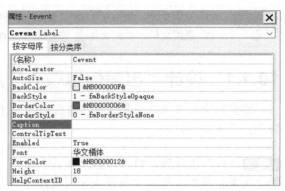

步骤07 绘制其余的标签。用相同的方法在其他两个框架控件中绘制需要的标签，并根据下表设置标签的属性，如右图所示。

序号	名称属性	Caption 属性	Font 属性
1	Cevent	（空）	华文楷体、粗体、小四
2	Label11	出差人员	微软雅黑、粗体、五号
3	Label12	出差地点	微软雅黑、粗体、五号
4	Label3	前往日期	微软雅黑、粗体、五号
5	Label4	返回日期	微软雅黑、粗体、五号

步骤08　绘制"人员、地点"中的文本框控件。在工具箱中单击"文本框"按钮，在"人员、地点"框架中绘制文本框，然后根据下表设置控件的属性，如右图所示。

序号	名称属性	Font 属性
1	name1	华文楷体、粗体、小四
2	address1	华文楷体、粗体、小四

步骤09　绘制"往返日期"中的文本框控件并为其赋予初始值。在用户窗体中的适当位置绘制文本框控件，并按照下表设置文本框控件的属性，如右图所示。

序号	名称属性	Font 属性	Text 属性
1	year1	华文楷体、粗体、小四	2018
2	month1	华文楷体、粗体、小四	01
3	day1	华文楷体、粗体、小四	01
4	year2	华文楷体、粗体、小四	2018
5	month2	华文楷体、粗体、小四	01
6	day2	华文楷体、粗体、小四	01

步骤10　绘制旋转按钮。在工具箱中单击"旋转按钮"控件，然后在适当的位置绘制旋转按钮控件，并按照下表设置旋转按钮控件的属性，如右图所示。

知识链接　**旋转按钮控件**

　　旋转按钮控件允许用户通过单击向上或向下箭头来递增或递减一个数值。该控件常与其他控件联用，通过编写 VBA 代码在其他控件中动态显示旋转按钮控件的数值。

序号	名称属性	Max 属性	Min 属性
1	Syear1	2020	2018

续表

序号	名称属性	Max 属性	Min 属性
2	Smonth1	12	01
3	Sday1	31	01
4	Syear2	2020	2018
5	Smonth2	12	01
6	Sday2	31	01

步骤11 绘制按钮控件。用前面绘制标签的方法，在适当的位置绘制标签，并将其Caption属性分别更改为"年""月""日"，然后绘制按钮控件，并按照下表更改其相应的属性值，如右图所示。最后将该工作簿另存为"交互式录入出差记录.xlsm"。

序号	名称属性	Caption 属性	Font 属性
1	OK	确定	微软雅黑、粗体、五号
2	Cancel	取消	微软雅黑、粗体、五号

10.1.2 编写控件的对应事件代码

设计好"出差信息录入"用户窗体后，还需为窗体中的各控件添加相应的事件代码，才能实现交互式录入出差信息的功能。具体操作如下。

步骤01 为旋转按钮添加相应的代码。继续上一小节的操作，双击旋转按钮控件，打开"OutRecord（代码）"窗口，输入如下图所示的代码段，该段代码用于将"前往日期"中旋转按钮获取的值赋给相应的文本框变量。

步骤02 将"返回日期"中旋转按钮的值赋给相应的文本框变量。在"OutRecord（代码）"窗口中继续输入如下图所示的代码段，该段代码与前一段代码相似，用于将"返回日期"中旋转按钮的值赋给相应的文本框变量。

步骤03　为"取消"按钮添加相应的代码。在"OutRecord（代码）"窗口中继续输入如下图所示的代码段，该段代码用于在用户单击"取消"按钮时关闭用户窗体。

步骤04　为"确定"按钮添加相应的代码。在"OutRecord（代码）"窗口中继续输入如下图所示的代码段，该段代码是OK_Click()过程的第1部分代码，主要用于获取在用户窗体中选取的往返日期。

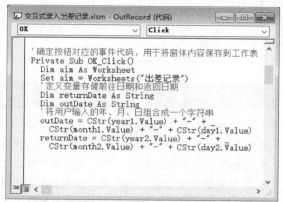

步骤05　将用户窗体的值写入适当的单元格中。在"OutRecord（代码）"窗口中继续输入如下图所示的代码段，该段代码是OK_Click()过程的第2部分代码，主要用于将用户窗体中的信息及预支费用写入工作表中。

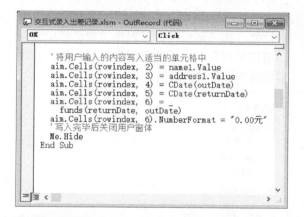

步骤06　自定义funds()函数。在"OutRecord（代码）"窗口中继续输入如下图所示的代码段，该段代码用于根据公司出差制度计算预支费用。其中，使用DateDiff()函数计算两个日期的天数差值。

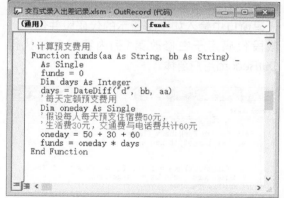

知识链接　**使用DateDiff()计算日期差**

　　使用后一个日期减前一个日期可以获取两个日期间的天数差。而 Excel VBA 提供的 DateDiff() 函数功能更加丰富，它可以计算两个日期间的小时差、天数差、星期差和月数差等。

步骤07　编写代码初始化用户窗体。在"OutRecord（代码）"窗口中继续输入如下左图所示的代码段，该段代码是初始化用户窗体的前半部分代码，主要用于将工作表中输入的事由显示在用户窗体中作为提示。

步骤08　为"往返日期"中的文本框赋初值。在"OutRecord（代码）"窗口中继续输入如下右图所示的代码段，该段代码是初始化用户窗体的后半部分代码，主要使用日期函数为"往返日期"中的相应文本框赋初值。

```
交互式录入出差记录.xlsm - OutRecord (代码)
UserForm                    Activate
    ' 窗体显示前自动初始化用户窗体内容
    Private Sub UserForm_Activate()
        Dim aim As Worksheet
        Set aim = Worksheets("出差记录")
        ' 获取用户窗体中事由的值
        Din Eventname As String
        Eventname = aim.Cells(rowindex, 1).Value
        Cevent.Caption = Eventname
```

```
交互式录入出差记录.xlsm - OutRecord (代码)
UserForm                    Activate
        ' 初始化用户窗体中的往返日期值
        year1.Value = Year("2018-01-01")
        month1.Value = Month("2018-01-01")
        day1.Value = Day("2018-01-01")
        year2.Value = Year("2018-01-01")
        month2.Value = Month("2018-01-01")
        day2.Value = Day("2018-01-01")
        name1.Value = ""
        address1.Value = ""
    End Sub
```

✖ 重点语法与代码剖析：DateDiff() 函数的用法

　　DateDiff() 函数用于返回两个指定日期间的时间间隔数。其语法格式为：DateDiff(interval, date1, date2[, firstdayofweek[, firstweekofyear]])。其中，interval 是必需参数，用于指定计算 date1 和 date2 的时间差的形式，其形式为字符串表达式；date1 和 date2 是必需参数，用于指定计算中需要用到的两个日期，其数据类型为日期型；firstdayofweek 是可选参数，用于指定一个星期的第 1 天的常数，如果未指定，则以星期日为第 1 天；firstweekofyear 是可选参数，用于指定一年的第 1 周的常数，如果未指定，则以包含 1 月 1 日的星期为第 1 周。interval 参数的设定值请查找相关的帮助文件。

步骤09　　修改工作表中第1列的内容时自动执行OutRecord用户窗体。在"工程"窗口中双击"Sheet1（出差记录）"选项，在打开的代码窗口中输入如下图所示的代码段并保存，该段代码用于在修改第1列内容时自动执行OutRecord用户窗体。

步骤10　　自动执行OutRecord用户窗体。返回Excel视图，在单元格A3中输入"联系客户"，按Enter键后自动弹出"出差信息录入"对话框，如下图所示。可以在该对话框中看到"前往日期"和"返回日期"的默认值，即之前代码中设置的初始值。

步骤11　　输入出差信息。在"出差人员"和"出差地点"文本框中输入需要的信息，单击"往返日期"中的旋转按钮，选取需要输入的日期，也可以直接在文本框中输入日期，如下左图所示，然后单击"确定"按钮。

步骤12　　查看录入信息后的效果。返回工作表，可以看到在"联系客户"所在行的相应单元格中显示了在"出差信息录入"对话框中输入的信息，如下右图所示。

步骤13 输入其他的出差信息。用相同的方法，在工作表中输入其他的出差信息，如右图所示。

10.2　出差行程自动提醒

在管理出差信息时，对员工的出差行程进行提醒设置，将有助于提前做好工作安排和出差准备。本节将在上一节的基础上实现提醒功能，将用户通过用户窗体添加的提醒设置写入工作表的相应单元格中，并在打开工作簿时根据系统当前时间、出差行程信息和提醒设置自动弹出提醒信息。

扫码看视频

◎ 原始文件：实例文件\第10章\原始文件\交互式录入出差记录.xlsm
◎ 最终文件：实例文件\第10章\最终文件\出差行程提醒.xlsm

10.2.1　编写代码设置提醒时间

本小节首先设计"设置提醒"用户窗体，作为用户设置提醒的界面，接着编写相应的事件代码，将用户添加的提醒设置写入工作表，并在用户选择 A 列中有数据的单元格时自动运行"设置提醒"用户窗体。

步骤01 打开工作簿。打开原始文件，并将其另存为"出差行程提醒.xlsm"工作簿，在"出差记录"工作表中的数据列后添加"提醒日期"和"间隔"字段，如右图所示。

步骤02 插入新用户窗体。右击"工程"窗口中的"VBAProject（出差行程提醒.xlsm）"选项，在弹出的快捷菜单中单击"插入>用户窗体"命令，然后在"属性"窗口中设置"(名称)"属性为Remind、Caption属性为"设置提醒"，得到的效果如下图所示。

步骤03 为用户窗体添加控件。用上一节中的方法，在"设置提醒"用户窗体对象窗口中绘制需要的控件，并按照下表设置用户窗体中的控件，得到如下图所示的效果。

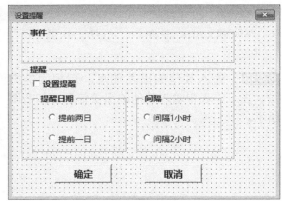

序号	控件名称	名称属性	Caption 属性	Font 属性
1	框架	Frame1	事件	微软雅黑、粗体、五号
2	标签	Event1	（空）	微软雅黑、粗体、五号
3	标签	OutDate1	（空）	微软雅黑、粗体、五号
4	框架	Frame2	提醒	微软雅黑、粗体、五号
5	复选框	Warn	设置提醒	微软雅黑、粗体、五号
6	框架	Frame3	提醒日期	微软雅黑、粗体、五号
7	选项按钮	Date1	提前两日	微软雅黑、常规、五号
8	选项按钮	Date2	提前一日	微软雅黑、常规、五号
9	框架	Frame4	间隔	微软雅黑、粗体、五号
10	选项按钮	Hour1	间隔 1 小时	微软雅黑、常规、五号
11	选项按钮	Hour2	间隔 2 小时	微软雅黑、常规、五号
12	命令按钮	OK	确定	微软雅黑、粗体、小四
13	命令按钮	Cancel	取消	微软雅黑、粗体、小四

知识链接 **复选框控件**

复选框控件通常用于控制某个选项的打开或关闭，让用户进行"真 / 假""是 / 否"等的选择。在同一级别上可有多个复选框控件，用户可分别做出不同的选择。

步骤04 编写"取消"按钮对应的过程代码。双击"取消"按钮，打开"Remind（代码）"窗口，在该窗口中输入如右图所示的代码段，该段代码主要用于关闭用户窗体。需要注意的是，在编写"取消"按钮对应的过程之前定义了全局变量rowindex。

步骤05 编写初始化用户窗体的代码。在 "Remind（代码）" 窗口中继续输入如下图所示的代码段，该段代码为初始化用户窗体的前半部分代码，主要用于为用户窗体中的Event1和OutDate1两个标签的Caption属性赋值，将指定信息显示在用户窗体中。

步骤06 设置选项按钮的默认值。在 "Remind（代码）" 窗口中继续输入如下图所示的代码段，该段代码为初始化用户窗体的后半部分代码，主要用于设置 "提醒" 选项组中的默认选项按钮，以及 "提醒日期" 和 "间隔" 选项按钮初始值为不可用状态。

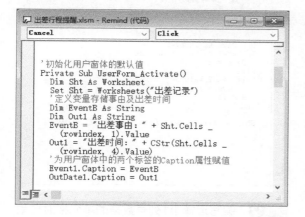

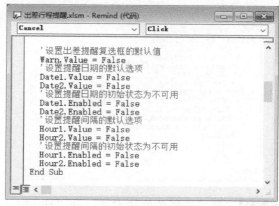

步骤07 编写 "设置提醒" 复选框对应的过程代码。在 "Remind（代码）" 窗口中继续输入如下图所示的代码段，该段代码为复选框对应过程的前半部分代码，主要用于判断当复选框的值为假时，设置 "提醒日期" 和 "间隔" 选项按钮为不可用状态。

步骤08 设置 "提醒日期" "间隔" 选项按钮为可用状态。在 "Remind（代码）" 窗口中继续输入如下图所示的代码段，该段代码为复选框对应过程的后半部分代码，主要用于判断当复选框的值为真时，设置 "提醒日期" 和 "间隔" 选项按钮为可用状态。

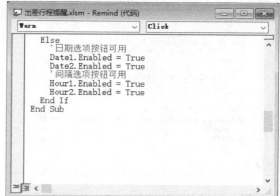

知识链接　**控件的Enabled属性**

　　控件的 Enabled 属性用于指定一个控件能否接收焦点和响应用户产生的事件。当 Enabled 属性为 True 时，该控件可接收焦点并响应用户产生的事件，而且能通过代码访问；当 Enabled 属性为 False 时，控件显示为灰色，表示无效，不能使用鼠标、键盘操作该控件，但通常仍可通过代码访问该控件。

步骤09 编写"确定"按钮对应的过程代码。在"Remind（代码）"窗口中输入如下图所示的代码段，该段代码为OK_Click()过程的第1部分代码，主要用于获取出差日期，以及判断是否需要添加提醒。

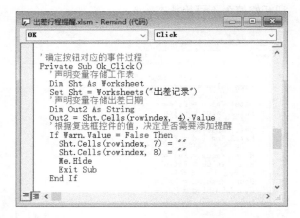

```
'确定按钮对应的事件过程
Private Sub Ok_Click()
    '声明变量存储工作表
    Dim Sht As Worksheet
    Set Sht = Worksheets("出差记录")
    '声明变量存储出差日期
    Dim Out2 As String
    Out2 = Sht.Cells(rowindex, 4).Value
    '根据复选框控件的值，决定是否需要添加提醒
    If Warn.Value = False Then
        Sht.Cells(rowindex, 7) = ""
        Sht.Cells(rowindex, 8) = ""
        Me.Hide
        Exit Sub
    End If
```

步骤11 获取提醒的间隔时间。在"Remind（代码）"窗口中继续输入如下图所示的代码段，该段代码为OK_Click()过程的第3部分代码，主要用于判断用户选取的间隔时间，然后将其转换成字符型，并写入相应的单元格中。

```
    '声明变量存储提醒的间隔
    Dim Space As Integer
    If Hour1.Value = True Then
        Space = 1
    Else
        If Hour2.Value = True Then
            Space = 2
        End If
    End If
    '将用户的选择写入工作表
    Sht.Cells(rowindex, 8) = CStr(Space) + "小时"
    '关闭窗体
    Me.Hide
End Sub
```

步骤13 运行"设置提醒"窗体。返回Excel视图，单击A列中有数据的单元格。例如，单击单元格A3，即可弹出"设置提醒"对话框，如右图所示。注意：单击A列中没有数据的单元格时，将不会弹出"设置提醒"对话框。

步骤10 获取提醒的实际日期。在"Remind（代码）"窗口中继续输入如下图所示的代码段，该段代码为OK_Click()过程的第2部分代码，主要用于判断用户选取的提醒日期，然后根据出差日期计算提醒的实际日期。

```
    '声明变量存储提醒的提前日期
    Dim Days As Integer
    If Date1.Value = True Then
        Days = 2
    Else
        If Date2.Value = True Then
            Days = 1
        End If
    End If
    '计算提醒的实际日期
    Sht.Cells(rowindex, 7) = CDate(Out2) - Days
```

步骤12 编写选择第1列有数据的单元格时自动执行"设置提醒"用户窗体的代码。双击"工程"窗口中的"Sheet1（出差记录）"选项，在打开的代码窗口中输入如下图所示的代码段并保存，该段代码用于在选择第1列有数据的单元格时自动执行"设置提醒"用户窗体。

```
'单击选择工作表中的第一列中有数据的单元格时自动执行
Private Sub Worksheet_SelectionChange _
    (ByVal Target As Range)
    Dim rownum As Integer
    Dim Sht As Worksheet
    Set Sht = Worksheets("出差记录")
    rownum = Sht.Range("A1").CurrentRegion.Rows.Count
    If Target.Row <= rownum Then
        If (Target.Count = 1) And (Target.Column = 1) Then
            '创建设置提醒窗体Remind
            Dim myRemind As Remind
            Set myRemind = New Remind
            myRemind.rowindex = Target.Row
            myRemind.Show
            Set myRemind = Nothing
        End If
    End If
End Sub
```

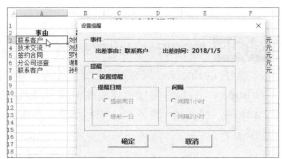

步骤14　查看"设置提醒"对话框。在如下图所示的"设置提醒"对话框中可以看到该对话框的初始化效果，即显示事件信息，且单选按钮为不可用状态。

步骤15　设置事件的提醒信息。在"设置提醒"对话框中，勾选"设置提醒"复选框，在"提醒日期"选项组中选择"提前一日"单选按钮，在"间隔"选项组中选择"间隔2小时"单选按钮，单击"确定"按钮，如下图所示。

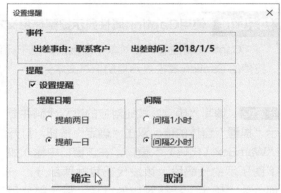

步骤16　查看设置提醒后的效果。返回工作表，可以看到在"提醒日期"和"间隔"字段下的相应位置添加了刚才在"设置提醒"对话框中设置的值，如下图所示。

步骤17　设置其余事由的提醒日期和间隔时间。用相同的方法设置其余事由的提醒日期和间隔时间，如下图所示。

D	E	F	G	H
差记录				
出差时间	预计返回时间	预支费用	提醒日期	间隔
2018/1/5	2018/1/20	2100.00元	2018/1/4	2小时
2018/1/5	2018/1/20	2100.00元	2018/1/3	1小时
2018/1/6	2018/1/10	560.00元	2018/1/5	2小时
2018/1/10	2018/1/20	1400.00元	2018/1/8	2小时
2018/2/20	2018/2/28	1120.00元	2018/2/19	1小时

10.2.2　编写代码实现自动提醒

本小节接着设计"提醒"用户窗体，并编写相应的触发事件代码，达到自动提醒出差行程的目的。具体操作如下。

步骤01　设计"提醒"用户窗体。继续上一小节的操作，进入VBE编程环境，右击"工程"窗口中的"VBAProject（出差行程提醒.xlsm）"选项，在弹出的快捷菜单中单击"插入>用户窗体"命令，在"属性"窗口中设置"(名称)"属性为WarnBox、Caption属性为"提醒"，然后在其中绘制需要的控件，并按照下页表设置各控件属性，得到如右图所示的效果。

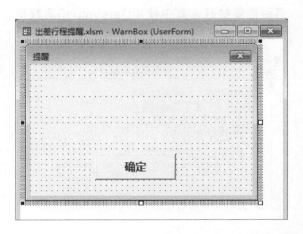

序号	控件名称	名称属性	Caption 属性	Font 属性
1	标签	Event2	（空）	微软雅黑、粗体、五号
2	标签	OutTime	（空）	微软雅黑、粗体、五号
3	标签	NowTime	（空）	微软雅黑、粗体、五号
4	命令按钮	OK	确定	微软雅黑、粗体、小四

知识链接 **使用Caption属性显示提醒信息文本**

Caption 属性表示在对象中出现的，用于标识或说明该对象的文本。自动提醒时，可使用标签控件的 Caption 属性显示提醒信息文本。

步骤02 编写"确定"按钮对应的过程代码并显示"提醒"窗体的值。双击"确定"按钮，打开"WarnBox（代码）"窗口，在该窗口中输入如下图所示的代码段，该段代码包括两部分，一部分为"确定"按钮对应的过程，另一部分用于自动将查找到的值显示在用户窗体中。

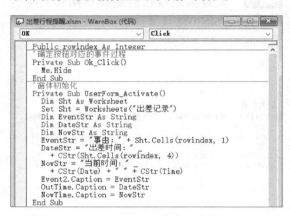

步骤03 编写自动获取提醒信息的代码。在菜单栏中单击"插入>模块"命令，在打开的"模块1（代码）"窗口中输入如下图所示的代码段，该段代码为gainwarning()过程的第1部分代码，用于获取当前系统日期和当前工作表的行数。

步骤04 获取提醒日期并判断是否需要提醒。在"模块1（代码）"窗口中继续输入如下图所示的代码段，该段代码为gainwarning()过程的第2部分代码，用于获取提醒日期，并判断是否需要提醒，其中使用DateValue()函数将Warndate变量的值转换为日期型数据。

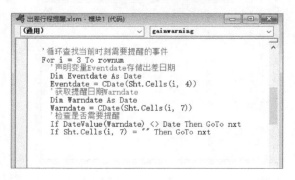

步骤05 获取间隔时间并设置出差日期和当前日期的时间。在"模块1（代码）"窗口中继续输入如下图所示的代码段，该段代码为gainwarning()过程的第3部分代码，用于获取间隔时间，并为出差日期和提醒日期添加初始小时数。

> **知识链接** **提醒时间**
>
> 　　提醒时间 = 提醒日期 + 间隔时间。其中，"+"为连接运算符，用户可以将"提醒日期"列中的单元格内容使用 DateValue() 函数转换为日期型数据，使用 TimeValue() 函数将字符串"9:00"转换为时间格式，然后使用 Left() 获取间隔时间中的数据。

✖ 重点语法与代码剖析：DateValue()、TimeValue()、Left() 函数的用法

　　DateValue() 函数用于返回一个 Date 值，其语法格式为：DateValue(date)。其中，date 参数是必需参数，通常是字符串表达式，表示从 100 年 1 月 1 日到 9999 年 12 月 31 日之间的一个日期。但是 date 也可以是任意表达式，其所代表的日期、时间在上述范围内。注意：如果 date 是一个字符串，且其内容只有数字及分隔数字的日期分隔符，则 DateValue() 函数就会根据系统中指定的短日期格式来识别月、日、年的顺序。DateValue() 函数也可识别明确的英文月份名称，全名或缩写均可。

　　TimeValue() 函数用于返回一个包含时间的 Date 值，其语法格式为：TimeValue(time)。其中，time 参数是必需参数，通常是字符串表达式，表示 0:00:00（12:00:00 A.M.）～ 23:59:59（11:59:59 P.M.）之间的时刻。但是 time 也可以是表示在同一时间范围内取值的任意其他表达式。如果 time 包含 Null，则返回 Null。需要注意的是，可以使用 12 小时制或 24 小时制的时间格式。例如，"2:24PM"和"14:24"均是有效的 time 表达式。如果 time 参数包含日期信息，TimeValue() 函数将不会返回它。如果 time 参数包含无效的日期信息，则会导致错误发生。

　　Left() 函数用于返回从指定字符串左边算起的指定数量的字符。其语法格式为：Left(string, length)。其中，string 是必需参数，用于指定要截取的字符串表达式，如果 string 包含 Null，将返回 Null。length 也是必需参数，用于指定将返回多少个字符。如果它为 0，则返回零长度字符串（""）。如果它大于或等于 string 的字符数，则返回整个字符串。其数据类型为数值型。

步骤06 判断是否显示提醒信息。在"模块1（代码）"窗口中继续输入如下图所示的代码段，该段代码为gainwarning()过程的第4部分代码，用于判断是否显示提醒信息。

步骤07 打开工作簿时自动运行查找提醒信息的代码。在"工程"窗口中双击ThisWorkbook选项，在打开的代码窗口中输入如下图所示的代码段，该段代码用于在打开工作簿时自动调用setwarning()过程。

步骤08 自定义setwarning()过程。在"ThisWorkbook（代码）"窗口中继续输入如下左图所示的代码段，该段代码为setwarning()过程的第1部分代码，用于获取出差日期、提醒时间和间隔时间。

步骤09 设置间隔性定时执行的gainwarning()过程。在"ThisWorkbook（代码）"窗口中继续输入如下右图所示的代码段，该段代码主要使用Application.OnTime方法安排一个过程在将来的特定时刻运行。完成代码的编写后，关闭该工作簿，再重新打开，即可运行ThisWorkbook中的Workbook_Open()过程。若系统时间到达指定时刻，将会弹出"提醒"对话框。

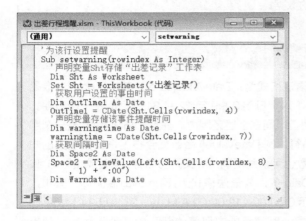
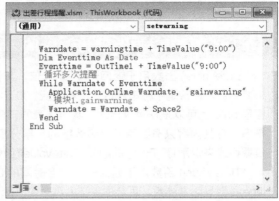

10.3 自动显示出差人员

公司为员工安排工作时，需将正在出差的员工排除在外，这就需要知道当前出差的人员名单。本节将使用 Excel VBA 的用户窗体及程序代码实现当天出差人员名单的自动显示。

扫码看视频

◎ 原始文件：实例文件\第10章\原始文件\出差行程提醒.xlsm
◎ 最终文件：实例文件\第10章\最终文件\显示出差人员.xlsm

10.3.1 设计"现出差人员"用户窗体

为了显示出差人员，需要设计一个"现出差人员"用户窗体作为显示信息的载体。具体操作如下。

步骤01 另存工作簿。打开原始文件，并将其另存为"显示出差人员.xlsm"，其中的数据如下图所示。

步骤02 插入用户窗体。进入VBE编程环境，插入一个用户窗体对象，在"属性"窗口中设置"(名称)"属性为Prompt、Caption属性为"现出差人员"，得到如下图所示的效果。

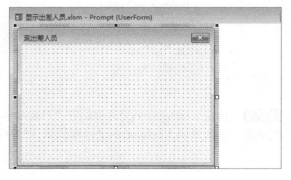

步骤03 设计"现出差人员"窗体中的所有控件。在"现出差人员"用户窗体对象窗口中，利用前面学习的方法绘制标签和命令按钮控件，并按照下表设置所有控件的属性，得到如右图所示的效果。

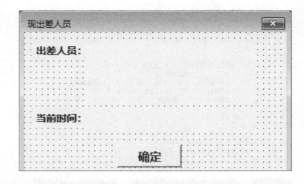

序号	控件名称	名称属性	Caption 属性	Font 属性
1	标签	Label1	出差人员：	微软雅黑、粗体、五号
2	标签	Label2	当前时间：	微软雅黑、粗体、五号
3	标签	Name1	（空）	微软雅黑、粗体、五号
4	标签	NowTime	（空）	宋体、常规、小五
5	命令按钮	OK	确定	微软雅黑、粗体、小四

10.3.2 为控件添加触发事件代码

完成"现出差人员"用户窗体的制作后，还需为其中的各控件添加相应的事件代码，才能达到自动显示出差人员的目的。具体操作如下。

步骤01 编写OK_Click()过程。继续上一小节的操作，双击"确定"按钮，在打开的"Prompt（代码）"窗口中输入如下图所示的代码段，该段代码用于在单击"确定"按钮后关闭用户窗体。

步骤02 初始化Prompt用户窗体。在"Prompt（代码）"窗口中输入如下图所示的代码段，该段代码为初始化Prompt用户窗体的前半部分代码，主要用于定义变量，存储当前系统日期、当前出差人员姓名及当前工作表的行数。

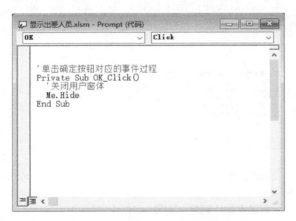

步骤03 循环获取满足条件的出差人员姓名。在"Prompt（代码）"窗口中继续输入如下左图所示的代码段，该段代码为初始化Prompt用户窗体的后半部分代码，判断当前日期是否在出差日期与返回日期之间，并将获取的值赋给变量OutName，然后将获取的值显示在Prompt用户窗体中。

步骤04 编写"显示出差人员名单()"过程的代码。右击"工程"窗口中的"VBAProject（显示出差人员.xlsm）"选项，在弹出的快捷菜单中单击"插入>模块"命令，在打开的"模块2（代码）"窗口中输入如下右图所示的代码段，该段代码用于调用Prompt窗体。

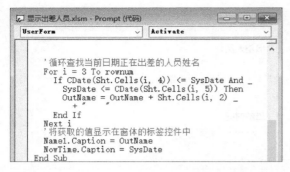

步骤05 选择命令按钮控件。返回Excel视图，在"开发工具"选项卡下单击"插入"按钮，在展开的列表中单击"按钮（窗体控件）"图标，如下图所示。

步骤06 绘制命令按钮控件。选取命令按钮控件后，在工作表的适当位置拖动鼠标，绘制需要的命令按钮控件，如下图所示。拖动到适当的位置后，释放鼠标。

步骤07 为命令按钮控件指定宏。弹出"指定宏"对话框，在"宏名"列表框中单击"显示出差人员名单"选项，如下图所示，然后单击"确定"按钮。

步骤08 运行宏。返回工作表，将命令按钮控件上的文本更改为"显示现在出差人员名单"。激活并单击该按钮，如下图所示，即可执行相应的宏。

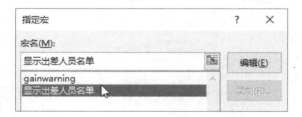

步骤09 显示当日出差人员名单。弹出"现出差人员"对话框，在其中显示当天在外出差的人员姓名，如右图所示。单击"确定"按钮，关闭"现出差人员"对话框。

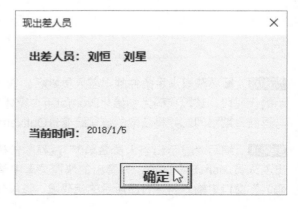

商品入库信息管理

商品入库信息管理主要是指入库记录的录入、排序、统计与筛选等。本章将使用 Excel VBA 制作一个简单而实用的商品入库信息管理系统，该系统有以下功能：提供"入库记录录入单"界面，方便用户录入数据；能将用户录入的数据写入指定工作表，并按指定字段升序排列；能对数据进行分类汇总；能对数据进行自动筛选和高级筛选。

11.1 商品入库记录的录入与排序

本节将编写 VBA 程序代码，实现商品入库记录的录入和排序。用户在指定工作表中输入商品代码后，系统会自动从其他工作表中调用并显示商品名称、单价等信息，用户接着输入入库数量，并输入公式计算入库金额。录入完一条记录，可将数据写入指定工作表，录入完所有记录后可对数据进行一键升序排列。

扫码看视频

◎ 原始文件：实例文件\第11章\原始文件\商品入库信息管理.xlsx
◎ 最终文件：实例文件\第11章\最终文件\排序.xlsm

11.1.1 编写代码快捷录入入库记录

本小节将介绍如何通过 VBA 程序代码创建"入库记录录入单"界面，供用户方便、快捷地录入数据。具体操作如下。

步骤01 打开工作簿。打开原始文件，可看到在该工作簿中已存在"商品基本信息"和"入库记录"工作表，切换至"商品基本信息"工作表，可看到如下图所示的数据。

步骤02 查看"入库记录"工作表。切换至"入库记录"工作表，可看到在该工作表中已录入"日期""商品代码""商品名称""单价""数量""金额"字段，如下图所示。

	A	B	C	D	E
1	商品代码	商品名称	单价	批发价	
2	M-001	纯平显示器	￥900	￥800	
3	M-002	液晶显示器	￥1,500	￥1,400	
4	M-003	CPU	￥800	￥650	
5	M-004	主机	￥3,000	￥2,800	
6	M-005	打印机	￥1,900	￥1,700	
7	M-006	扫描仪	￥1,500	￥1,300	
8	M-007	音箱	￥800	￥700	
9	M-008	内存条	￥360	￥300	
10					
11					

商品基本信息 ｜ 入库记录 ｜ Sheet3

	A	B	C	D	E	F
1	日期	商品代码	商品名称	单价	数量	金额
2						

商品基本信息 ｜ 入库记录 ｜ Sheet3

步骤03 创建"入库记录录入单"。将Sheet3工作表重命名为"录入入库记录"，然后在该工作表中创建如下左图所示的表格。进入VBE编程环境，双击"Sheet3（录入入库记录）"选项，打开"Sheet3（代码）"窗口。

步骤04　编写更改单元格B3中的内容时自动执行"调用商品信息()"过程的代码。在打开的"Sheet3（代码）"窗口中输入如下右图所示的代码段，该段代码用于在修改单元格B3中的内容时，自动调用"调用商品信息()"过程。

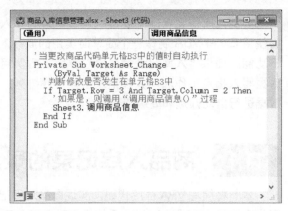

```
'当更改商品代码单元格B3中的值时自动执行
Private Sub Worksheet_Change _
    (ByVal Target As Range)
'判断修改是否发生在单元格B3中
    If Target.Row = 3 And Target.Column = 2 Then
    '如果是，则调用"调用商品信息()"过程
        Sheet3.调用商品信息
    End If
End Sub
```

步骤05　编写"调用商品信息()"过程的代码。在"Sheet3（代码）"窗口中继续输入如下图所示的代码段，该段代码是"调用商品信息()"过程的前半部分代码，用于声明变量，存储工作表和获取"商品基本信息"工作表的行数。

步骤06　判断输入的商品代码是否存在。在"Sheet3（代码）"窗口中继续输入如下图所示的代码段，该段代码是"调用商品信息()"过程的后半部分代码，主要用于判断输入的商品代码是否存在。如果存在，则将需要的信息写入相应的单元格中。

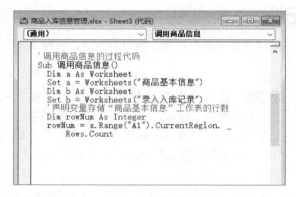

```
'调用商品信息的过程代码
Sub 调用商品信息()
    Dim a As Worksheet
    Set a = Worksheets("商品基本信息")
    Dim b As Worksheet
    Set b = Worksheets("录入入库记录")
    '声明变量存储"商品基本信息"工作表的行数
    Dim rowNum As Integer
    rowNum = a.Range("A1").CurrentRegion. _
        Rows.Count
```

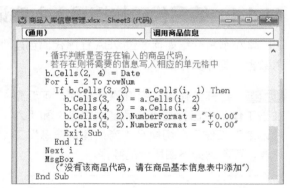

```
    '循环判断是否存在输入的商品代码,
    '若存在则将需要的信息写入相应的单元格中
    b.Cells(2, 4) = Date
    For i = 2 To rowNum
        If b.Cells(3, 2) = a.Cells(i, 1) Then
            b.Cells(3, 4) = a.Cells(i, 2)
            b.Cells(4, 2) = a.Cells(i, 4)
            b.Cells(4, 2).NumberFormat = "￥0.00"
            b.Cells(5, 2).NumberFormat = "￥0.00"
            Exit Sub
        End If
    Next i
    MsgBox _
    ("没有该商品代码，请在商品基本信息表中添加")
End Sub
```

步骤07　输入商品代码。返回Excel视图，在单元格B3中输入"M-001"，如下图所示，然后按Enter键。

步骤08　显示运行代码后的效果。更改单元格B3的内容后，系统自动执行"调用商品信息()"过程，最终效果如下图所示。

步骤09 输入商品的数量。在单元格D4中输入"5"，如下图所示，然后按Enter键。

	A	B	C	D	E
2			日期	2018/1/15	
3	商品代码	M-001	商品名称	纯平显示器	
4	单价	￥800.00	数量	5	
5	金额				
6					
7					
8					
9					
10					
11					

步骤10 计算入库金额。在单元格B5中输入公式"=B4*D4"，然后按Enter键，即可得到如下图所示的结果。

	A	B	C	D	E
2			日期	2018/1/15	
3	商品代码	M-001	商品名称	纯平显示器	
4	单价	￥800.00	数量	5	
5	金额	￥4,000.00			
6					
7					
8					
9					
10					
11					

11.1.2 编写代码将录入的数据写入工作表

在"入库记录录入单"中完成数据录入后，就需要将该录入单中的数据写入"入库记录"工作表中。本小节将介绍如何通过 VBA 代码将"入库记录录入单"中的数据写入"入库记录"工作表中，具体操作如下。

步骤01 编写"保存()"过程的代码。继续上一小节的操作，进入VBE编程环境，单击菜单栏中的"插入>模块"命令，在打开的"模块1（代码）"窗口中输入如下图所示的代码段，该段代码是"保存()"过程的前半部分代码，主要用于声明变量，存储需要的工作表及获取需要工作表的行数。

```
' 保存入库记录的过程代码
Sub 保存()
    ' 声明变量存储需要的工作表
    Dim Sht As Worksheet
    Set Sht = Worksheets("入库记录")
    Dim LR As Worksheet
    Set LR = Worksheets("录入入库记录")
    ' 统计入库记录工作表的当前行数
    Dim RN As Integer
    RN = Sht.Range("A1").CurrentRegion.Rows.Count
```

步骤02 将数据写入"入库记录"工作表中。在"模块1（代码）"窗口中继续输入如下图所示的代码段，该段代码是"保存()"过程的后半部分代码，用于将数据写入"入库记录"工作表中已有数据下方的空白行，并设置数据的数字显示格式。

```
    ' 在数据的末尾写入需要的数据信息并设置其数字格式
    Sht.Cells(RN + 1, 1) = CDate(LR.Cells(2, 4))
    Sht.Cells(RN + 1, 2) = LR.Cells(3, 2)
    Sht.Cells(RN + 1, 3) = LR.Cells(3, 4)
    Sht.Cells(RN + 1, 4) = LR.Cells(4, 2)
    Sht.Cells(RN + 1, 4).NumberFormat = "￥0.00"
    Sht.Cells(RN + 1, 5) = LR.Cells(4, 4)
    Sht.Cells(RN + 1, 6) = LR.Cells(5, 2)
    Sht.Cells(RN + 1, 6).NumberFormat = "￥0.00"
End Sub
```

步骤03 选择按钮控件。返回Excel视图，在"开发工具"选项卡下的"控件"组中单击"插入"按钮，在展开的列表中单击"按钮（窗体控件）"图标，如下图所示。

步骤04 为命令按钮指定宏。在工作表中的适当位置绘制命令按钮，在弹出的"指定宏"对话框的"宏名"列表框中单击"保存"选项，如下图所示，然后单击"确定"按钮。

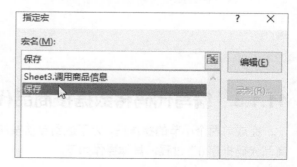

步骤05 运行"保存()"过程。返回工作表，将按钮控件重命名为"保存记录"，并激活该按钮。若要运行"保存()"过程，则单击"保存记录"按钮，如下图所示。

步骤06 查看运行"保存()"过程后的效果。切换至"入库记录"工作表，在该工作表中写入了"录入入库记录"工作表中的数据，如下图所示。

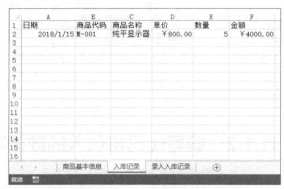

步骤07 输入不存在的商品代码。返回"录入入库记录"工作表，在单元格B3中输入"商品基本信息"工作表中不存在的商品代码"M-009"，然后按Enter键，如下图所示。

步骤08 弹出提示框。系统将会弹出提示框，提示用户没有该商品代码，请在"商品基本信息"工作表中添加，单击"确定"按钮，即可退出"调用商品信息()"过程的运行，如下图所示。

步骤09 录入其他的入库记录。用相同的方法，在"录入入库记录"工作表中输入其他入库记录并保存，然后切换至"入库记录"工作表中，可看到如右图所示的效果。最后将该工作簿另存为"排序.xlsm"。

11.1.3 编写代码将数据按商品代码升序排列

完成前两个小节的操作后，为了达到自动按商品代码升序排列数据的目的，本小节将编写"按商品代码排序()"过程。具体操作如下。

步骤01 编写"按商品代码排序()"过程的代码。继续上一小节的操作，进入VBE编程环境，单击菜单栏中的"插入>模块"命令，在打开的"模块2（代码）"窗口中输入如下图所示的代码段。该段代码是"按商品代码排序()"过程的前半部分代码，主要用于获取工作表的行数及需要排序的数据区域。

步骤02 编写按指定的数据字段进行升序排列的代码。在"模块2（代码）"窗口中继续输入如下图所示的代码段，该段代码为"按商品代码排序()"过程的后半部分代码，其中主要使用Range对象的Sort方法对指定字段进行升序排列。

知识链接　对单元格区域中的数据进行排序

要对单元格区域中的数据进行排序，可以使用 Range 对象的 Sort 方法。

✖ 重点语法与代码剖析：Range.Sort 方法的用法

Range.Sort 方法用于对单元格区域进行排序。其语法格式为：表达式 .Sort(Key1, Order1, Key2, Type, Order2, Key3, Order3, Header, OrderCustom, MatchCase, Orientation, SortMethod, DataOption1, DataOption2, DataOption3)。下面对其参数进行详细介绍。

● Key1 是可选参数，用于指定第 1 排序字段，作为区域名称（字符串）或 Range 对象。
● Order1 是可选参数，用于指定 Key1 中指定的值的排序次序。
● Key2 是可选参数，用于指定第 2 排序字段；对数据透视表进行排序时不能使用。
● Type 是可选参数，用于指定要排序的元素。
● Order2 是可选参数，用于指定 Key2 中指定的值的排序次序。
● Key3 是可选参数，用于指定第 3 排序字段；对数据透视表进行排序时不能使用。
● Order3 是可选参数，用于指定 Key3 中指定的值的排序次序。
● Header 是可选参数，用于指定第 1 行是否包含标题信息。默认值是 xlNo；若希望由 Excel 确定标题，则将其设为 xlGuess。
● OrderCustom 是可选参数，用于指定在自定义排序次序列表中基于 1 的整数偏移。
● MatchCase 是可选参数，如果其值设置为 True，则执行区分大小写的排序；如果设置为 False，则执行不区分大小写的排序。它不能用于数据透视表。
● Orientation 是可选参数，用于指定以升序还是降序排序。
● SortMethod 是可选参数，用于指定排序方法。
● DataOption1 是可选参数，用于指定 Key1 中所指定区域文本的排序方式；不能应用于数据透视表排序。

● DataOption2 是可选参数，用于指定 Key2 中所指定区域文本的排序方式；不能应用于数据透视表排序。

● DataOption3 是可选参数，用于指定 Key3 中所指定区域文本的排序方式；不能应用于数据透视表排序。

步骤03 为命令按钮指定宏。用前面介绍的方法在工作表中绘制命令按钮，在弹出的"指定宏"对话框的"宏名"列表框中单击"按商品代码排序"选项，如下图所示，然后单击"确定"按钮。

步骤04 运行"按商品代码排序()"过程。返回工作表，将按钮控件重命名为"按商品代码进行升序排列"，然后单击该按钮，即可运行"按商品代码排序()"过程，如下图所示。

步骤05 弹出提示框。此时会弹出提示框，提示用户以商品代码为依据对入库记录进行排序，单击"是"按钮，即可继续运行该过程，如下图所示。

步骤06 查看按商品代码升序排列后的效果。随后可看到"入库记录"工作表中的数据以"商品代码"字段为依据进行了升序排列，如下图所示。

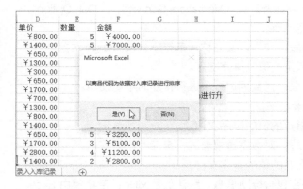

11.2 商品入库记录的分类汇总

本节将使用 VBA 程序代码实现按商品名称汇总入库数量及金额，即对"入库记录"工作表中的数据进行分类汇总，分类汇总的字段为"商品名称"，选定的汇总项为"数量"和"金额"字段。

首先使用 Range.Sort 方法对商品名称进行升序排列，然后使用 Range.Subtotal 方法分类汇总入库数量和金额，最后添加命令按钮用于变更和隐藏分类汇总的大纲、移除分类汇总。

扫码看视频

◎ 原始文件：实例文件\第11章\原始文件\排序.xlsm
◎ 最终文件：实例文件\第11章\最终文件\汇总数据.xlsm

11.2.1　编写代码按商品名称对数量和金额进行分类汇总

要实现自动按商品名称汇总入库数量及金额的功能，首先需要按商品名称对数据进行升序排列，然后按商品名称对数量和金额进行分类汇总。具体操作如下。

步骤01 另存工作簿。打开原始文件，如下图所示，将文件另存为"汇总数据.xlsm"。进入VBE编程环境，单击菜单栏中的"插入>模块"命令。

步骤02 编写SortTotal()过程代码。在打开的"模块3（代码）"窗口中输入如下图所示的代码段，主要用于声明变量，存储需要的工作表、排序关键字字段和关键字字段值。

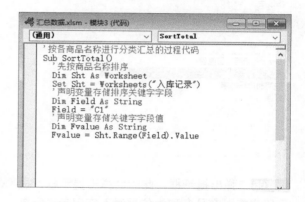

步骤03 按商品名称分类统计其数量及金额。在"模块3（代码）"窗口中继续输入如右图所示的代码段，该段代码主要用于完成数据的分类汇总。分类汇总是按指定字段内容对特定的数据进行分类统计，在分类汇总前须对数据按指定字段进行排序。该段代码中使用Range.Sort方法对数据按商品名称进行升序排列，然后使用Range.Subtotal方法对数量和金额进行分类求和。

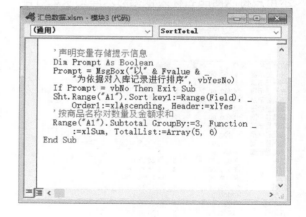

✖ 重点语法与代码剖析：Range.Subtotal 方法的用法

Range.Subtotal 方法用于创建指定区域或当前区域（如果该区域为单个单元格）的分类汇总。其语法格式为：表达式 .Subtotal(GroupBy, Function, TotalList, Replace, PageBreaks, SummaryBelowData)。其中，GroupBy 是必需参数，用于指定要作为分组依据的字段为基于 1 的整数偏移量。Function 是必需参数，用于指定分类汇总函数（具体的函数请参看帮助文件）。TotalList 是必需参数，用于指定基于 1 的字段偏移量数组，它指明将被分类汇总的字段。Replace 是可选参数，如果其值为 True，则替换现有的分类汇总，默认值为 True。PageBreaks 是可选参数，如果其值为 True，则在每一组之后添加分页符，默认值为 False。SummaryBelowData 是可选参数，用于指定放置相对于分类汇总的汇总数据，其值为两个 XlSummaryRow 常量：一个是 xlSummaryAbove，用于指定汇总行在大纲中位于明细数据行的上方；另一个是 xlSummaryBelow，用于指定汇总行在大纲中位于明细数据行的下方。

步骤04 为命令按钮指定宏。选择"按钮（窗体控件）"控件，在工作表适当的位置绘制按钮控件，在弹出的"指定宏"对话框的"宏名"列表框中单击SortTotal选项，如下图所示，然后单击"确定"按钮。

步骤05 运行SortTotal()过程代码。返回工作表，将按钮控件重命名为"按商品名称分类统计入库数量及金额"，然后单击该按钮，即可运行SortTotal()过程代码，如下图所示。

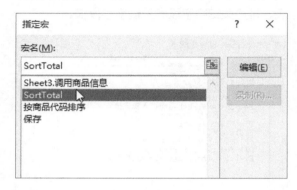

步骤06 弹出提示框。此时会弹出提示框，提示用户将以商品名称为依据对入库记录进行排序，单击"是"按钮即可，如下图所示。

步骤07 查看运行代码后的效果。系统将继续执行SortTotal()过程代码，代码执行完毕后，"入库记录"工作表中的数据会按商品名称进行分类汇总，如下图所示。

11.2.2 编写代码变更分级显示

对入库记录按商品名称汇总后，还可以通过变更分级显示的级别来查看不同级别下的显示效果。具体操作如下。

步骤01 选择命令按钮控件。继续上一小节的操作，在"开发工具"选项卡下的"控件"组中单击"插入"按钮，在展开的列表中单击"ActiveX控件"选项组中的"命令按钮（ActiveX 控件）"图标，如下左图所示。

步骤02 打开"属性"窗口。在工作表中的适当位置绘制命令按钮，右击绘制的命令按钮，在弹出的快捷菜单中单击"属性"命令，如下右图所示，打开"属性"窗口。

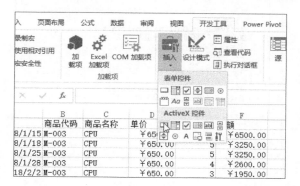

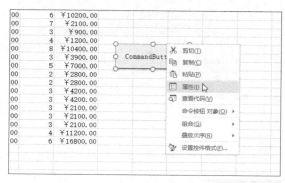

步骤03 设置命令按钮控件的属性。将"(名称)"属性设置为ChangeButton，将Caption属性设置为"变更大纲级别"，将Font属性设置为微软雅黑、粗体、五号，如下图所示。

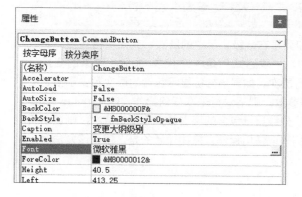

步骤04 查看设置属性后的效果。完成命令按钮控件属性的设置后，关闭"属性"窗口，返回工作表。此时可看到命令按钮按照设置的属性进行了相应调整，得到如下图所示的效果。

步骤05 打开代码窗口。右击"变更大纲级别"按钮，在弹出的快捷菜单中单击"查看代码"命令，如右图所示，打开该命令按钮对应的事件代码窗口。

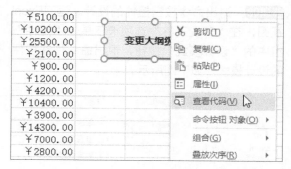

步骤06 为"变更大纲级别"按钮添加对应的事件代码。在打开的代码窗口中输入如下左图所示的代码段，该段代码是"变更大纲级别"按钮对应事件的前半部分代码，主要用于判断存储单击次数的变量是否为1或0。如果是，则将大纲层次设置为3级。

步骤07 编写第2次和第3次单击按钮时对应的事件代码。在代码窗口中继续输入如下右图所示的代码段并保存，该段代码是"变更大纲级别"按钮对应事件的后半部分代码，主要用于判断第2次、第3次单击按钮时执行的相应操作。

汇总数据.xlsm - Sheet2 (代码)

ChangeButton   Click

```
'定义变量i为公共变量
Public i As Integer
'变更大纲级别按钮对应的事件过程
Private Sub ChangeButton_Click()
    MsgBox "变更入库记录汇总数据中大纲的层次"
    '当第一次单击或变量i的值为1时，设置大纲级别为3级
    If i = 0 Or i = 1 Then
        ActiveSheet.Outline.ShowLevels 3
        MsgBox "现在的层次设定为    3"
        i = 2
        Exit Sub
    End If
```

汇总数据.xlsm - Sheet2 (代码)

ChangeButton   Click

```
    '当第二次单击或变量i的值为2时，设置大纲级别为2级
    If i = 2 Then
        ActiveSheet.Outline.ShowLevels 2
        MsgBox "现在的层次设定为    2"
        i = 3
        Exit Sub
    End If
    '当第三次单击或变量i的值为3时，设置大纲级别为1级
    If i = 3 Then
        ActiveSheet.Outline.ShowLevels 1
        MsgBox "现在的层次设定为    1"
        i = 1
        Exit Sub
    End If
End Sub
```

知识链接   **变更大纲级别**

　　大纲级别是指分类汇总或分组后的分级显示级别，在 Excel VBA 中，可以使用 Outline 对象的 ShowLevels 方法来切换大纲级别。

✖ 重点语法与代码剖析：Outline.ShowLevels 方法的用法

　　Outline.ShowLevels 方法用于显示指定行号和列号在分级显示中的层次。其语法格式为：表达式 .ShowLevels(RowLevels, ColumnLevels)。其中，"表达式"是一个代表 Outline 对象的变量。RowLevels 是可选参数，用于指定分级显示中的行层次。如果该分级显示包含的层次数少于指定层次，则显示所有层次；如果该参数为 0 或省略该参数，则不对行采取任何操作。ColumnLevels 是可选参数，用于指定分级显示中的列层次。如果该分级显示包含的层次数少于指定层次，则显示所有层次；如果该参数为 0 或省略该参数，则不对列采取任何操作。需要注意的是，使用该方法时，必须至少指定一个参数。

步骤08   退出命令按钮控件的设计。返回Excel视图，在"开发工具"选项卡下单击"控件"组中的"设计模式"按钮，退出命令按钮控件的设计模式，如下图所示。

步骤09   查看"变更大纲级别"按钮的事件效果。退出设计模式后，单击"变更大纲级别"按钮，如下图所示。

步骤10   弹出提示框。此时会弹出提示框，提示用户将要变更入库记录汇总数据中大纲的层次，单击"确定"按钮即可，如下左图所示。

步骤11 提示设置层次成功。随后弹出下一个提示框，提示用户现在的层次级别为3级，单击"确定"按钮即可，如下右图所示。

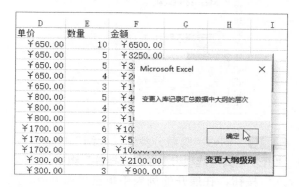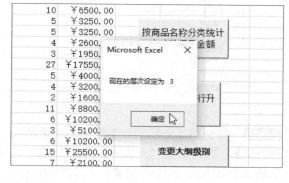

步骤12 第2次单击"变更大纲级别"按钮。可看到工作表还是以3级层次显示分类汇总结果，再次单击"变更大纲级别"按钮，如下图所示。

步骤13 弹出提示框。弹出提示框，提示用户将要变更入库记录汇总数据中大纲的层次，单击"确定"按钮即可，如下图所示。

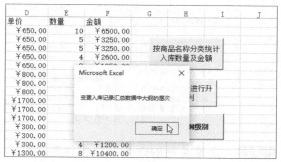

步骤14 查看变更大纲级别后的效果。工作表中将分类汇总显示的级别层次设置为2级，并弹出提示框，提示用户现在的层次级别为2级，单击"确定"按钮即可，如下图所示。

步骤15 第3次单击"变更大纲级别"按钮。返回工作表，可看到分类汇总的当前层次为2级，再次单击"变更大纲级别"按钮，如下图所示。

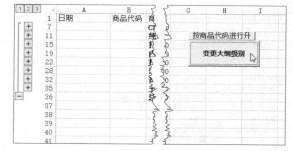

步骤16 弹出提示框。弹出提示框，提示用户将要变更入库记录汇总数据中大纲的层次，单击"确定"按钮即可，如下左图所示。

步骤17 查看变更大纲级别后的效果。工作表中将分类汇总显示的级别层次设置为1级，并弹出提示框，提示用户现在的层次级别为1级，单击"确定"按钮即可，如下右图所示。

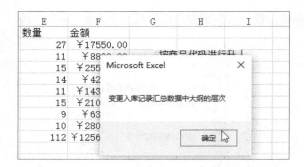

步骤18 将当前工作表的分类汇总大纲级别设置为3级。再次单击"变更大纲级别"按钮，系统会弹出提示框提示变更，然后弹出下一个提示框，提示现在的层次级别为3级，单击"确定"按钮即可，如下图所示。

步骤19 制作"隐藏分类汇总大纲"按钮。在"开发工具"选项卡下单击"控件"组中的"插入"按钮，在展开的列表中单击"ActiveX控件"选项组中的"命令按钮（ActiveX控件）"图标，如下图所示。在适当位置绘制按钮。

步骤20 设置绘制的命令按钮控件的属性。打开"属性"窗口，将"(名称)"属性设置为ClearButton1，将Caption属性设置为"隐藏分类汇总大纲"，将Font属性设置为微软雅黑、粗体、五号，如下图所示。

步骤21 编写"隐藏分类汇总大纲"按钮对应的事件代码。打开"隐藏分类汇总大纲"按钮对应的代码窗口，在其中输入如下图所示的代码段，该段代码用于隐藏分级显示大纲列表。

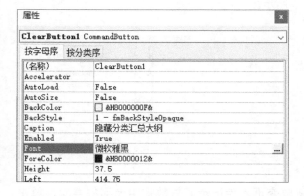

知识链接 **隐藏分级显示大纲列表**

创建分类汇总后，窗口左侧会显示分级显示大纲列表，在其中可以单击叠加按钮，展开或隐藏详细数据。可使用 Range 对象的 ClearOutline 方法来隐藏指定区域的分级显示大纲列表。

✖ **重点语法与代码剖析：Range.ClearOutline 方法的用法**

Range.ClearOutline 方法用于清除指定区域的分级显示，其语法格式为：表达式 .ClearOutline。其中，"表达式"是一个代表 Range 对象的变量。

步骤22 查看"隐藏分类汇总大纲"按钮的事件效果。返回Excel视图，退出设计模式，单击"隐藏分类汇总大纲"按钮，如下图所示。

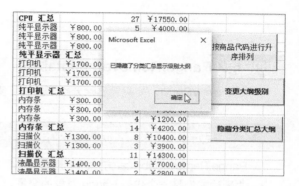

步骤24 查看单击"确定"按钮后的效果。此时可以看到工作表左侧的分类显示大纲列表已被隐藏，得到如下图所示的效果。

	A	B	C	D	E	F
1	日期	商品代码	商品名称	单价	数量	金额
2	2018/1/15	M-003	CPU	¥650.00	10	¥6500.0
3	2018/1/18	M-003	CPU	¥650.00	5	¥3250.0
4	2018/1/25	M-003	CPU	¥650.00	5	¥3250.0
5	2018/1/28	M-003	CPU	¥650.00	4	¥2600.0
6	2018/2/2	M-003	CPU	¥650.00	3	¥1950.0
7	2018/1/15	M-001	纯平显示器	¥800.00	5	¥4000.0
8	2018/1/25	M-001	纯平显示器	¥800.00	4	¥3200.0
9	2018/2/2	M-001	纯平显示器	¥800.00	2	¥1600.0
10	2018/1/18	M-005	打印机	¥1700.00	6	¥10200.0
11	2018/1/25	M-005	打印机	¥1700.00	3	¥5100.0
12	2018/1/28	M-005	打印机	¥1700.00	6	¥10200.0
13	2018/1/15	M-008	内存条	¥300.00	7	¥2100.0
14	2018/1/28	M-008	内存条	¥300.00	3	¥900.0
15	2018/2/2	M-008	内存条	¥300.00	4	¥1200.0
16	2018/1/15	M-006	扫描仪	¥1300.00	8	¥10400.0
17	2018/1/18	M-006	扫描仪	¥1300.00	3	¥3900.0

步骤26 查看设置命令按钮属性后的效果。关闭"属性"窗口，返回工作表，可看到添加的命令按钮已按设置的属性进行相应的改变，右击"移除分类汇总"按钮，在弹出的快捷菜单中单击"查看代码"命令，如右图所示。

步骤23 弹出提示框。弹出提示框，提示用户已隐藏大纲列表，单击"确定"按钮即可，如下图所示。

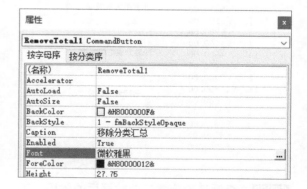

步骤25 添加命令按钮控件并设置其属性。在工作表中新绘制一个命令按钮控件，然后打开其"属性"窗口，设置"(名称)"属性为RemoveTotal1，Caption属性为"移除分类汇总"，Font属性为微软雅黑、粗体、五号，如下图所示。

203

步骤27 编写"移除分类汇总"按钮对应的事件代码。打开相应的代码窗口，在其中输入如右图所示的代码段，该段代码用于选中当前工作表中的数据，然后移除当前工作表中的分类汇总数据，并保留筛选器按钮。

知识链接 Range.RemoveSubtotal方法

在 Excel VBA 中，如果要删除分类汇总，可使用 Range 对象的 RemoveSubtotal 方法。

✖ 重点语法与代码剖析：Range.RemoveSubtotal 方法的语法格式及使用说明

Range.RemoveSubtotal 方法用于删除分类汇总。其语法格式为：表达式 .RemoveSubtotal。其中，"表达式"是一个代表 Range 对象的变量。

步骤28 查看"移除分类汇总"按钮的事件效果。返回Excel视图，退出设计模式，单击工作表中的"移除分类汇总"按钮，如下图所示。

步骤29 查看单击"移除分类汇总"按钮后的结果。此时会弹出提示框，提示用户已成功移除分类汇总数据，单击"确定"按钮即可，如下图所示。

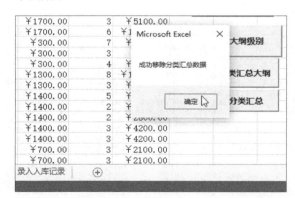

步骤30 查看移除分类汇总数据后的效果。工作表中的分类汇总数据及显示级别大纲列表都被移除了，得到如右图所示的效果。

扫码看视频

11.3 快速查询入库记录

如果用户需要查看满足特定条件的入库记录，可以使用 Excel 的筛选功能。本节将使用 VBA 程序代码实现按用户输入的字段及筛选条件筛选出需要的结果，以及根据"筛选条件区域"中的筛选条件筛选出需要的结果，并将其复制到"筛选结果显示区域"中。

◎ **原始文件：** 实例文件\第11章\原始文件\排序.xlsm
◎ **最终文件：** 实例文件\第11章\最终文件\筛选.xlsm

11.3.1 编写代码实现自动筛选

使用自动筛选和高级筛选功能可以快速查询需要的入库记录信息。本小节将介绍如何通过自动筛选功能来实现快速查询需要的入库记录信息。具体操作如下。

步骤01 打开工作簿。打开原始文件，将其另存为"筛选.xlsm"，如右图所示。进入VBE编程环境，单击菜单栏中的"插入>模块"命令，插入"模块3"。

	日期	商品代码	商品名称	单价	数量	金额
2	2018/1/15	M-001	纯平显示器	￥800.00	5	￥4000.00
3	2018/1/25	M-001	纯平显示器	￥800.00	4	￥3200.00
4	2018/2/2	M-001	纯平显示器	￥800.00	2	￥1600.00
5	2018/1/15	M-002	液晶显示器	￥1400.00	5	￥7000.00
6	2018/1/25	M-002	液晶显示器	￥1400.00	2	￥2800.00
7	2018/1/25	M-002	液晶显示器	￥1400.00	2	￥2800.00
8	2018/2/2	M-002	液晶显示器	￥1400.00	3	￥4200.00
9	2018/2/2	M-002	液晶显示器	￥1400.00	3	￥4200.00
10	2018/1/15	M-003	CPU	￥650.00	10	￥6500.00
11	2018/1/18	M-003	CPU	￥650.00	5	￥3250.00
12	2018/1/25	M-003	CPU	￥650.00	5	￥3250.00
13	2018/1/28	M-003	CPU	￥650.00	4	￥2600.00
14	2018/2/2	M-003	CPU	￥650.00	3	￥1950.00
15	2018/1/25	M-004	主机	￥2800.00	4	￥11200.00
16	2018/2/2	M-004	主机	￥2800.00	6	￥16800.00
17	2018/1/18	M-005	打印机	￥1700.00	6	￥10200.00
18	2018/1/25	M-005	打印机	￥1700.00	3	￥5100.00
19	2018/1/28	M-005	打印机	￥1700.00	6	￥10200.00

商品基本信息　入库记录　录入入库记录

步骤02 编写"自动筛选()"过程代码。在打开的"模块3（代码）"窗口中输入如下图所示的代码段，该段代码是"自动筛选()"过程的第1部分代码，主要用于声明变量，存储"入库记录"工作表的列数，以及使用数组存储每个字段的名称。

步骤03 编写代码输入要筛选的字段并确定字段对应的列号。在"模块3（代码）"窗口中继续输入如下图所示的代码段，该段代码是"自动筛选()"过程的第2部分代码，主要使用InputBox()函数获取用户需要筛选的字段，并获取该字段对应的列号。

```
'自动筛选过程代码
Sub 自动筛选()
    '声明变量存储工作表
    Dim Sht As Worksheet
    Set Sht = Worksheets("入库记录")
    Dim Col1 As Integer
    Col1 = Sht.Range("A1").CurrentRegion. _
        Columns.Count
    '声明数组存储当前工作表的字段项目名称
    Dim Fields(10) As String
    For i = 1 To Col1
        Fields(i) = Cells(1, i)
    Next i
```

```
    '输入需要的目标字段
    Dim a As String
er: a = InputBox("请输入需要筛选的字段")
    '声明变量j存储输入字段名称对应的列数
    Dim j As Integer
    For i = 1 To Col1
        If a = Fields(i) Then
            j = i
            Exit For
        End If
    Next i
```

步骤04 编写代码判断输入的筛选字段是否存在，若存在则输入筛选条件。在"模块3（代码）"窗口中继续输入如下左图所示的代码段，该段代码是"自动筛选()"过程的第3部分代码，主要使用If…End If语句判断变量j是否等于0，若是则重新输入。

步骤05 编写代码判断输入的筛选条件是否存在，若存在则按指定的筛选条件进行自动筛选。在"模块3（代码）"窗口中继续输入如下右图所示的代码段，该段代码主要运用判断筛选字段的方法判断筛选条件，最后使用AutoFilter方法进行自动筛选。

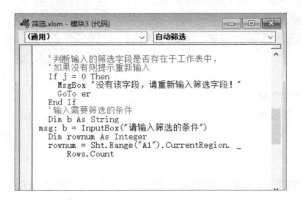

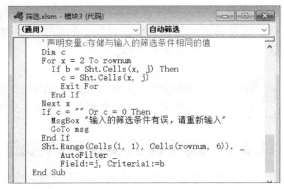

知识链接 **使用Range.AutoFilter方法实现自动筛选**

自动筛选是筛选出满足条件的数据，在 Excel VBA 中可使用 Range 对象的 AutoFilter 方法实现自动筛选。

✖ 重点语法与代码剖析：Range.AutoFilter 方法的用法

Range.AutoFilter 方法使用"自动筛选"筛选一个列表。其语法格式为：表达式 .AutoFilter(Field, Criteria1, Operator, Criteria2, VisibleDropDown)。其中，Field 是可选参数，主要指定相对于作为筛选基准字段（从列表左侧开始，最左侧的字段为第 1 个字段）的字段的整型偏移量。Criteria1 是可选参数，用于指定筛选条件（一个字符串，如"101"）。使用"="可查找空字段，或者使用"<>"查找非空字段。如果省略该参数，则搜索条件为 All。如果将 Operator 设置为 xlTop10Items，则Criteria1 指定数据项个数（如"10"）。Operator 是可选参数，用于指定筛选类型的 XlAutoFilter-Operator 常量之一。Criteria2 是可选参数，用于指定第 2 个筛选条件（一个字符串），与 Criteria1 和 Operator 一起组成复合筛选条件。VisibleDropDown 是可选参数，如果其值为 True，则显示筛选字段的自动筛选下拉按钮；如果为 False，则隐藏筛选字段的自动筛选下拉按钮。其默认值为 True。需要注意的是，如果忽略全部参数，此方法仅在指定区域切换自动筛选下拉按钮的显示与隐藏。

步骤06 绘制按钮控件并指定宏。在工作表中绘制按钮控件，弹出"指定宏"对话框，在"宏名"列表框中单击"自动筛选"选项，如下图所示，然后单击"确定"按钮。

步骤07 运行"自动筛选()"过程代码。返回工作表，将按钮控件重命名为"自动筛选"，激活并单击该按钮，如下图所示。

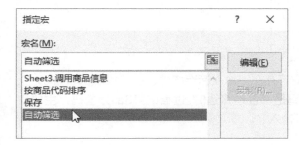

步骤08　输入筛选字段。弹出输入对话框。在文本框中输入"代码"，单击"确定"按钮，如下图所示。

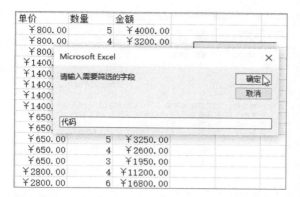

步骤09　弹出提示框。弹出提示框，提示用户没有输入的字段，请重新输入筛选字段，单击"确定"按钮即可，如下图所示。

步骤10　重新输入筛选字段。再次弹出输入对话框，在文本框中输入正确的筛选字段，如"商品名称"，单击"确定"按钮，如下图所示。

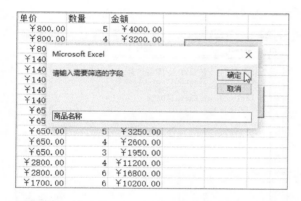

步骤11　输入筛选条件。弹出下一个输入对话框，提示用户输入筛选条件，在文本框中输入"M-001"，单击"确定"按钮，如下图所示。

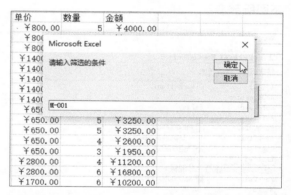

步骤12　弹出提示框。弹出提示框，提示用户输入的筛选条件有误，单击"确定"按钮，如下图所示。

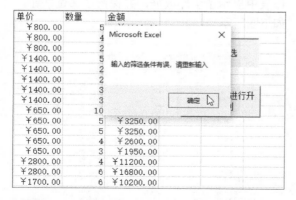

步骤13　输入正确的筛选条件。再次弹出输入筛选条件的对话框，在文本框中输入"打印机"，单击"确定"按钮，如下图所示。

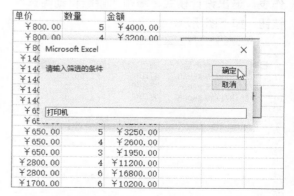

步骤14　查看筛选结果。程序执行完毕后，工作表中仅显示符合筛选条件的入库记录，得到如下左图所示的效果。

步骤15 创建"解除自动筛选"按钮。在"开发工具"选项卡下单击"控件"组中的"插入"按钮，在展开的列表中单击"ActiveX控件"选项组中的"命令按钮（ActiveX 控件）"图标，如下右图所示。选择命令按钮控件后，在工作表中的合适位置绘制一个命令按钮。

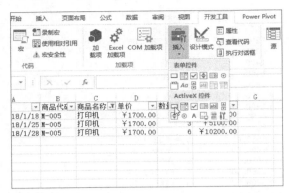

步骤16 设置命令按钮的属性。打开该命令按钮的"属性"窗口，设置"(名称)"属性为ClearButton1，Caption属性为"解除自动筛选"，Font属性为微软雅黑、粗体、五号，如下图所示。

步骤17 编写命令按钮对应的事件代码。打开该命令按钮的代码窗口，在其中输入如下图所示的代码段，该段代码用于解除自动筛选，并保留筛选按钮。

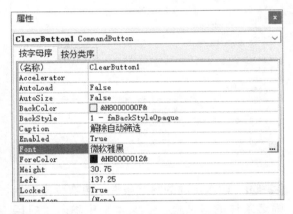

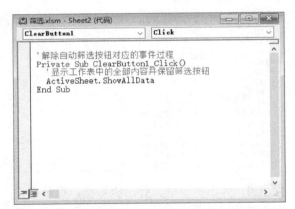

步骤18 单击"解除自动筛选"按钮。返回工作表，退出设计模式，单击"解除自动筛选"按钮，如下图所示。

步骤19 查看解除自动筛选后的效果。此时工作表中显示了全部数据，并保留了筛选按钮，如下图所示。

（1）解除自动筛选状态并保留筛选按钮。要实现该功能，可以使用 Worksheet.ShowAllData 方法，使当前筛选列表的所有行均可见。如果正在使用自动筛选，则将下拉列表框的内容改为"（全部）"。其语法格式为：表达式 .ShowAllData。其中，"表达式"是一个代表 Worksheet 对象的变量。另外，还可以使用 AutoFilter.ShowAllData 方法。该方法用于显示 AutoFilter 对象返回的所有数据。

（2）解除自动筛选状态并清除筛选按钮。使用 Selection.AutoFilter 方法可以实现该功能。

11.3.2　编写代码实现高级筛选

除了使用自动筛选功能快速查询需要的入库记录外，还可以使用高级筛选功能达到目的。具体操作如下。

步骤01 创建高级筛选功能。继续上一小节的操作，在单元格区域L1:Q7中创建如右图所示的表格。该表格分为两部分，一部分是筛选条件区域，另一部分是筛选结果显示区域。

步骤02 编写代码。插入一个新的模块，在打开的"模块4（代码）"窗口中输入如下图所示的代码段，该段代码是"筛选特定的入库记录()"过程的前半部分代码，用于声明变量，存储工作表中的数据区域、筛选条件区域和筛选结果显示区域。

步骤03 按筛选条件区域中的条件筛选数据。在"模块4（代码）"窗口中继续输入如下图所示的代码段，该段代码是"筛选特定的入库记录()"过程的后半部分代码，主要以对话框提示筛选的数据区域，然后使用AdvancedFilter方法按指定的筛选条件筛选数据并复制到筛选结果显示区域。

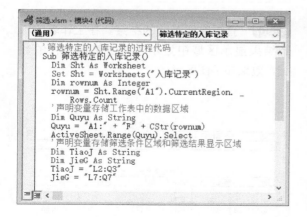

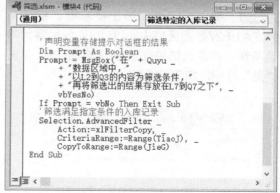

知识链接 使用 Range.AdvancedFilter 方法实现高级筛选

高级筛选是根据条件区域中的筛选条件筛选出符合条件的数据，筛选出的值既在原位置显示，也在指定区域中显示。在 Excel VBA 中，可使用 Range 对象的 AdvancedFilter 方法来实现高级筛选。

✖ 重点语法与代码剖析：Range.AdvancedFilter 方法的用法

Range.AdvancedFilter 方法基于条件区域从列表中筛选或复制数据。如果初始选定区域为单个单元格，则使用单元格的当前区域。其语法格式为：表达式.AdvancedFilter(Action, CriteriaRange, CopyToRange, Unique)。其中，Action 是必需参数，用于指定是否就地复制或筛选列表。其值为两个 XlFilterAction 常量之一，若其值为 xlFilterCopy，则将筛选出的数据复制到新位置；若其值为 xlFilterInPlace，则保持数据位置不动。CriteriaRange 是可选参数，用于指定条件区域。如果省略该参数，则没有条件限制。CopyToRange 是可选参数，如果 Action 为 xlFilterCopy，则它为复制行的目标区域；否则，忽略该参数。Unique 是可选参数，如果其值为 True，则只筛选唯一记录；如果为 False，则筛选符合条件的所有记录。其默认值为 False。

步骤04 绘制按钮控件并指定宏。在工作表中的适当位置绘制按钮控件，在弹出的"指定宏"对话框的"宏名"列表框中单击"筛选特定的入库记录"选项，如下图所示，然后单击"确定"按钮。

步骤05 运行"筛选特定的入库记录()"过程代码。返回工作表，将按钮控件重命名为"高级筛选"，并激活该按钮。在"筛选条件区域"表格中输入筛选条件，单击"高级筛选"按钮，如下图所示。

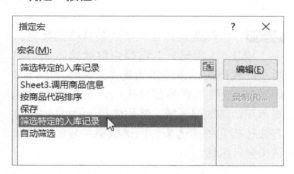

步骤06 弹出提示框。弹出提示框，提示用户在A1:F27数据区域中，以L2:Q3的内容为筛选条件，将筛选结果存放在L7:Q7之下，单击"是"按钮，如下图所示。

步骤07 查看高级筛选的结果。在工作表的筛选结果显示区域中显示了符合筛选条件的数据，效果如下图所示。

步骤08 再次输入筛选条件。将筛选结果显示区域中的筛选结果删除，在筛选条件区域中的"单价"字段下方输入">1400"，单击"高级筛选"按钮，如下图所示。

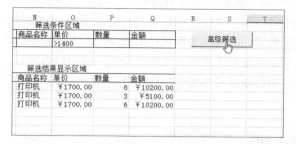

步骤10 显示筛选结果。此时可在筛选结果显示区域中看到筛选出的单价大于1400元的商品，效果如右图所示。

步骤09 弹出提示框。弹出提示框，提示用户筛选数据区域、筛选条件区域及筛选结果显示区域，单击"是"按钮，如下图所示。

	L	M	N	O	P	Q
1				筛选条件区域		
2	日期	商品代码	商品名称	单价	数量	金额
3				>1400		
4						
5						
6				筛选结果显示区域		
7	日期	商品代码	商品名称	单价	数量	金额
8	2018/1/25	M-004	主机	￥2800.00	4	￥11200.00
9	2018/2/2	M-004	主机	￥2800.00	6	￥16800.00
10	2018/1/18	M-005	打印机	￥1700.00	6	￥10200.00
11	2018/1/25	M-005	打印机	￥1700.00	3	￥5100.00
12	2018/1/28	M-005	打印机	￥1700.00	6	￥10200.00
13						
14						
15						
16						
17						
18						

读书笔记

第12章 投诉信息管理

本章将使用 Excel VBA 制作一个简单的投诉信息管理系统，该系统有以下功能：对员工的英文名按需求进行大小写转换、清除空格等处理；自动统计员工被投诉次数，按照公司规定分别给出处理意见，并将结果以批注形式添加到工作表中以便于查看；将工作表中的批注信息导出生成新工作表，或将一个工作表中的内容导入另一个工作表中作为批注；在批注中自动批量添加或移除作者信息。

12.1 被投诉人英文名的处理

在"投诉信息管理.xlsx"工作簿的"投诉记录表"中记录了一月份被投诉员工的信息。其中，"英文名"列以首字母大写的形式记录了员工的英文名。在实际工作中，可能会要求英文名全部小写或全部大写，或去除英文名中的空格。本节将使用 VBA 程序代码实现上述对英文名的处理操作。

扫码看视频

◎ 原始文件：实例文件\第12章\原始文件\投诉信息管理.xlsx
◎ 最终文件：实例文件\第12章\最终文件\英文名大小写转换.xlsm

12.1.1 编写代码将字母全部转换为小写

若要将字母全部转换为小写，可使用 VBA 中的 LCase() 函数来实现。具体操作如下。

步骤01 打开工作簿。打开原始文件，可看到"一月投诉"工作表中已录入一月份的投诉记录，如下图所示。

步骤02 插入模块。进入VBE编程环境，在"工程"窗口中右击"VBAProject（投诉信息管理.xlsx）"选项，在弹出的快捷菜单中单击"插入>模块"命令，如下图所示。

步骤03 编写"全部小写()"过程代码。在"模块1（代码）"窗口中输入如下左图所示的代码段，该段代码主要使用LCase()函数将指定列的英文字母全部转换为小写形式。

步骤04 选择按钮控件。返回Excel视图，在"开发工具"选项卡的"控件"组中单击"插入"按钮，在展开的下拉列表中单击"按钮（窗体控件）"图标，如下右图所示。

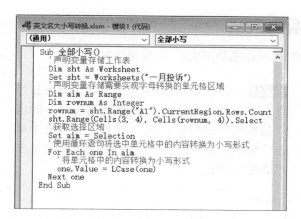

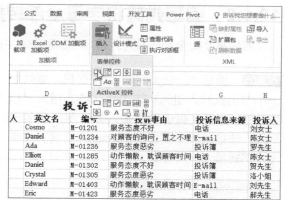

✖ 重点语法与代码剖析：LCase() 函数的用法

LCase() 函数用于返回转成小写的字符串。其语法格式为：LCase(string)。其中，string 是必需参数，它可以是任何有效的字符串表达式。如果 string 中包含 Null，将返回 Null。

需要注意的是，该函数只将 string 参数中的大写字母转换成小写字母，所有小写字母和非字母字符保持不变。

步骤05　绘制按钮控件并指定宏。在工作表中的适当位置绘制按钮控件，在弹出的"指定宏"对话框的"宏名"列表框中单击"全部小写"选项，如下图所示，然后单击"确定"按钮。

步骤06　运行"全部小写()"过程代码。返回工作表，将按钮控件重命名为"全部小写"，然后激活并单击该按钮，如下图所示。

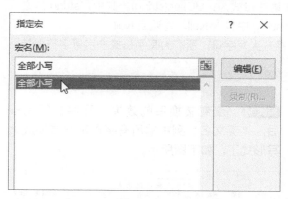

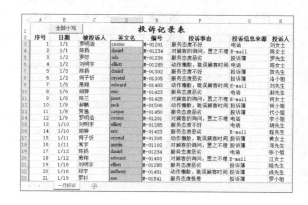

步骤07　查看转换后的效果。程序执行完毕后，"英文名"列中的字母全部被转换为小写形式了，效果如右图所示。

12.1.2 编写代码将字母全部转换为大写

若要将字母全部转换为大写，可使用 VBA 中的 UCase() 函数来实现。具体操作如下。

步骤01 编写"全部大写()"过程代码。继续上一小节的操作，进入 VBE 编程环境，插入"模块2"，在其代码窗口中输入如下图所示的代码段，该段代码主要使用 UCase() 函数将英文字母全部转换为大写形式。

```
Sub 全部大写()
    Dim sht As Worksheet
    Set sht = ActiveSheet
    Dim rownum As Integer
    rownum = sht.Range("A1").CurrentRegion.Rows.Count
    '选择需要改字母大小写的单元格区域
    sht.Range(Cells(3, 4), Cells(rownum, 4)).Select
    Dim aim As Range
    Set aim = Selection
    '使用循环语句转换字母为大写形式
    For Each one In aim
        one.Value = UCase(one)
    Next one
End Sub
```

步骤02 绘制按钮控件并指定宏。选择按钮控件，在工作表中的适当位置绘制按钮，弹出"指定宏"对话框，在"宏名"列表框中单击"全部大写"选项，如下图所示，然后单击"确定"按钮。

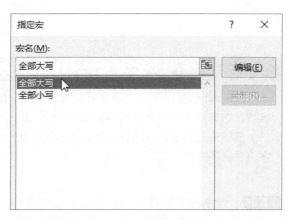

✖ 重点语法与代码剖析：UCase() 函数的用法

UCase() 函数用于返回转成大写的字符串。其语法格式为：UCase(string)。其中，string 是必需参数，它可以是任何有效的字符串表达式。如果 string 中包含 Null，将返回 Null。

注意：该函数只将 string 参数中的小写字母转换成大写字母，所有大写字母或非字母字符保持不变。

步骤03 运行"全部大写()"过程代码。返回工作表，将按钮控件重命名为"全部大写"，然后激活并单击该按钮，如下图所示。

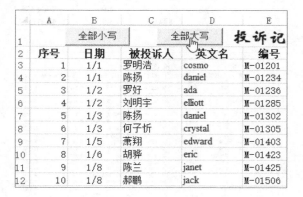

步骤04 查看转换后的效果。程序执行完毕后，"英文名"列中的所有字母都被转换成大写形式了，如下图所示。

12.1.3　编写代码将每个单词首字母转换为大写

若要将每个单词转换为首字母大写的形式，可结合使用 VBA 中的 Left()、Right()、Mid()、Len()、UCase()、LCase()、InStr() 等字符串处理函数来实现。具体操作如下。

步骤01　编写"首字母大写()"过程代码。继续上一小节的操作，进入VBE编程环境，插入"模块3"，在代码窗口中输入如下图所示的代码段，该段代码用于获取当前工作表的行数和单元格内容。

步骤02　编写代码获取字符串的长度。在"模块3（代码）"窗口中继续输入如下图所示的代码段，该段代码使用Len()函数计算字符串的长度，并声明存储左、中、右字符串的变量。

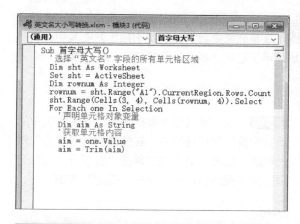

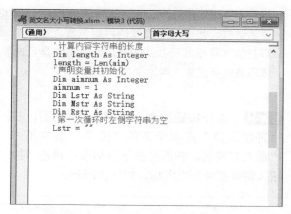

知识链接　**使用函数获取特定位置的字符**

要获取字符串的首字符，可使用 Left() 函数获取字符串从最左边算起的一个字符。要获取字符串的尾字符，可使用 Right() 函数获取字符串从最右边算起的一个字符。

步骤03　编写代码设置字符串中每个单词的首字母大写。在"模块3（代码）"窗口中继续输入如右图所示的代码段，该段代码使用循环语句对每个单元格中的内容分别按左、中、右字符串设置首字母大写。

✖ 重点语法与代码剖析：Left() 和 Right() 等函数的用法

Left() 函数用于返回从指定字符串最左边算起指定数量的字符。其语法格式为：Left(string, length)。其中，string 是必需参数，用于指定要截取的字符串。如果 string 中包含 Null，将返回 Null。length 是必需参数，其值为数值表达式，用于指定将返回多少个字符。如果其值为 0，则返回零长度字符串（""）；如果其值大于或等于 string 的字符数，则返回整个字符串。

Right() 函数用于返回从指定字符串最右边算起指定数量的字符。其语法格式为：Right(string, length)。其中，string 是必需参数，用于指定要截取的字符串。如果 string 中包含 Null，将返回 Null。length 是必需参数，其为数值表达式，用于指定将返回多少个字符。如果其值为 0，则返回零长度字符串；如果其值大于或等于 string 的字符数，则返回整个字符串。

此外，本小节的代码中还用到了 Mid()、Len()、InStr() 等字符串处理函数。Mid() 函数的用法参见 4.3.2 小节。

Len() 函数用于返回指定字符串的字符数，其语法格式为 LEN(string)。其中，string 是必需参数，用于指定要返回字符数的字符串。

InStr() 函数用于在一个字符串中从左往右查找另一个字符串，找到后返回该字符串最先出现的位置，其语法格式为：InStr([start,] string1, string2[, compare])。其中，start 是可选参数，为一个数值表达式，用于指定查找的起始位置。string1、string2 是必需参数，分别用于指定要在其中进行查找的字符串和查找的内容。compare 是可选参数，用于指定查找时进行字符串比较的类型，具体取值请参见官方帮助文档。

步骤04 选择按钮控件。返回Excel视图，在"开发工具"选项卡下的"控件"组中单击"插入"按钮，在展开的下拉列表中单击"按钮（窗体控件）"图标，如下图所示。

步骤05 绘制按钮控件并指定宏。在工作表中的适当位置绘制按钮控件，在弹出的"指定宏"对话框的"宏名"列表框中单击"首字母大写"选项，如下图所示，然后单击"确定"按钮。

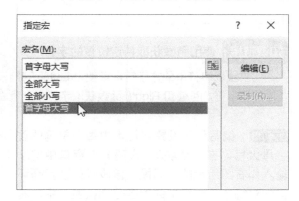

步骤06 运行"首字母大写()"过程代码。返回工作表，将按钮控件重命名为"首字母大写"，然后激活并单击该按钮，如下图所示。

步骤07 查看转换效果。程序执行完毕后，"英文名"列中单词的首字母都被转换为大写形式，其余字母为小写形式，如下图所示。

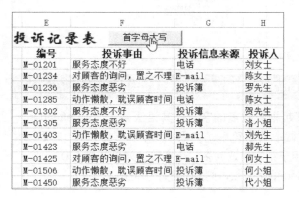

12.1.4　编写代码清除字母间的空格

若要清除字母间的空格，可使用 VBA 中的 Replace() 函数。具体操作如下。

步骤01　编写清除字母间空格的代码。继续上一小节的操作，进入VBE编程环境，插入"模块4"，在其代码窗口中输入如右图所示的代码段。

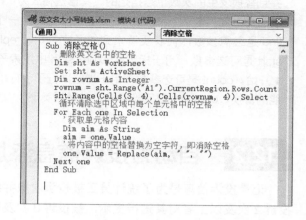

```
Sub 消除空格()
    ' 删除英文名中的空格
    Dim sht As Worksheet
    Set sht = ActiveSheet
    Dim rownum As Integer
    rownum = sht.Range("A1").CurrentRegion.Rows.Count
    sht.Range(Cells(3, 4), Cells(rownum, 4)).Select
    ' 循环清除选中区域中每个单元格中的空格
    For Each one In Selection
        ' 获取单元格内容
        Dim aim As String
        aim = one.Value
        ' 将内容中的空格替换为空字符，即消除空格
        one.Value = Replace(aim, " ", "")
    Next one
End Sub
```

知识链接　**使用Replace()函数清除字母间的空格**

要清除字母间的空格，可使用 Replace() 函数将字符串中的空格替换为空（""），即零长度字符串。

步骤02　输入内容。返回Excel视图，在单元格D27中输入"jim smith"，如下图所示。

18	16	1/11	常宇	Austin	M-01102
19	17	1/12	陈扬	Daniel	M-01234
20	18	1/12	萧翔	Edward	M-01403
21	19	1/16	刘明宇	Elliott	M-01285
22	20	1/16	郑宇	Anthony	M-01451
23	21	1/19	罗衫	Sue	M-01541
24	22	1/19	瑶琼	Rose	M-01254
25	23	1/21	刘成	Alva	M-01248
26	24	1/25	郑宇	Anthony	M-01451
27				jim smith	
28					
29					
30					
31					
32					

步骤03　运行"消除空格()"宏代码。按Alt+F8组合键，打开"宏"对话框，在"宏名"列表框中单击"消除空格"选项，单击"执行"按钮，如下图所示。

宏

宏名(M)：

消除空格

全部大写
全部小写
首字母大写
消除空格

执行(R)
单步执行(S)
编辑(E)
创建(C)
删除(D)

步骤04　查看清除空格后的效果。程序执行完毕后，"英文名"列中的字符串中的空格即被清除了，效果如右图所示。

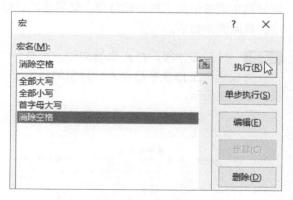

	A	B	C	D	E	F
16	14	1/10	胡骅	Eric	M-01423	服务态度恶劣
17	15	1/11	何子忻	Crystal	M-01305	动作懒散，耽
18	16	1/11	常宇	Austin	M-01102	对顾客的询问
19	17	1/12	陈扬	Daniel	M-01234	服务态度恶劣
20	18	1/12	萧翔	Edward	M-01403	对顾客的询问
21	19	1/16	刘明宇	Elliott	M-01285	服务态度恶劣
22	20	1/16	郑宇	Anthony	M-01451	动作懒散，耽
23	21	1/19	罗衫	Sue	M-01541	服务态度极差
24	22	1/19	瑶琼	Rose	M-01254	服务态度恶劣
25	23	1/21	刘成	Alva	M-01248	服务态度差
26	24	1/25	郑宇	Anthony	M-01451	服务态度差
27				jimsmith		
28						
29						

> ✖ **重点语法与代码剖析：Replace() 函数的用法**
>
> Replace() 函数用于返回一个字符串，该字符串中指定的子字符串已被替换成另一个子字符串，并且替换发生的次数也是指定的。其语法格式为：Replace(expression, find, replace[, start[, count[, compare]]])。其中，expression 是必需参数，为一个字符串表达式，其中包含要替换的子字符串。find 是必需参数，代表要搜索到的子字符串。replace 是必需参数，代表用来替换的子字符串。start 是可选参数，用于指定在 expression 中搜索子字符串的开始位置。如果忽略该参数，假定从 1 开始。count 是可选参数，用于指定进行子字符串替换的次数。其默认值为 –1，表示进行所有可能的替换。compare 是可选参数，其数据类型为数字值，表示判别子字符串时所用的比较方式。

12.2 ▸ 自动为投诉信息添加批注

记录投诉信息是为了统计员工被投诉次数并给予相应的处理，例如，被投诉 2 次及以上者对其进行提示，被投诉 3 次及以上者处以停职检查。使用 Excel 的分类汇总功能按"被投诉人"字段进行统计，可获取员工被投诉的次数，但是这样做比较费时。本节将使用 VBA 程序代码自动统计员工被投诉的次数并给出相应的处理意见，以批注的形式添加到工作表中。

扫码看视频

◎ 原始文件：实例文件\第12章\原始文件\投诉信息管理.xlsx
◎ 最终文件：实例文件\第12章\最终文件\投诉信息管理.xlsm

12.2.1 编写代码自动添加批注

本小节将通过编写 VBA 程序代码，首先统计员工被投诉的次数，然后根据统计结果和公司规定分别生成每位员工的处理意见，最后将统计结果和处理意见以批注的形式添加到相应的单元格中。具体操作如下。

步骤01 打开工作簿。打开原始文件，可看到"一月投诉"工作表中已录入一月份的投诉记录，如下图所示。

步骤02 插入"模块1"。进入VBE编程环境，在"工程"窗口中右击"VBAProject（投诉信息管理.xlsx）"选项，在弹出的快捷菜单中单击"插入>模块"命令，如下图所示。

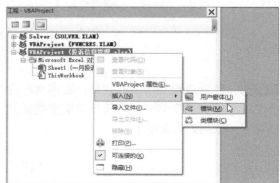

步骤03 编写"添加注释()"过程代码。在"模块1（代码）"窗口中输入如下图所示的代码段，该段代码是"添加注释()"过程的第1部分代码，主要用于定义数组，保存被投诉人的名字及被投诉次数，并获取当前工作表的行数。

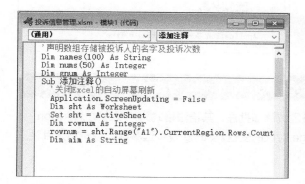

步骤04 编写代码统计员工被投诉的次数。在"模块1（代码）"窗口中继续输入如下图所示的代码段，该段代码是"添加注释()"过程的第2部分代码，主要调用自定义的Have()函数判定是否记录了该员工的名称。如果没有，则插入新记录，并记录被投诉次数。

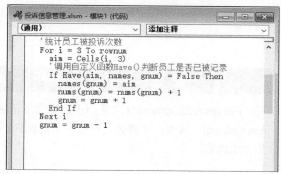

步骤05 编写代码消除数组中的空白数据。在"模块1（代码）"窗口中继续输入如下图所示的代码段，该段代码是"添加注释()"过程的第3部分代码，用于清除数组中的空白数据。

步骤06 编写代码生成批注文本。在"模块1（代码）"窗口中继续输入如下图所示的代码段，该段代码是"添加注释()"过程的第4部分代码，用于生成被投诉2次及2次以上员工的批注文本。

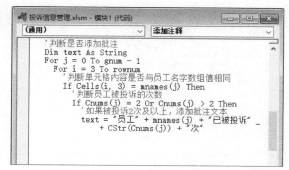

步骤07 编写代码生成被投诉3次及3次以上员工的批注文本。在"模块1（代码）"窗口中继续输入如右图所示的代码段，该段代码是"添加注释()"过程的第5部分代码，用于生成被投诉3次及3次以上员工的批注文本，并删除工作表中已有的批注信息。

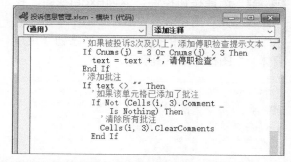

✖ 重点语法与代码剖析：Range.ClearComments 方法的用法

Range.ClearComments 方法用于清除指定单元格区域中的所有单元格批注。其语法格式为：表达式 .ClearComments。其中，"表达式"是一个代表 Range 对象的变量。

步骤08 编写代码添加批注信息。在"模块1（代码）"窗口中继续输入如右图所示的代码段，该段代码是"添加注释()"过程的第6部分代码，主要使用Range.AddComment方法添加批注，然后将names和nums数组清零。

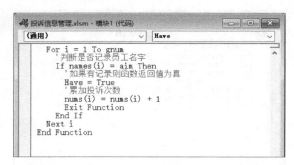

✖ 重点语法与代码剖析：Range.AddComment 方法的用法

Range.AddComment 方法用于为指定单元格区域添加批注。其语法格式为：表达式 .AddComment(string)。其中，"表达式"是一个代表 Range 对象的变量。string 是可选参数，用于指定批注的文本内容。

步骤09 自定义Have()函数统计投诉次数。在"模块1（代码）"窗口中继续输入如下图所示的代码段，该段代码首先恢复了Excel的自动屏幕刷新功能，然后声明了自定义函数Have()的变量。

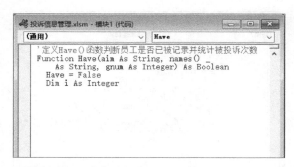

步骤10 编写代码统计员工被投诉的次数。在"模块1（代码）"窗口中继续输入如下图所示的代码段，该段代码用于判断是否记录过该员工的姓名。如果记录过，则投诉次数加1，并且函数返回值为True。

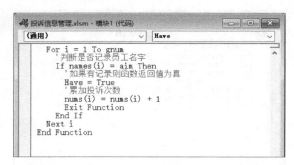

步骤11 选择按钮控件。返回Excel视图，在"开发工具"选项卡的"控件"组中单击"插入"按钮，在展开的列表中单击"按钮（用户窗体）"图标，如下图所示。

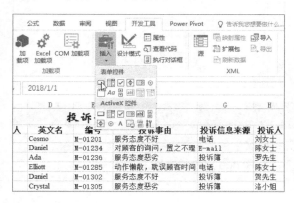

步骤12 绘制按钮控件并指定宏。在工作表中绘制按钮控件，在弹出的"指定宏"对话框的"宏名"列表框中单击"添加注释"选项，如下图所示，然后单击"确定"按钮。

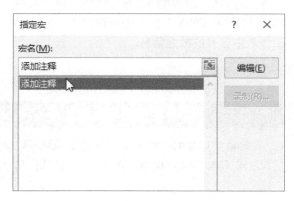

步骤13 运行"添加注释()"过程代码。返回工作表，将按钮控件重命名为"添加注释"，然后激活并单击该按钮，如下图所示。

	A	B	C	D	E
1		添加注释			投诉记
2	序号	日期	被投诉人	英文名	编号
3	1	1/1	罗明浩	Cosmo	M-01201
4	2	1/1	陈扬	Daniel	M-01234
5	3	1/2	罗好	Ada	M-01236
6	4	1/2	刘明宇	Elliott	M-01285
7	5	1/3	陈扬	Daniel	M-01302
8	6	1/3	何子忻	Crystal	M-01305
9	7	1/5	萧翔	Edward	M-01403
10	8	1/6	胡骅	Eric	M-01423
11	9	1/8	陈兰	Janet	M-01425
12	10	1/8	郝鹏	Jack	M-01506

步骤14 查看运行"添加注释()"过程代码后的效果。过程代码执行完毕后，可看到工作表中已添加好批注，如下图所示。

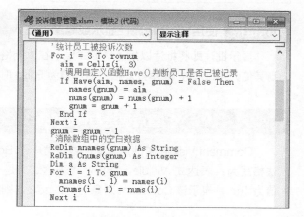

12.2.2　编写代码自动显示特定批注

上一小节添加并显示的是所有需给出处理意见的统计结果的批注，本小节将在此基础上修改代码，只显示满足特定条件（如被投诉 3 次及以上）的批注。具体操作如下。

步骤01 编写"显示注释()"过程代码。继续上一小节的操作，进入VBE编程环境，插入"模块2"，在其代码窗口中输入如下图所示的代码段，该段代码与"添加注释()"过程的第1部分代码相同。

步骤02 编写代码统计员工被投诉的次数并消除数组中的空白数据。在"模块2（代码）"窗口中继续输入如下图所示的代码段，该段代码主要用于将员工姓名写入names数组，再统计其被投诉的次数，写入nums数组，然后使用循环语句消除数组中的空白数据。

```
投诉信息管理.xlsm - 模块2 (代码)
(通用)                      显示注释

'声明数组存储被投诉人的名字及投诉次数
Dim names(100) As String
Dim nums(50) As Integer
Dim gnum As Integer
Sub 显示注释()
'关闭Excel的自动屏幕刷新
Application.ScreenUpdating = False
Dim sht As Worksheet
Set sht = ActiveSheet
Dim rownum As Integer
rownum = sht.Range("A1").CurrentRegion.Rows.Count
Dim aim As String
gnum = 1
```

```
投诉信息管理.xlsm - 模块2 (代码)
(通用)                      显示注释

'统计员工被投诉次数
For i = 3 To rownum
    aim = Cells(i, 3)
    '调用自定义函数Have() 判断员工是否被记录
    If Have(aim, names, gnum) = False Then
        names(gnum) = aim
        nums(gnum) = nums(gnum) + 1
        gnum = gnum + 1
    End If
Next i
gnum = gnum - 1
'消除数组中的空白数据
ReDim mnames(gnum) As String
ReDim Cnums(gnum) As Integer
Dim a As String
For i = 1 To gnum
    mnames(i - 1) = names(i)
    Cnums(i - 1) = nums(i)
Next i
```

步骤03 编写代码生成批注文本。在"模块2（代码）"窗口中继续输入如下左图所示的代码段，该段代码用于生成被投诉2次及2次以上员工的批注文本。

步骤04 编写代码在单元格中添加批注。在"模块2（代码）"窗口中继续输入如下右图所示的代码段，该段代码的前半部分用于生成被投诉3次及3次以上员工的批注文本，后半部分用于判断单元格是否已添加批注。

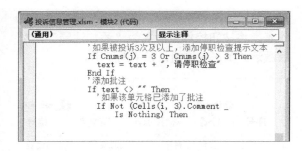

```
'判断是否添加批注
Dim text As String
For j = 0 To gnum - 1
  For i = 3 To rownum
    '判断单元格内容是否与员工名字数组值相同
    If Cells(i, 3) = mnames(j) Then
      '判断员工被投诉的次数
      If Cnums(j) = 2 Or Cnums(j) > 2 Then
        '如果被投诉2次及以上，添加批注文本
        text = "员工" + mnames(j) + "已被投诉" _
          + CStr(Cnums(i)) + "次"
```

```
'如果被投诉3次及以上，添加停职检查提示文本
If Cnums(j) = 3 Or Cnums(j) > 3 Then
  text = text + "，请停职检查"
End If
'添加批注
If text <> "" Then
  '如果该单元格已添加了批注
  If Not (Cells(i, 3).Comment _
    Is Nothing) Then
```

步骤05 编写代码添加批注并判断是否显示。在"模块2（代码）"窗口中继续输入如下图所示的代码段，该段代码的前半部分用于清除单元格中已有的批注，添加新的批注，并立即隐藏批注。

步骤06 编写代码显示批注并定义Have()函数。在"模块2（代码）"窗口中继续输入如下图所示的代码段。该段代码的前半部分用于在nums数组的值大于或等于3时，显示对应单元格的批注，后半部分是Have()函数的前半部分代码。

```
          '清除所有批注
          Cells(i, 3).ClearComments
        End If
        '为单元格重新添加批注并暂时隐藏批注
        Cells(i, 3).AddComment (text)
        Cells(i, 3).Comment.Visible = False
      End If
    End If
  End If
  Next i
Next j
```

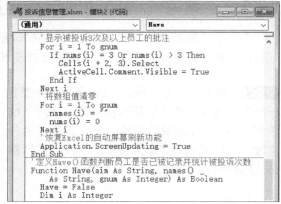

```
      '显示被投诉3次及以上员工的批注
      For i = 1 To gnum
        If nums(i) = 3 Or nums(i) > 3 Then
          Cells(i + 2, 3).Select
          ActiveCell.Comment.Visible = True
        End If
      Next i
      '将数组值清零
      For i = 1 To gnum
        names(i) = ""
        nums(i) = 0
      Next i
      '恢复Excel的自动屏幕刷新功能
      Application.ScreenUpdating = True
End Sub
'定义Have()函数判断员工是否已被记录并统计被投诉次数
Function Have(aim As String, names() _
  As String, gnum As Integer) As Boolean
  Have = False
  Dim i As Integer
```

知识链接 **使用Visible属性显示或隐藏批注**

显示批注即将批注以批注框形式显示在单元格上，可使用 Comment 对象的 Visible 属性来设置。当其值为 True 时，显示批注框；当其值为 False 时，隐藏批注框。

✖ 重点语法与代码剖析：Comment.Visible 属性的用法

Comment.Visible 属性用于返回或设置一个 Boolean 值，它决定对象是否可见、可读写。其语法格式为：表达式 .Visible。其中，"表达式"是一个代表 Comment 对象的变量。如果该属性的值为 True，表示该 Comment 对象可见；反之，则隐藏该 Comment 对象。

步骤07 编写代码累计投诉次数。在"模块2（代码）"窗口中继续输入如右图所示的代码段，该段代码是Have()函数的后半部分代码，主要用于判断是否记录员工姓名。如果需要记录，则函数返回值为True，并且为相应的nums数组值加1。

```
  For i = 1 To gnum
    '判断是否记录员工名字
    If names(i) = aim Then
      '如果有记录则函数返回值为真
      Have = True
      '累加投诉次数
      nums(i) = nums(i) + 1
      Exit Function
    End If
  Next i
End Function
```

👍 **高手点拨：** "添加注释()" 与 "显示注释()" 过程代码的区别

本小节中的 "显示注释()" 过程代码与上一小节中的 "添加注释()" 过程代码在主体上基本相同，二者的区别在于："添加注释()" 过程在统计完员工被投诉次数并生成处理意见后直接添加批注；"显示注释()" 过程也同样添加批注，但马上将批注隐藏，然后通过判断被投诉次数是否大于或等于3来决定是否将批注恢复显示。

步骤08 选择按钮控件。返回Excel视图，在 "开发工具" 选项卡下的 "控件" 组中单击 "插入" 按钮，在展开的列表中单击 "按钮（窗体控件）" 图标，如下图所示。

步骤09 绘制按钮控件并指定宏。在工作表中的适当位置绘制按钮控件，在弹出的 "指定宏" 对话框中单击 "显示注释" 选项，如下图所示，然后单击 "确定" 按钮。

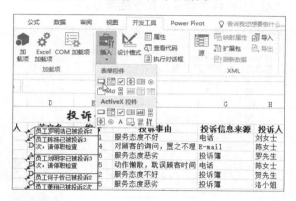

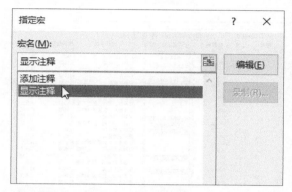

步骤10 运行 "显示注释()" 过程代码。返回工作表，将按钮控件重命名为 "显示被投诉3次注释"，激活并单击该按钮，如下图所示。

步骤11 查看运行 "显示注释()" 过程代码后的效果。过程代码运行完毕后，将重新为 "被投诉人" 字段添加批注，并显示被投诉3次及3次以上员工的批注，如下图所示。

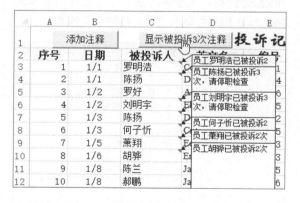

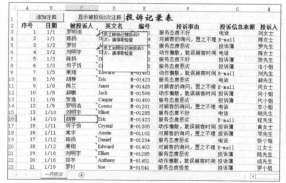

12.3 自动导入/导出批注信息及添加/移除作者名称

生成投诉信息处理意见的批注后，有时还需要将批注单独生成一个表格，以便打印出来发放给员工。如果手工将批注文本逐个复制到工作表中，既费时又费力。本节将通过编写 VBA 程序代码实现自动批量导出和导入批注信息，以及在批注框中批量添加或移除批注的作者名称。

扫码看视频

◎ 原始文件：实例文件\第12章\原始文件\投诉信息管理.xlsm
◎ 最终文件：实例文件\第12章\最终文件\导入和导出批注信息.xlsm

12.3.1 编写代码导出批注信息

本小节将编写 VBA 代码将批注信息批量导出至一个新工作表，其中包含批注信息的文本内容、批注信息所在单元格的行号和列号，导出后删除原工作表中的批注。具体操作如下。

步骤01 打开工作簿。打开原始文件，可看到该工作簿中已添加了被投诉员工的批注信息，如下图所示。

步骤02 插入模块。进入 VBE 编程环境，在"工程"窗口中右击"VBAProject（投诉信息管理.xlsm）"选项，在弹出的快捷菜单中单击"插入>模块"命令，如下图所示。

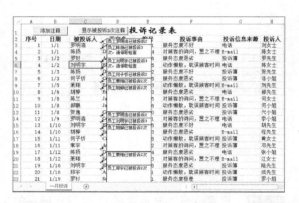

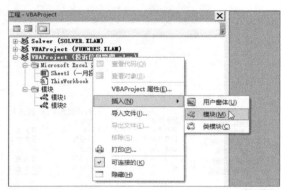

步骤03 编写"导出批注()"过程代码。在"模块3（代码）"窗口中输入如下图所示的代码段，该段代码是"导出批注()"过程的第1部分代码，用于声明变量，保存当前工作表和新工作表，并创建新工作表。

步骤04 编写代码将批注信息写入新工作表。在"模块3（代码）"窗口中继续输入如下图所示的代码段，该段代码是"导出批注()"过程的第2部分代码，用于将批注文本及批注所在单元格的行号和列号写入"导出批注"工作表。

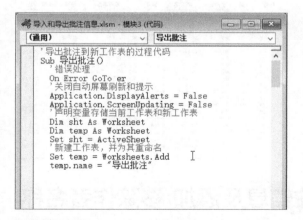

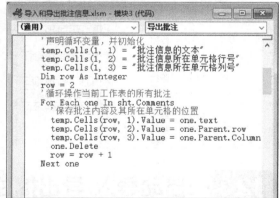

知识链接 获取批注所在单元格的行号和列号

在步骤 04 的代码中，为了获取批注所在单元格的行号和列号，利用了父级对象的概念。在 Excel 中，批注是依附于单元格区域而存在的，因此，Comment 对象的父级对象是 Range 对象，再通过获取 Range 对象的 Row 属性和 Column 属性，即可达到目的。

> ✕ **重点语法与代码剖析：Comment.Parent 属性和 Comment.Delete 方法的用法**
>
> 在步骤 04 的代码段中通过 Comment.Parent 属性获取 Comment 对象的父级对象的行号和列号。例如，temp.Cells(row, 1).Value=one.Parent.row 语句用于将 Comment 对象所在单元格的行号写入 temp 工作表中指定的单元格。Comment.Delete 方法用于删除指定的 Comment 对象。

步骤05　编写代码自动调整"导出批注"工作表的行高和列宽。在"模块3（代码）"窗口中继续输入如下图所示的代码段，该段代码是"导出批注()"过程的第3部分代码，用于根据单元格内容自动调整行高和列宽，并以对话框提示导出批注成功。

步骤06　编写代码设置导出批注错误的提示信息。在"模块3（代码）"窗口中继续输入如下图所示的代码段，该段代码是"导出批注()"过程的最后一部分代码，用于在导出批注不成功时，以对话框进行提示，并删除新建的临时工作表。

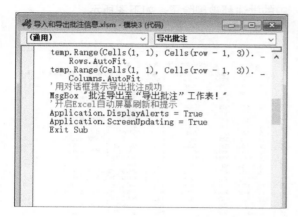

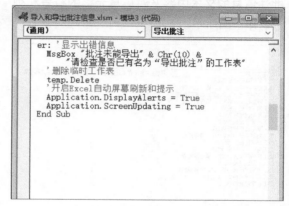

步骤07　选择按钮控件。返回Excel视图，在"开发工具"选项卡下的"控件"组中单击"插入"按钮，在展开的列表中单击"按钮（窗体控件）"图标，如下图所示。

步骤08　绘制按钮控件并指定宏。在工作表中的适当位置绘制按钮控件，在弹出的"指定宏"对话框的"宏名"列表框中单击"导出批注"选项，如下图所示，然后单击"确定"按钮。

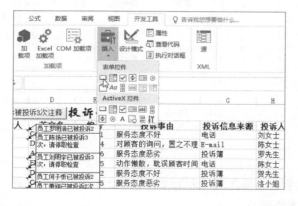

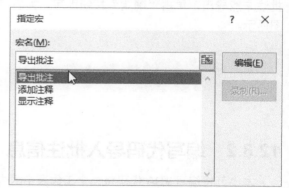

步骤09　运行"导出批注()"过程代码。返回工作表，将按钮控件重命名为"导出批注"，激活并单击该按钮，即可运行"导出批注()"过程代码，如下左图所示。

步骤10　弹出提示框。代码执行完毕后，弹出提示框，提示用户批注导出成功，单击"确定"按钮即可，如下右图所示。

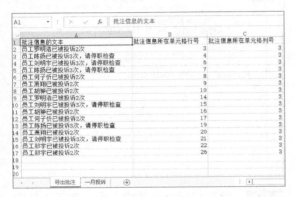

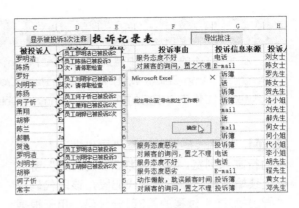

步骤11 查看导出的批注信息。系统自动切换至"导出批注"工作表，可以在工作表中看到批注信息的文本内容及对应单元格的行号和列号，如下图所示。

步骤12 查看导出批注后原工作表的效果。切换至"一月投诉"工作表，可以看到原工作表中的批注都被删除了，如下图所示。

步骤13 错误提示信息。如果在工作簿中已存在"导出批注"工作表的情况下，再次单击"导出批注"按钮，将弹出提示框，提示用户批注未能导出，单击"确定"按钮即可，如右图所示。

12.3.2　编写代码导入批注信息

本小节将编写 VBA 代码将一个工作表中的内容批量导入另一个工作表中作为批注，要导入的批注所在的工作表由用户通过对话框指定。具体操作如下。

步骤01 编写"导入批注()"过程代码。继续上一小节的操作，进入VBE编程环境，在"模块3（代码）"窗口中继续输入如下左图所示的代码段，该段代码是"导入批注()"过程的第1部分代码，用于获取用户输入的导入批注工作表的名称，并判断是否输入了工作表名称。

步骤02 编写代码获取批注工作表的行数。在"模块3（代码）"窗口中继续输入如下右图所示的代码段，该段代码是"导入批注()"过程的第2部分代码，用于获取批注工作表的行数，然后使用循环语句操作批注工作表的每一行。

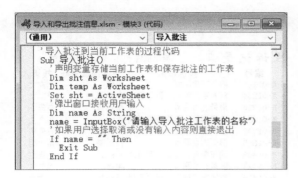

步骤03 编写代码添加批注信息。在"模块3（代码）"窗口中继续输入如下图所示的代码段，该段代码是"导入批注()"过程的最后一部分代码，前两条语句用于获取批注文本对应的行号和列号，其余代码用于在当前工作表的相应单元格中添加批注信息。

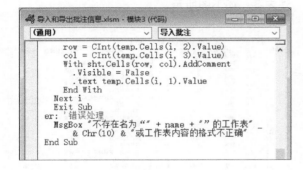

步骤04 绘制按钮控件并指定宏。选择按钮控件后，在工作表中的适当位置绘制按钮控件，在弹出的"指定宏"对话框的"宏名"列表框中单击"导入批注"选项，如下图所示，然后单击"确定"按钮。

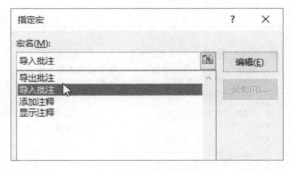

步骤05 运行"导入批注()"过程代码。返回工作表，将按钮控件重命名为"导入批注"，激活并单击该按钮，如下图所示。

步骤06 输入导入批注工作表的名称。此时弹出输入对话框，提示用户输入导入批注工作表的名称，在文本框中输入"批注"，单击"确定"按钮，如下图所示。

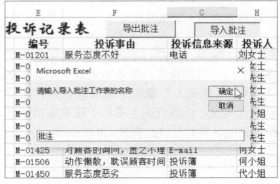

步骤07 弹出提示框。此时会弹出提示框，提示用户不存在名为"批注"的工作表或工作表内容的格式不正确，单击"确定"按钮，如下图所示。

步骤08 重新运行"导入批注()"过程代码。返回工作表，再次单击"导入批注"按钮，如下图所示。

步骤09 输入导入批注工作表的名称。弹出输入对话框，在文本框中输入"导出批注"，单击"确定"按钮，如下图所示。

步骤10 查看导入批注后的效果。系统继续执行"导入批注()"过程代码，执行完毕后，工作表中就添加了相应的批注文本信息，将鼠标指针置于添加了批注的单元格上，即可显示批注内容，如下图所示。

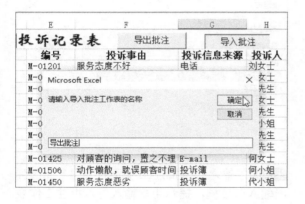

12.3.3 编写代码添加作者名称

本小节将编写 VBA 代码获取本机当前用户的名称，并添加到工作表中已有的批注内容前作为批注作者名称。具体操作如下。

步骤01 编写"添加作者名称()"过程代码。继续上一小节的操作，进入VBE编程环境，在"模块3（代码）"窗口中继续输入如右图所示的代码段，该段代码主要用于获取本机上当前用户的名称并赋值给变量authorname。

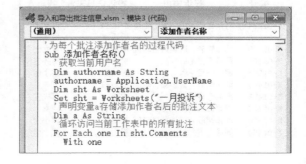

步骤02 编写代码添加作者名称。在"模块3（代码）"窗口中继续输入如右图所示的代码段，该段代码用于将用户名称连接在批注文本前面，然后添加到工作表中。

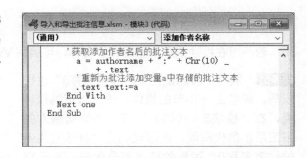

知识链接 **批注信息内容**

批注信息内容包括作者名称和批注文本，作者名称又称为当前用户名称，可以使用 Application 对象的 UserName 属性来设置。

✖ 重点语法与代码剖析：Application.UserName 属性的用法

Application.UserName 属性用于返回或设置当前用户的名称，其数据类型为 String 类型。其语法格式为：表达式.UserName。其中，"表达式"是一个代表 Application 对象的变量。该属性一般用于返回当前用户的名称。

步骤03 绘制按钮控件并指定宏。返回Excel视图，选择按钮控件后，在工作表中绘制按钮控件，在弹出的"指定宏"对话框的"宏名"列表框中单击"添加作者名称"选项，如下图所示，然后单击"确定"按钮。

步骤04 运行"添加作者名称()"过程。返回工作表，将按钮控件重命名为"添加批注作者名称"，激活并单击该按钮，如下图所示。

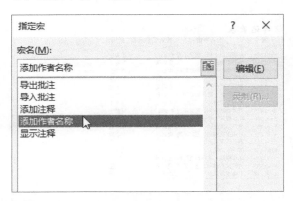

步骤05 查看运行"添加作者名称()"过程代码后的效果。程序运行完毕后，将鼠标指针置于带批注文本的单元格上，此时显示出的批注文本即添加了当前用户的名称，如右图所示。

12.3.4 编写代码移除作者名称

若不想在批注信息中显示作者名称，可编写 VBA 代码来移除作者名称。具体操作如下。

步骤01 编写"移除批注中的作者名称()"过程代码。继续上一小节的操作，进入VBE编程环境，在"模块3（代码）"窗口中继续输入如下图所示的代码段，该段代码是"移除批注中的作者名称()"过程的前半部分代码，用于声明保存作者名称长度、批注文本的长度和删除作者名称后的长度的变量。

步骤02 重新添加批注文本。在"模块3（代码）"窗口中继续输入如下图所示的代码段，该段代码是"移除批注中的作者名称()"过程的后半部分代码，该段代码主要使用Len()函数获取批注文本的长度和作者名称的长度，然后使用Right()函数获取批注文本信息。

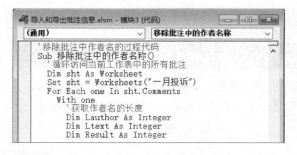

步骤03 绘制按钮控件并指定宏。返回Excel视图，选择按钮控件后，在工作表中绘制按钮控件，在弹出的"指定宏"对话框的"宏名"列表框中单击"移除批注中的作者名称"选项，如下图所示，然后单击"确定"按钮。

步骤04 运行"移除批注中的作者名称()"过程代码。返回工作表，将按钮控件重命名为"移除批注作者名称"，激活并单击该按钮，如下图所示。

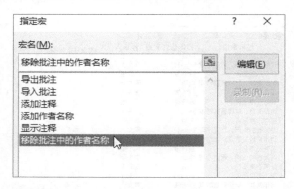

步骤05 查看移除批注作者名称后的效果。程序执行完毕后，将鼠标指针置于带有批注文本的单元格上，显示出的批注文本中已没有作者名称，效果如右图所示。

自动生成产品分析报告

在分析数据时，通常会使用 Excel 完成报表和图表的制作，而在需要汇报和展示分析成果时，又要用到 Word 和 PowerPoint。本章将介绍如何使用 Excel VBA 程序代码实现三个组件之间的协作，包括：在 Excel 工作表中插入 Word 文档的内容，自动生成产品报价单；将 Excel 工作表中的数据自动制作成图表，并生成销售分析报告 Word 文档和 PowerPoint 演示文稿。

13.1 自动制作产品报价单

假设已有一些产品报价资料，包括一张存放于 Excel 工作表中的"产品报价单"，其中有若干产品的品牌、名称、型号规格、报价等信息，以及各自存放在不同 Word 文档中的产品品牌简介。现在希望对这些资料进行梳理与整合，制作出新的产品报价单。要求新报价单按照品牌归类存放在不同的工作表中，每个工作表都包含该品牌的简介和各产品的信息。本节将使用 VBA 程序代码自动完成新的产品报价单的制作。

扫码看视频

◎ **原始文件：** 实例文件\第13章\原始文件\产品汇总表.xlsx、诺基亚手机简介.docx、索尼爱立信手机的简介.docx

◎ **最终文件：** 实例文件\第13章\最终文件\制作产品报价单.xlsm

13.1.1 编写代码获取文档保存位置

各个品牌的简介存放在不同的 Word 文档中，要将这些文档的内容分别插入不同的工作表，首先必须获取文档的保存位置。本小节就来编写达到上述目的的 VBA 代码。

步骤01 打开原始文件。打开原始文件"产品汇总表.xlsx"，可看到在"产品报价单"工作表中已录入各种品牌手机的型号及报价数据，如下图所示。

步骤02 打开诺基亚手机简介文档。打开"诺基亚手机简介.docx"文档，可看到该文档简单介绍了诺基亚手机的特点，如下图所示。

步骤03 打开索尼爱立信手机简介文档。打开"索尼爱立信手机的简介.docx"文档，可看到该文档简单介绍了索尼爱立信手机的情况，如下图所示。

步骤04 插入模块。进入VBE编程环境，在"工程"窗口中右击"VBAProject（产品汇总表.xlsx）"选项，在弹出的快捷菜单中单击"插入>模块"命令，如下图所示。

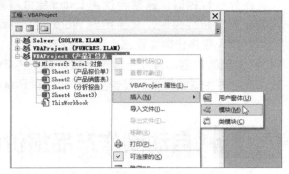

步骤05 编写"报价单()"过程代码。在打开的"模块1（代码）"窗口中输入如下图所示的代码段，该段代码是"报价单()"过程的第1部分代码，主要用于定义保存品牌名的数组，然后获取"产品报价"工作表的行数。

```vba
'按产品品牌分类生成产品报价单
Sub 报价单()
    '保存当前工作表
    Dim Source As Worksheet
    Set Source = Worksheets("产品报价单")
    '声明数组存储品牌名
    Dim PinPai(10) As String
    '获取"产品报价"工作表的行数
    Dim rownum As Integer
    rownum = Source.Range("A2").CurrentRegion. _
        Rows.Count
    '获取工作表中品牌的种类并将其赋值给数组
    Dim aim As String
    Dim gnums As Integer
    gnums = 1
```

步骤06 编写代码获取品牌的唯一值。在"模块1（代码）"窗口中继续输入如下图所示的代码段，该段代码是"报价单()"过程的第2部分代码，主要用于获取品牌的唯一值，并将其赋值给数组变量PinPai()。

```vba
'获取品牌的唯一值并将其赋值给数组
For i = 3 To rownum
    aim = Cells(i, 1)
    '判断其是否已经被记录
    If Not Have(aim, PinPai, gnums) Then
        PinPai(gnums) = aim
        gnums = gnums + 1
    End If
Next i
gnums = gnums - 1
```

步骤07 编写代码创建产品报价单工作表。在"模块1（代码）"窗口中继续输入如下图所示的代码段，该段代码是"报价单()"过程的第3部分代码，主要调用自定义函数GetPath()获取品牌描述信息文档的路径，然后调用自定义函数CreateSheet()创建产品报价单。

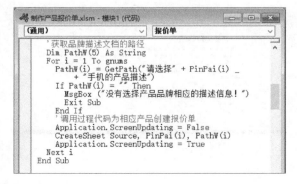

```vba
    '获取品牌描述文档的路径
    Dim PathW(5) As String
    For i = 1 To gnums
        PathW(i) = GetPath("请选择" + PinPai(i) _
            + "手机的产品描述")
        If PathW(i) = "" Then
            MsgBox ("没有选择产品品牌相应的描述信息！")
            Exit Sub
        End If
        '调用过程代码为相应产品创建报价单
        Application.ScreenUpdating = False
        CreateSheet Source, PinPai(i), PathW(i)
        Application.ScreenUpdating = True
    Next i
End Sub
```

步骤08 自定义Have()函数检测数组值是否存在。在"模块1（代码）"窗口中继续输入如下图所示的代码段，该段代码定义了一个Have()函数，用于判断工作表第1列中的品牌名是否已写入数组变量PinPai()中。如果已写入，Have()函数返回值为真；反之，则为假。

```vba
'自定义函数检查指定内容是否存在于数组中
Function Have(aim As String, PinPai() _
    As String, gnums As Integer) As Boolean
    Have = False
    For i = 1 To gnums
        If PinPai(i) = aim Then
            Have = True
            Exit Function
        End If
    Next i
End Function
```

步骤09 自定义函数GetPath()获取文档路径。在"模块1（代码）"窗口中继续输入如下图所示的代码段，该段代码是GetPath()函数的前半部分代码，主要使用Application.FileDialog 属性设置文件对话框的标题、选择文件类型、选取文件的个数等属性。

步骤10 编写代码获取对话框中所选文件的路径。在"模块1（代码）"窗口中继续输入如下图所示的代码段，该段代码是GetPath()函数的后半部分代码，判断是否显示内置对话框。如果显示，则返回所选文件的路径。

✖ 重点语法与代码剖析：Application.FileDialog 属性的用法

Application.FileDialog 属性用于返回一个 FileDialog 对象，该对象表示文件对话框的实例。其语法格式为：表达式 .FileDialog(fileDialogType)。其中，fileDialogType 是必需参数，用于指定文件对话框的类型。该参数可以为以下常量。

- msoFileDialogFilePicker：指"文件选取器"对话框，表示允许用户选择一个文件。
- msoFileDialogFolderPicker：指"文件夹选取器"对话框，表示允许用户选择一个文件夹。
- msoFileDialogOpen：指"打开"对话框，表示允许用户打开一个文件。
- msoFileDialogSaveAs：指"另存为"对话框，表示允许用户保存一个文件。

在步骤 09 的代码段中，还使用了 FileDialog.Title 属性，它用于设置或获取使用 FileDialog 属性显示的文件对话框的标题。该属性可读 / 写。FileDialog.Filters.Clear 和 FileDialog.Filters.Add 方法用于设置对话框中选择文件的类型。

知识链接 **引用Word文档属性**

在 VBE 编程环境中打开"引用"对话框，然后勾选 Microsoft Word 16.0 Object Library 复选框，即可在 Excel VBA 中引用 Word 文档属性。

✖ 重点语法与代码剖析：FileDialog.Show 方法和 FileDialog.SelectedItems 属性的用法

FileDialog.Show 方法用于显示文件对话框并返回一个 Long 类型的值，指示用户按下的是"操作"按钮（-1）还是"取消"按钮（0）。调用 Show 方法时，在用户关闭文件对话框之前不会执行其他代码。在"打开"和"另存为"对话框中，使用 Show 方法后会立即使用 Execute 方法执行用户操作。其语法格式为：表达式 .Show。其中，"表达式"是一个代表 FileDialog 对象的变量。

FileDialog.SelectedItems 是只读属性，用于获取一个 FileDialogSelectedItems 集合。此集合包含用户在使用 FileDialog 对象的 Show 方法显示的文件对话框中所选文件的路径列表。其语法格式为：表达式 .SelectedItems。其中，"表达式"是一个代表 FileDialog 对象的变量。

13.1.2　编写代码将文档内容复制到指定工作表中

获取文档的保存位置后，本小节接着编写 VBA 代码将文档内容复制到指定的工作表中，实现自动制作产品报价单。具体操作如下。

步骤01　编写代码创建指定品牌的报价单工作表。继续上一小节的操作，在"模块1（代码）"窗口中继续输入如下图所示的代码段，该段代码是CreateSheet()过程的第1部分代码，用于新建临时工作表，并复制工作表表头。

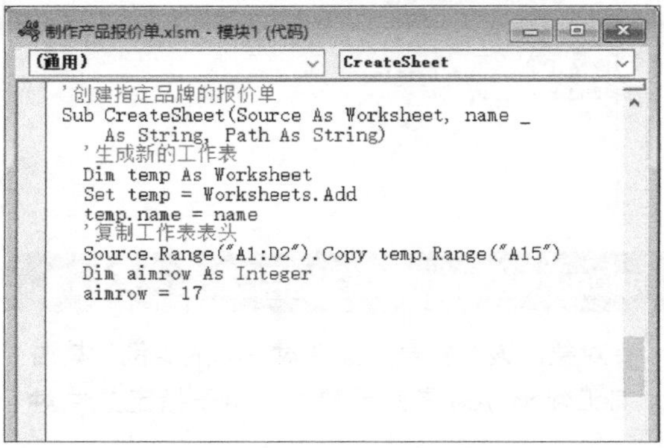

```
'创建指定品牌的报价单
Sub CreateSheet(Source As Worksheet, name _
    As String, Path As String)
'生成新的工作表
Dim temp As Worksheet
Set temp = Worksheets.Add
temp.name = name
'复制工作表表头
Source.Range("A1:D2").Copy temp.Range("A15")
Dim aimrow As Integer
aimrow = 17
```

步骤02　编写代码将原工作表中指定品牌产品的报价数据复制到临时工作表中。在"模块1（代码）"窗口中继续输入如下图所示的代码段，该段代码是CreateSheet()过程的第2部分代码，用于将同一品牌产品的记录复制到临时工作表中。

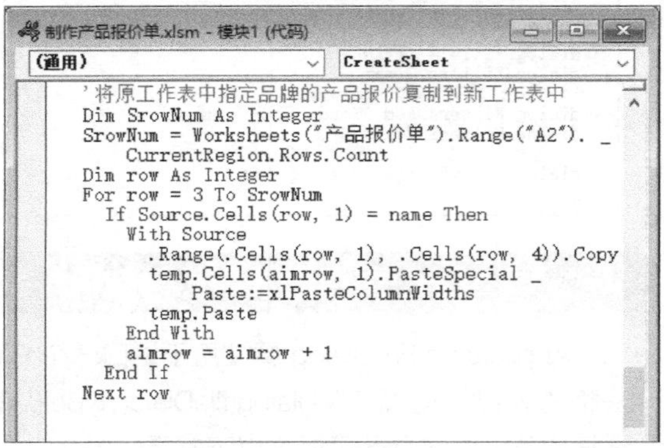

```
' 将原工作表中指定品牌的产品报价复制到新工作表中
Dim SrowNum As Integer
SrowNum = Worksheets("产品报价单").Range("A2"). _
    CurrentRegion.Rows.Count
Dim row As Integer
For row = 3 To SrowNum
    If Source.Cells(row, 1) = name Then
        With Source
            .Range(.Cells(row, 1), .Cells(row, 4)).Copy
            temp.Cells(aimrow, 1).PasteSpecial _
                Paste:=xlPasteColumnWidths
            temp.Paste
        End With
        aimrow = aimrow + 1
    End If
Next row
```

知识链接　特殊粘贴

特殊粘贴就是选择性粘贴，是将剪贴板中的信息按条件粘贴到指定位置，可只粘贴其格式、值或数字、公式、批注等。在 Excel VBA 中，可使用 Range 对象的 PasteSpecial 方法来实现特殊粘贴。

✖ 重点语法与代码剖析：Range.PasteSpecial 方法的用法

Range.PasteSpecial 方法用于将 Range 从剪贴板粘贴到指定的区域中。其语法格式为：表达式 .PasteSpecial(Paste, Operation, SkipBlanks, Transpose)。其中，Paste 是可选参数，其数据类型为 XlPasteType，用于指定要粘贴的区域。Operation 是可选参数，其数据类型为 XlPasteSpecial-Operation，用于指定粘贴时的计算操作。SkipBlanks 是可选参数，其数据类型为 Variant。如果该参数的值为 True，则不将剪贴板上区域中的空白单元格粘贴到目标区域中。其默认值为 False。Transpose 是可选参数，其数据类型为 Variant。如果该参数的值为 True，则在粘贴区域时转置行和列。其默认值为 False。

XlPasteType 用于指定要粘贴的区域，其常量值如下表所示。

名称	值	描述
xlPasteAll	-4104	粘贴全部内容
xlPasteAllExceptBorders	7	粘贴除边框外的全部内容
xlPasteAllUsingSourceTheme	13	使用源主题粘贴全部内容
xlPasteColumnWidths	8	粘贴复制的列宽
xlPasteComments	-4144	粘贴批注
xlPasteFormats	-4122	粘贴复制的源格式

续表

名称	值	描述
xlPasteFormulas	-4123	粘贴公式
xlPasteFormulasAndNumberFormats	11	粘贴公式和数字格式
xlPasteValidation	6	粘贴有效性
xlPasteValues	-4163	粘贴值
xlPasteValuesAndNumberFormats	12	粘贴值和数字格式

XlPasteSpecialOperation 用于指定工作表中目标单元格的数字数据的计算方式，其常量值如下表所示。

名称	值	描述
xlPasteSpecialOperationAdd	2	复制的数据与目标单元格中的值相加
xlPasteSpecialOperationDivide	5	复制的数据除以目标单元格中的值
xlPasteSpecialOperationMultiply	4	复制的数据乘以目标单元格中的值
xlPasteSpecialOperationNone	-4142	粘贴操作中不执行任何计算
xlPasteSpecialOperationSubtract	3	复制的数据减去目标单元格中的值

步骤03 编写代码将选取的文档嵌入工作表中。在"模块1（代码）"窗口中继续输入如下图所示的代码段，该段代码是CreateSheet()过程的最后一部分代码，其中使用Shapes.AddOLEObject方法将指定路径下的Word文档（即用户选取的Word文档）嵌入到当前工作表中。

步骤04 运行"报价单()"过程代码。返回Excel视图，在"开发工具"选项卡的"代码"组中单击"宏"按钮，弹出"宏"对话框。在"宏名"列表框中单击"报价单"选项，再单击"执行"按钮，如下图所示，即可执行"报价单()"过程代码。

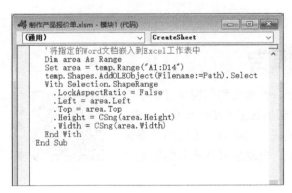

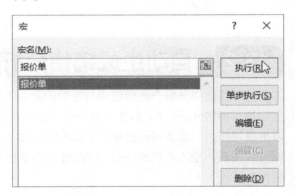

步骤05 选择诺基亚手机的产品描述。弹出"请选择诺基亚手机的产品描述"对话框，在地址栏中选择文档保存的位置，单击"诺基亚手机简介.docx"选项，单击"确定"按钮，如右图所示。

步骤06 选择索尼爱立信手机的产品描述。接着弹出"请选择索尼爱立信手机的产品描述"对话框，在地址栏中选择文档保存的位置，单击"索尼爱立信手机的简介.docx"选项，单击"确定"按钮，如右图所示。

步骤07 查看索尼爱立信手机的报价单。此时工作簿中新建了"索尼爱立信"和"诺基亚"两个工作表，切换至"索尼爱立信"工作表，可看到该表的前半部分内容是索尼爱立信手机的简介，后半部分内容是手机的报价，如下图所示。

步骤08 查看诺基亚手机的报价单。切换至"诺基亚"工作表，可看到在该工作表的上半部分显示了诺基亚手机的简介，在下半部分显示了诺基亚手机的报价，如下图所示。

13.2 自动生成销售分析报告

为了总结和分析产品销售中存在的问题或不足，许多公司都要求营销部门定期撰写销售分析报告。好的销售分析报告要有详细的数据表格和直观的图表，以增强说服力。本节将通过编写 Excel VBA 程序代码，根据用户选择的数据区域生成图表，插入事先制作好的 Word 文档模板中，自动生成各产品的销售分析报告。

扫码看视频

◎ 原始文件：实例文件\第13章\原始文件\产品汇总表.xlsx、销售分析报告.dotx
◎ 最终文件：实例文件\第13章\最终文件\自动生成分析报告.xlsm、销售分析报告.docx

13.2.1 编写创建销售分析报告的代码

为了将数据表格和图表插入 Word 文档模板的准确位置，需要在 Word 文档模板中添加书签进行定位，然后编写相应的 Excel VBA 程序代码。具体操作如下。

步骤01 打开销售数据。打开原始文件"产品汇总表.xlsx"，可看到在"产品销售表"工作表中已录入了2018年上半年各产品的销售数据，如下左图所示。

步骤02 打开销售分析报告模板。打开"销售分析报告.dotx"文件，在该文档模板中按照下表所示添加书签，效果如下右图所示。

行数	位置	书签名称
2	"时间："后	date
3	"报告人："后	reporter
4	"在"前	names
4	"期间"前	months
5	行首	table
7	行首	zhuxingtu
9	行首	zhexiantu

知识链接　书签功能

书签用于标记由用户指定的位置或选定的文本，以供将来引用。例如，可以使用书签来标注需要在以后修订的文本。使用"书签"对话框可以直接定位到相应文本。

步骤03 插入模块。进入VBE编程环境，在"工程"窗口中右击"VBAProject（产品汇总表.xlsx）"选项，在弹出的快捷菜单中单击"插入>模块"命令，插入模块，如下图所示。

步骤04 打开"引用"对话框。单击菜单栏中的"工具"菜单，单击"引用"命令，如下图所示，即可打开"引用"对话框。

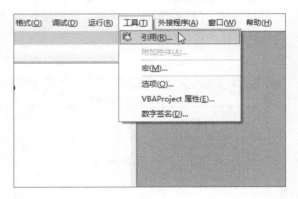

步骤05 引用Microsoft Word 16.0 Object Library。在"可使用的引用"列表框中勾选Microsoft Word 16.0 Object Library复选框，单击"确定"按钮，如下左图所示。

步骤06 编写"自动生成分析报告()"过程的代码。在"模块1（代码）"窗口中输入如下右图所示的代码段，该段代码是"自动生成分析报告()"过程的第1部分代码，用于获取用户选择的数据区域，并检查该区域的合法性。

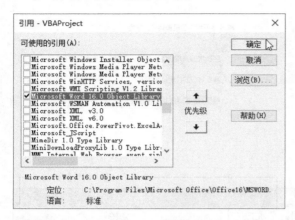

步骤07 编写代码调用对话框获取Word模板的路径。在"模块1（代码）"窗口中继续输入如下图所示的代码段，该段代码是"自动生成分析报告()"过程的第2部分代码，用于设置对话框的标题、选取类型、选择文件的个数等属性。

步骤08 编写代码获取选择文件的路径。在"模块1（代码）"窗口中继续输入如下图所示的代码段，该段代码是"自动生成分析报告()"过程的第3部分代码，用于判断是否选择了文件。若已选择文件，则获取该文件的路径。

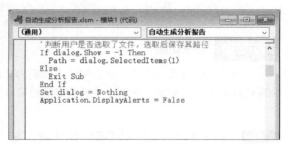

步骤09 编写代码获取用户选择区域的起止行列号。在"模块1（代码）"窗口中继续输入如下图所示的代码段，该段代码是"自动生成分析报告()"过程的第4部分代码，用于获取用户选择区域的起止行号和列号。

步骤10 编写代码将选择的区域复制到临时工作表中，并添加行标题和列标题。在"模块1（代码）"窗口中继续输入如下图所示的代码段，该段代码是"自动生成分析报告()"过程的第5部分代码，它使用Copy方法复制数据，生成临时工作表。

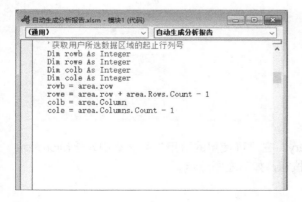

知识链接　**复制指定内容到指定位置**

常规的复制是将指定内容复制到剪贴板中，然后将其粘贴到指定位置，在 Excel VBA 中可使用 Copy 和 Paste 方法来实现。另外，也可以用 Copy 方法将指定内容直接复制到指定位置。

✖ 重点语法与代码剖析：Range.Copy 方法的用法

Range.Copy 方法用于将单元格区域复制到指定的区域或剪贴板中。其语法格式为：表达式 . Copy(destination)。其中，"表达式"是一个代表 Range 对象的变量。destination 是可选参数，用于指定要复制到的目标区域。如果省略此参数，Excel 会将区域复制到剪贴板。在步骤 10 的代码段中，主要使用该方法将 sht 工作表中的指定数据复制到 temp 工作表中的指定区域。

步骤11　编写代码创建柱形图。在"模块1（代码）"窗口中继续输入如下图所示的代码段，该段代码是"自动生成分析报告()"过程的第6部分代码，用于根据临时工作表中的数据创建柱形图，并设置柱形图的格式。

步骤12　编写代码复制生成折线图。在"模块1（代码）"窗口中继续输入如下图所示的代码段，该段代码是"自动生成分析报告()"过程的第7部分代码，用于复制已创建的柱形图，并更改图表类型为折线图。

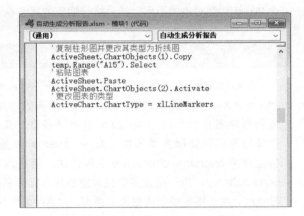

```
' 在临时工作表中创建柱形图
Charts.Add
ActiveChart.ChartType = xlColumnClustered
ActiveChart.SetSourceData Source:=temp.
    Range("A1").CurrentRegion, PlotBy:=xlRows
ActiveChart.Location where:=xlLocationAsObject, _
    Name:=temp.Name
' 设置柱形图的格式
With ActiveChart
  .HasTitle = False
  .Axes(xlCategory, xlPrimary).HasTitle = False
  .Axes(xlValue, xlPrimary).HasTitle = False
  .Axes(xlValue).MinimumScale = 40
  .Axes(xlValue).MajorUnit = 5
  .Axes(xlValue).MaximumScale = 70
End With
```

```
' 复制柱形图并更改其类型为折线图
ActiveSheet.ChartObjects(1).Copy
temp.Range("A15").Select
' 粘贴图表
ActiveSheet.Paste
ActiveSheet.ChartObjects(2).Activate
' 更改图表的类型
ActiveChart.ChartType = xlLineMarkers
```

知识链接　**坐标轴的单位设置**

坐标轴是界定图表绘图区的线条，用做度量的参照框架。Y 轴通常为垂直坐标轴并包含数据，X 轴通常为水平坐标轴并包含分类。使用 Axes 对象的 MinimumScale 和 MajorUnit 属性可以设置纵坐标轴的最小值刻度和主要刻度单位。

✖ 重点语法与代码剖析：设置纵坐标的格式

在步骤 11 的代码段中，使用 Axes 的 MinimumScale 属性设置纵坐标轴的最小值刻度为 40，使用 MajorUnit 属性设置纵坐标轴的主要刻度单位为 5，使用 MaximumScale 属性设置纵坐标轴的最大值刻度为 70。

步骤13　拼接出各产品完整的名称。在"模块1（代码）"窗口中继续输入如下左图所示的代码段，该段代码是"自动生成分析报告()"过程的第8部分代码，主要使用循环语句拼接出各产品完整的名称。

步骤14 编写代码创建Word对象。在"模块1（代码）"窗口中继续输入如下右图所示的代码段，该段代码是"自动生成分析报告()"过程的第9部分代码，用于生成月份字符串及根据用户选择的模板新建Word文档。

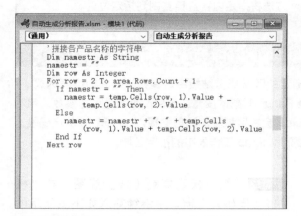

知识链接 创建一个ActiveX对象的引用

如果需要将制作好的报告表格或图表导出到 Word 文档中，可使用 CreateObject() 函数创建一个 Word 文档对象的引用，然后执行相应的属性操作。

✘ 重点语法与代码剖析：CreateObject() 函数的用法

CreateObject() 函数用于创建并返回一个对 ActiveX 对象的引用。其语法格式为：CreateObject (class[, servername])。其中，class 是必需参数，其数据类型为 Variant(String)，用于指定要创建的应用程序名称和类；servername 是可选参数，其数据类型为 Variant(String)，用于指定要在其上创建对象的网络服务器名称。如果 servername 是一个空字符串（""），则使用本地机器。class 参数使用 appname.objecttype 这种语法，包括以下部分：appname 是必需参数，其数据类型为 Variant(String)，用于指定提供该对象的应用程序名；objecttype 是必需参数，其数据类型为 Variant (String)，用于指定待创建对象的类型。注意：每个支持自动化的应用程序至少应提供一种对象类型。

在步骤 14 的代码段中，Set myDocx=.Documents.Add(Template:=Path, Visible:=True) 语句使用 Object.Add 方法根据用户选择的 Word 文档模板新建一个 Word 文档。

步骤15 编写代码在文档中的书签位置添加相应的数据。在"模块1（代码）"窗口中继续输入如右图所示的代码段，该段代码是"自动生成分析报告()"过程的第10部分代码，用于将当前时间、报告人、品牌名称和月份添加到相应的书签位置。

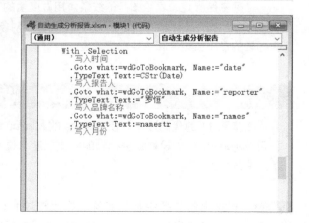

步骤16　编写代码在Word文档中插入Excel数据表格及Excel柱形图和折线图。在"模块1（代码）"窗口中继续输入如右图所示的代码段，该段代码是"自动生成分析报告()"过程的第11部分代码，用于将Excel中新建的临时工作表中的数据表格、柱形图和折线图添加到Word文档中相应的书签位置。

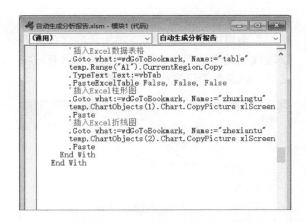

```
'插入Excel数据表格
.Goto what:=wdGoToBookmark, Name:="table"
temp.Range("A1").CurrentRegion.Copy
.TypeText Text:=vbTab
.PasteExcelTable False, False, False
'插入Excel柱形图
.Goto what:=wdGoToBookmark, Name:="zhuxingtu"
temp.ChartObjects(1).Chart.CopyPicture xlScreen
.Paste
'插入Excel折线图
.Goto what:=wdGoToBookmark, Name:="zhexiantu"
temp.ChartObjects(2).Chart.CopyPicture xlScreen
.Paste
End With
End With
```

知识链接　指定插入Word文档模板的数据位置及内容

在 Word 文档模板中使用书签标记好 Excel 数据插入的位置后，可使用 GoTo 方法来指明位置，然后使用 TypeText 方法指明插入的内容。

✖ 重点语法与代码剖析：Selection.GoTo 和 Selection.TypeText 方法的用法

Selection.GoTo 方法用于将插入点移至紧靠指定项之前的字符位置，并返回一个 Range 对象（除 wdGoToGrammaticalError、wdGoToProofreadingError、wdGoToSpellingError 常量之外）。其语法格式为：表达式 .GoTo(What, Which, Count, Name)。其中，What 是可选参数，表示范围或所选内容移动到的项目的种类，可以是 WdGoToItem 常量之一。Which 是可选参数，表示范围或所选内容要移动到的项目，可以是 WdGoToDirection 常量之一。Count 是可选参数，用于指定文档中的项数。其默认值为 1，只有正值有效。要指定范围或所选内容之前的一个项目，可使用 wdGoToPrevious 作为 Which 参数，并指定一个 Count 值。Name 是可选参数，如果 What 参数为 wdGoToBookmark、wdGoToComment、wdGoToField 或 wdGoToObject，则此参数指定一个名称。

Selection.TypeText 方法用于插入指定的文本。其语法格式为：表达式 .TypeText(Text)。其中，"表达式"是必需参数，表示一个代表 Selection 对象的变量；Text 是必需参数，其数据类型为 String，用于指定要插入的文本。需要注意的是，如果 ReplaceSelection 属性为 True，则用指定文本替换选定内容；如果 ReplaceSelection 属性为 False，则在选定内容之前插入指定文本。

步骤17　编写代码获取报告的保存路径。在"模块1（代码）"窗口中继续输入如下图所示的代码段，该段代码是"自动生成分析报告()"过程的第12部分代码，主要使用Application.FileDialog属性获取报告的保存文件夹。

```
'调用对话框获取分析报告的保存文件夹
Set dialog = Application.FileDialog _
    (msoFileDialogFolderPicker)
dialog.Title = "请选择保存报告的文件夹"
dialog.AllowMultiSelect = False
If dialog.Show = -1 Then
    Path = dialog.SelectedItems(1)
Else
    Exit Sub
End If
Set dialog = Nothing
```

步骤18　编写代码保存Word文档。在"模块1（代码）"窗口中继续输入如下图所示的代码段，该段代码是"自动生成分析报告()"过程的最后一部分代码，用于将报告另存为Word文档，并删除临时工作表。

```
'保存分析报告并关闭
myDocx.SaveAs Path + "\销售分析报告.docx", _
    wdFormatXMLDocument
myDocx.Close
temp.Delete
'提示报告生成成功
MsgBox "销售分析报告生成成功！"
Application.DisplayAlerts = True
Set myWord = Nothing
End Sub
```

步骤19 自定义Check()函数。在"模块1（代码）"窗口中继续输入如下图所示的代码段，该段代码用于判断用户选择区域是否只有一块区域，以及是否选择行或列标题。

```
' 检查用户所选数据区域有效性的过程
Function Check(area As Range) As Boolean
    ' 用户只能选择一块数据区域
    If area.Areas.Count <> 1 Then
        MsgBox "只能选择一块区域"
        Check = False
        Exit Function
    End If
    ' 用户不能选择标题
    If area.row < 3 Or area.Column < 2 Then
        MsgBox "不能选择行标题和列标题"
        Check = False
        Exit Function
    End If
```

步骤20 编写代码确保选择区域不包含空白单元格。在"模块1（代码）"窗口中继续输入如下图所示的代码段，该段代码用于检测用户选择的区域是否包含空白单元格。

```
' 用户所选数据区域不能包含空白单元格
Check = True
For Each one In area
    If one.Value = "" Then
        Check = False
    End If
Next one
If Check = False Then
    MsgBox "不可以选择空白单元格"
End If
End Function
```

13.2.2 运行代码创建销售分析报告

编写完VBA代码后，本小节就来运行代码，生成销售分析报告。具体操作如下。

步骤01 选择按钮控件。继续上一小节的操作，返回Excel视图，在"开发工具"选项卡下的"控件"组中单击"插入"按钮，在展开的列表中单击"按钮（窗体控件）"图标，如下图所示。

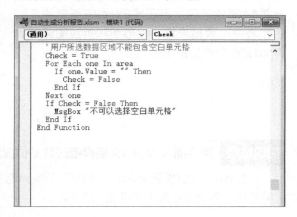

步骤02 绘制按钮控件并指定宏。在工作表中的合适位置绘制按钮控件，在弹出的"指定宏"对话框的"宏名"列表框中单击"自动生成分析报告"选项，如下图所示，然后单击"确定"按钮。

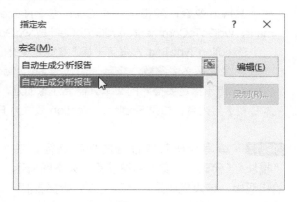

步骤03 执行"自动生成分析报告()"过程代码。返回工作表，将按钮控件重命名为"生成销售分析报告"，然后选择单元格区域A3:H8，单击"生成销售分析报告"按钮，如右图所示。

步骤04　弹出提示框。程序执行完毕后，弹出提示框，提示用户不能选择行标题和列标题，单击"确定"按钮即可，如下图所示。

单位：万元	2018年上半年各产品的销售表						
品牌	名称　月份	1月份	2月份	3月份	4月份	5月份	6月份
诺基亚	N8600 Luna	56.32	57.32	65.2		59.65	58.32
	N76	54.63	58.63			65.32	63.23
	N93	56.23	57.42			62.23	63.15
索尼爱立信	K200c	50.12	54.32			59.23	64.23
	K550c	49.31	53.21			58.23	63.13
	K818c	47.63				1.23	64.32
摩托罗拉	RAZR2 V8	50.33	52.12	58.23	64.23	59.56	63.12
	ROKR Z6	54.35	57.51	57.13	65.23	58.53	61.23
	SLVR L72	53.23	58.12	59.21	68.13	59.23	64.32
三星	SGH-E208	57.32	56.32	60.32	65.32	62.13	60.23
	SGH-E488	54.31	52.21	60.23	63.13	64.31	59.32
	SGH-E498	52.11	56.31	59.23	65.32	58.23	60.21
	KG278	57.62	58.65	60.32	64.32	60.23	61.23

步骤05　重新选择数据区域。返回工作表，选择数据区域C2:H7，单击"生成销售分析报告"按钮，如下图所示。

单位：万元	2018年上半年各产品的销售表								生成销售分析报告
品牌	名称　月份	1月份	2月份	3月份	4月份	5月份	6月份		
诺基亚	N8600 Luna	56.32	57.32	65.2	68.23	59.65	58.32		
	N76	54.63	58.63	61.23	69.32	65.32	63.23		
	N93	56.23	57.42	65.14	68.32	62.23	63.15		
索尼爱立信	K200c	50.12	54.32	62.31	63.52	59.23	64.23		
	K550c	49.31	53.21	65.31	65.21	58.23	63.13		
	K818c	47.63	51.21	60.23	65.23	61.23	64.32		
摩托罗拉	RAZR2 V8	50.33	52.12	58.23	64.23	59.56	63.12		
	ROKR Z6	54.35	57.51	57.13	65.23	58.53	61.23		
	SLVR L72	53.23	58.12	59.21	68.13	59.23	64.23		
三星	SGH-E208	57.32	56.32	60.32	65.32	62.13	60.23		
	SGH-E488	54.31	52.21	58.23	63.13	64.31	59.32		
	SGH-E498	52.11	56.31	59.23	65.32	58.23	60.21		
LG	KG278	57.62	58.65	60.32	64.32	60.23	61.23		
	KG70(Shine)	58.12	60.26	65.31	68.32	65.23	63.12		
	KG77	54.21	53.23	60.23	64.71	60.23	64.32		

产品报价单　产品销售表　Sheet3

步骤06　弹出提示框。程序执行完毕后，弹出提示框，提示用户不能选择行标题和列标题，单击"确定"按钮即可，如下图所示。

单位：万元	2018年上半年各产品的销售表						
品牌	名称　月份	1月份	2月份	3月份	4月份	5月份	6月份
诺基亚	N8600 Luna	56.32	57.32	65.2	68.23		
	N76	54.63	58.63	61.23	69.32		
	N93	56.23	57.42	65.14	68.32		
索尼爱立信	K200c	50.12	54.32	62.31	63.52		
	K550c	49.31	53.21	65.31	65.21		
	K818c	47.63	51.21	60.23	65.23	61.23	64.32
摩托罗拉	RAZR2 V8	50.33	52.12	58.23	64.23	59.56	63.12
	ROKR Z6	54.35	57.51	57.13	65.23	58.53	61.23
	SLVR L72	53.23	58.12	59.21	68.13	59.23	64.32
三星	SGH-E208	57.32	56.32	60.32	65.32	62.13	60.23
	SGH-E488	54.31	52.21	58.23	63.13	64.31	59.32
	SGH-E498	52.11	56.31	59.23	65.32	58.23	60.21
	KG278	57.62	58.65	60.32	64.32	60.23	61.23
LG	KG70(Shine)	58.12	60.26	65.31	68.32	65.23	63.12
	KG77	54.21	53.23	60.23	64.71	60.23	64.32

产品报价单　产品销售表　Sheet3

步骤07　选择包含空白单元格的数据区域。返回工作表，选择单元格区域C5:I10，单击"生成销售分析报告"按钮，如下图所示。

单位：万元	2018年上半年各产品的销售表								生成销售分析报告
品牌	名称　月份	1月份	2月份	3月份	4月份	5月份	6月份		
诺基亚	N8600 Luna	56.32	57.32	65.2	68.23	59.65	58.32		
	N76	54.63	58.63	61.23	69.32	65.32	63.23		
	N93	56.23	57.42	65.14	68.32	62.23	63.15		
索尼爱立信	K200c	50.12	54.32	62.31	63.52	59.23	64.23		
	K550c	49.31	53.21	65.31	65.21	58.23	63.13		
	K818c	47.63	51.21	60.23	65.23	61.23	64.32		
摩托罗拉	RAZR2 V8	50.33	52.12	58.23	64.23	59.56	63.12		
	ROKR Z6	54.35	57.51	57.13	65.23	58.53	61.23		
	SLVR L72	53.23	58.12	59.21	68.13	59.23	64.32		
三星	SGH-E208	57.32	56.32	60.32	65.32	62.13	60.23		
	SGH-E488	54.31	52.21	58.23	63.13	64.31	59.32		
	SGH-E498	52.11	56.31	59.23	65.32	58.23	60.21		
LG	KG278	57.62	58.65	60.32	64.32	60.23	61.23		
	KG70(Shine)	58.12	60.26	65.31	68.32	65.23	63.12		
	KG77	54.21	53.23	60.23	64.71	60.23	64.32		

产品报价单　产品销售表　Sheet3

步骤08　弹出提示框。程序执行完毕后，弹出提示框，提示用户不可以选择包含空白单元格的数据区域，单击"确定"按钮即可，如下图所示。

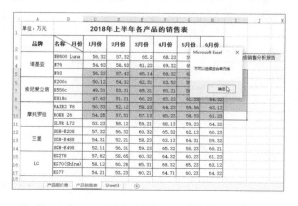

步骤09　选择正确的数据区域。返回工作表，选择单元格区域C3:H8，单击"生成销售分析报告"按钮，如下图所示。

单位：万元	2018年上半年各产品的销售表								生成销售分析报告
品牌	名称　月份	1月份	2月份	3月份	4月份	5月份	6月份		
诺基亚	N8600 Luna	56.32	57.32	65.2	68.23	59.65	58.32		
	N76	54.63	58.63	61.23	69.32	65.32	63.23		
	N93	56.23	57.42	65.14	68.32	62.23	63.15		
索尼爱立信	K200c	50.12	54.32	62.31	63.52	59.23	64.23		
	K550c	49.31	53.21	65.31	65.21	58.23	63.13		
	K818c	47.63	51.21	60.23	65.23	61.23	64.32		
摩托罗拉	RAZR2 V8	50.33	52.12	58.23	64.23	59.56	63.12		
	ROKR Z6	54.35	57.51	57.13	65.23	58.53	61.23		
	SLVR L72	53.23	58.12	59.21	68.13	59.23	64.32		
三星	SGH-E208	57.32	56.32	60.32	65.32	62.13	60.23		
	SGH-E488	54.31	52.21	58.23	63.13	64.31	59.32		
	SGH-E498	52.11	56.31	59.23	65.32	58.23	60.21		
LG	KG278	57.62	58.65	60.32	64.32	60.23	61.23		
	KG70(Shine)	58.12	60.26	65.31	68.32	65.23	63.12		
	KG77	54.21	53.23	60.23	64.71	60.23	64.32		

产品报价单　产品销售表　Sheet3

步骤10 选择用于生成报告的Word模板。弹出"请选择用于生成报告的Word模板"对话框，选择"销售分析报告.dotx"文件，单击"确定"按钮，如下图所示。

步骤11 选择保存报告的文件夹。弹出第2个对话框，提示用户选择保存报告的文件夹，在地址栏中选择保存文件的位置，单击"确定"按钮，如下图所示。

步骤12 提示销售分析报告生成成功。程序执行完毕后，弹出提示框，提示用户销售分析报告生成成功，单击"确定"按钮即可，如下图所示。

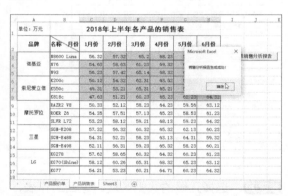

步骤13 打开生成的文档。在目标文件夹中双击"销售分析报告.docx"文档，在打开的文档中可看到插入的报告时间、报告人、品牌名称、月份和选择的销售额表格，如下图所示。

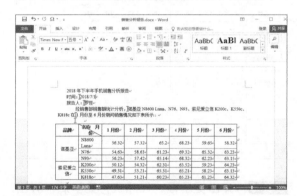

步骤14 查看自动插入的柱形图效果。程序自动在"销售分析报告.docx"文档中的柱形图书签处插入了所选数据的柱形图，效果如下图所示。

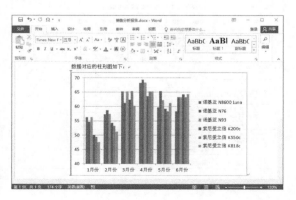

步骤15 查看自动插入的折线图效果。程序自动在"销售分析报告.docx"文档中的折线图书签处插入了所选数据的折线图，效果如下图所示。

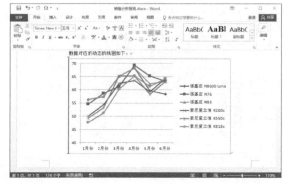

13.3 自动生成月销售份额分析报告演示文稿

用 Word 制作的分析报告文档适合分发给每个人自行阅读，如果要在多人会议上进行宣讲，使用 PowerPoint 制作的演示文稿效果会更好。本节将通过编写 Excel VBA 代码，自动按月销售额数据制作"月销售份额分析图"，然后将其生成演示文稿。

扫码看视频

◎ 原始文件：实例文件\第13章\原始文件\自动生成演示文稿.xlsm
◎ 最终文件：实例文件\第13章\最终文件\自动生成演示文稿.xlsm、2018年上半年月销售份额分析.pptx

13.3.1 编写自动生成演示文稿的代码

本小节将编写自动生成月销售份额分析报告演示文稿的 VBA 代码。具体操作如下。

步骤01 打开原始文件。打开原始文件，效果如下图所示。

步骤02 打开"引用"对话框。进入VBE编程环境，单击菜单栏中的"工具"菜单，单击"引用"命令，如下图所示。

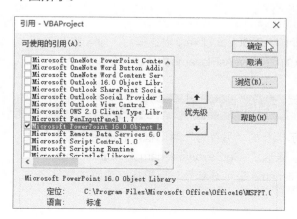

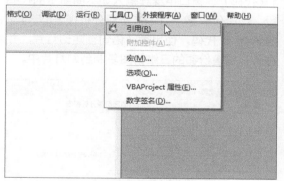

步骤03 引用Microsoft PowerPoint 16.0 Object Library。弹出"引用"对话框，在"可使用的引用"列表框中勾选Microsoft PowerPoint 16.0 Object Library复选框，单击"确定"按钮，如下图所示。

步骤04 编写创建三维饼图的代码。插入"模块1"，在"模块1（代码）"窗口中输入如下图所示的代码段，该段代码是"月销售份额分析报告()"过程的第1部分代码，主要根据各月的产品销售额数据自动创建三维饼图。

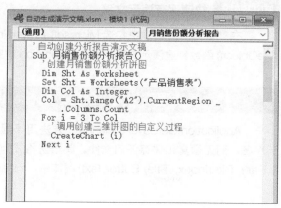

步骤05 编写代码根据PowerPoint模板创建演示文稿。在"模块1（代码）"窗口中继续输入如下图所示的代码段，该段代码是"月销售份额分析报告()"过程的第2部分代码，用于根据指定的PowerPoint模板创建演示文稿。

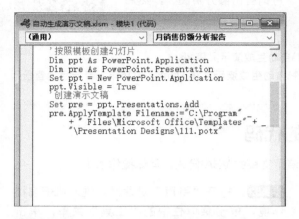

步骤06 编写代码添加第1张幻灯片。在"模块1（代码）"窗口中继续输入如下图所示的代码段，该段代码是"月销售份额分析报告()"过程的第3部分代码，用于添加第1张幻灯片，并添加标题和副标题文本。

步骤07 编写代码创建图表幻灯片。在"模块1（代码）"窗口中继续输入如下图所示的代码段，该段代码是"月销售份额分析报告()"过程的第4部分代码，使用循环语句创建幻灯片，并将各月销售份额的三维饼图复制到幻灯片中。

步骤08 编写代码保存创建的演示文稿。在"模块1（代码）"窗口中继续输入如下图所示的代码段，该段代码是"月销售份额分析报告()"过程的最后一部分代码，用于保存创建的演示文稿，然后关闭创建的演示文稿。

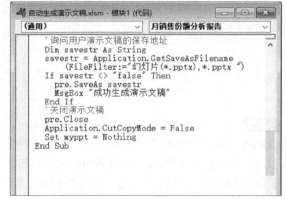

知识链接 **快速保存演示文稿**

在"引用"对话框中勾选 Microsoft PowerPoint 16.0 Object Library 复选框后，即可使用 CreateObject() 函数创建演示文稿，使用 Application 对象的 GetSaveAsFilename 方法保存创建的演示文稿。

✖ 重点语法与代码剖析：Application.GetSaveAsFilename 方法的用法

Application.GetSaveAsFilename 方法用于显示标准的"另存为"对话框，获取用户输入的文件名，而无须真正保存任何文件。其语法格式为：表达式 .GetSaveAsFilename(InitialFilename, FileFilter, FilterIndex, Title, ButtonText)。其中，InitialFilename 是可选参数，用于指定建议的文件名。

如果省略该参数，Excel 使用活动工作簿的名称。FileFilter 是可选参数，表示一个指定文件筛选条件的字符串。FilterIndex 是可选参数，用于指定默认文件筛选条件的索引号，范围为 1 到 FileFilter 指定的筛选条件数。如果省略该参数，或者该参数的值大于可用的筛选条件数，则使用第 1 个文件筛选条件。Title 是可选参数，用于指定对话框的标题。如果省略该参数，则使用默认标题。ButtonText 是可选参数，仅适用于 Macintosh 系统。

需要注意的是，在 FileFilter 参数中传递的字符串由文件筛选字符串及其后跟的 MS-DOS 通配符文件筛选规范组成，中间以逗号分隔。每个字符串都在"文件类型"下拉列表框中列出。例如，下列字符串指定两个文件筛选，即文本文件和加载宏："文本文件 (*.txt)、*.txt、加载宏文件 (*.xla)、*.xla"。要为单个文件筛选类型使用多个 MS-DOS 通配符表达式，需用分号将通配符表达式分开。

✖ 重点语法与代码剖析：Application.CutCopyMode 属性的用法

Application.CutCopyMode 属性为 Long 类型，可读写，用于返回或设置剪切或复制模式的状态。它可为 True、False 或一个 XlCutCopyMode 常量。其语法格式为：表达式 .CutCopyMode。其中，"表达式"是一个代表 Application 对象的变量。如果其值设置为 True，显示剪切或复制模式的状态；如果为 False，表示取消剪切或复制模式并清除移动边框。如果该属性的返回值为 False，表示不处于剪切或复制模式；如果返回值为 xlCopy，表示处于复制模式；如果返回值为 xlCut，表示处于剪切模式。

步骤09 自定义CreateChart()函数。在"模块1（代码）"窗口中继续输入如下图所示的代码段，该段代码是CreateChart()函数的前半部分代码，用于获取用户选择的数据区域并赋值给Area变量，然后根据Area变量值创建图表。

步骤10 编写代码设置图表的格式。在"模块1（代码）"窗口中继续输入如下图所示的代码段，该段代码是CreateChart()函数的后半部分代码，用于设置图表的类型、数据标签格式和标题，并删除图例。

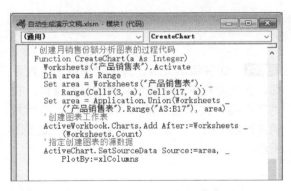

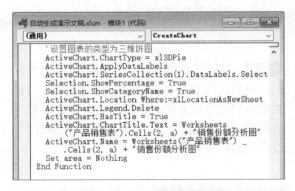

步骤11 自定义center()过程。在"模块1（代码）"窗口中继续输入如右图所示的代码段，该段代码用于设置指定内容在幻灯片中居中显示，其中使用Slide对象的SlideHeight和SlideWidth属性获取幻灯片的长、宽。

> **✖ 重点语法与代码剖析：设置幻灯片中的对象居中显示**
>
> 在步骤 11 的代码段中，使用 PageSetup.SlideHeight 属性以磅为单位返回幻灯片的高度，使用 PageSetup.SlideWidth 属性以磅为单位返回幻灯片的宽度。然后用幻灯片的高度（或宽度）减去对象的高度（或宽度），并设置对象的左边距为宽度差的 1/2，对象的上边距为高度差的 1/2，即可让对象在幻灯片中居中显示。

13.3.2 运行代码生成演示文稿

编写完 VBA 代码后，本小节将运行该代码，自动生成月销售份额分析报告演示文稿。具体操作如下。

步骤01 选择按钮控件。继续上一小节的操作，返回Excel视图，在"开发工具"选项卡的"控件"组中单击"插入"按钮，在展开的列表中单击"按钮（窗体控件）"图标，如下图所示。

步骤02 绘制按钮控件并指定宏。在工作表的适当位置绘制按钮控件，在弹出的"指定宏"对话框的"宏名"列表框中单击"月销售份额分析报告"选项，如下图所示，然后单击"确定"按钮。

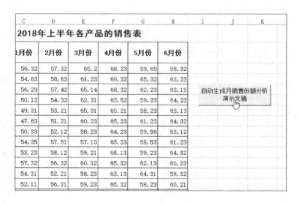

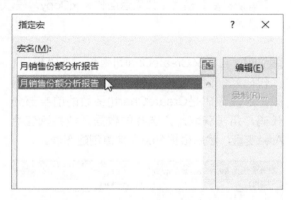

步骤03 运行"月销售份额分析报告()"过程代码。返回工作表，将按钮控件重命名为"自动生成月销售份额分析演示文稿"，激活并单击该按钮，即可运行"月销售份额分析报告()"过程代码，如下图所示。

步骤04 保存演示文稿。弹出"另存为"对话框，在地址栏中选择演示文稿的保存路径，在"文件名"文本框中输入"2018年上半年月销售份额分析"，单击"保存"按钮，如下图所示。

步骤05　成功生成演示文稿提示。程序执行完毕后，在Excel工作表中会弹出提示框，提示用户成功生成演示文稿，单击"确定"按钮即可，如下图所示。

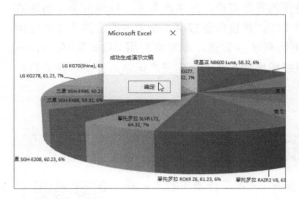

步骤06　查看Excel工作表的最终效果。返回Excel工作表，可以看到程序自动根据"产品销售表"工作表中的各月销售数据创建了月销售份额分析图，如下图所示。

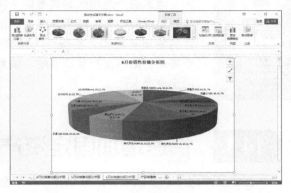

步骤07　查看生成的演示文稿效果。在目标文件夹中双击"2018年上半年月销售份额分析.pptx"演示文稿，在打开的演示文稿中选中第1张幻灯片，可以看到程序自动创建的内容，如下图所示。

步骤08　查看第2张幻灯片的效果。选中第2张幻灯片，该幻灯片上的图表即是程序自动根据"产品销售表"中1月份各产品销售额创建的三维饼图，如下图所示。

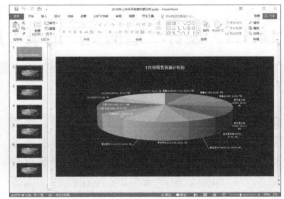

步骤09　查看第3张幻灯片的效果。选中第3张幻灯片，该幻灯片上的图表即是程序自动根据"产品销售表"中2月份各产品销售额创建的三维饼图，如右图所示。

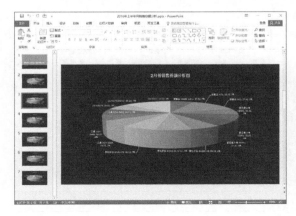

第14章 企业固定资产管理

固定资产是指同时具有以下特征的有形资产：为生产商品、提供劳务、出租或经营管理而持有；使用年限须超过 1 年；单位价值较高。企业的固定资产是企业运营的物质基础和必备条件，需要进行科学的管理。本章将利用 Excel VBA 制作一个简单的固定资产管理系统，该系统能增加和修改固定资产记录，并能创建并打印固定资产卡片。

14.1 快速增加固定资产记录

固定资产记录的字段项目通常较多，如果直接在 Excel 工作表中输入，容易出错。本节将设计一个 VBA 用户窗体，为用户提供一个较舒适的数据输入界面，以帮助减少输入错误。该界面除了提供输入功能，还提供简单而实用的记录浏览功能，可快捷地跳转至上一条、下一条、最前一条、最后一条记录。

扫码看视频

◎ 原始文件：实例文件\第14章\原始文件\固定资产管理系统.xlsx
◎ 最终文件：实例文件\第14章\最终文件\固定资产管理系统.xlsm

14.1.1 设计"增加资产记录"用户窗体

本小节将设计一个"增加资产记录"用户窗体，作为用户输入固定资产数据的界面。具体操作如下。

步骤01 打开原始文件。打开原始文件，可看到在Sheet1工作表中已输入固定资产的各项目字段名称，还创建了"资产增加""资产变更""打印固定资产卡"3个按钮控件，如下图所示。

步骤02 设计"增加资产记录"用户窗体。进入VBE编程环境，插入用户窗体，在"属性"窗口中设置"(名称)"属性为AddRecord、Caption属性为"增加资产记录"，然后按照下页表添加控件并设置其属性，窗体效果如下图所示。

序号	控件名称	属性	值
1	框架	Caption	（空）
2	命令按钮	（名称）	Save1
		Caption	保存
3	命令按钮	（名称）	Cancel
		Caption	取消
4	命令按钮	（名称）	First
		Caption	最前
5	命令按钮	（名称）	TopOne
		Caption	上一条
6	命令按钮	（名称）	NextOne
		Caption	下一条
7	命令按钮	（名称）	EndOne
		Caption	最后
8	框架	Caption	（空）
9	标签	Caption	资产编号
10	文本框	（名称）	Number
11	标签	Caption	资产名称
12	文本框	（名称）	Name
13	标签	Caption	规格型号
14	文本框	（名称）	Norms
15	标签	Caption	所属类别
16	文本框	（名称）	Type1
17	标签	Caption	增加方式
18	复合框	（名称）	Addway1
		Style	2-fmStyleDropDownList
19	标签	Caption	使用部门
20	复合框	（名称）	Derpart
		Style	2-fmStyleDropDownList
21	标签	Caption	使用情况
22	复合框	（名称）	Using
		Style	2-fmStyleDropDownList
23	标签	Caption	存放地点
24	文本框	（名称）	Address
25	标签	Caption	保管人员
26	复合框	（名称）	ManName
		Style	2-fmStyleDropDownList
27	标签	Caption	入账日期
28	文本框	（名称）	InDate
29	标签	Caption	启用日期
30	文本框	（名称）	UseDate
31	标签	Caption	折旧方法
32	复合框	（名称）	ZhejiuWay
		Style	2-fmStyleDropDownList

序号	控件名称	属性	值
33	标签	Caption	数量
34	文本框	（名称）	Num1
		Value	0
35	标签	Caption	单位
36	文本框	（名称）	Unit
37	标签	Caption	单价
38	文本框	（名称）	Price
		Value	0
39	标签	Caption	资产原值
40	标签	（名称）	Balance1
		Caption	（空）
41	标签	Caption	净残值率 %
42	文本框	（名称）	Rate1
		Value	0
43	标签	Caption	预计使用年限
44	文本框	（名称）	Years
		Value	1
45	标签	Caption	累计折旧额
46	标签	（名称）	ZhejiuE
47	标签	Caption	资产净值
48	标签	（名称）	Jingzhi
		Caption	（空）
49	框架	Caption	（空）
50	标签	Caption	登记日期
51	文本框	（名称）	RecordDate
52	标签	Caption	登记人员
53	文本框	（名称）	WrtName
54	复选框	（名称）	Fuxuan1
		Caption	连续增加
55	复选框	（名称）	Fuxuan2
		Caption	批量
56	文本框	（名称）	PLNumber

14.1.2　编写控件触发事件代码

设计好"增加资产记录"用户窗体后，本小节接着为该窗体中的控件——编写对应的触发事件代码。具体操作如下。

步骤01 编写初始化"增加资产记录"用户窗体的过程。继续上一小节的操作，双击窗体中的任意控件，打开"AddRecord（代码）"窗口，在其中输入如下左图所示的代码段，该段代码用于定义数组变量，并根据实际需要为AddWays()数组赋值。

步骤02　编写代码为数组变量赋值。在"AddRecord（代码）"窗口中继续输入如下右图所示的代码段，该段代码是Initialize()过程的第2部分代码，用于为DepTs()、Uses()、BRenY()这3个数组赋值。

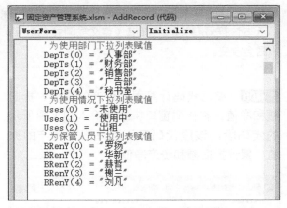

步骤03　编写代码将数组的值赋给相应的复合框。在"AddRecord（代码）"窗口中继续输入如下图所示的代码段，该段代码是Initialize()过程的第3部分代码，用于为ZJWS()数组赋值，并将数组的值赋给相应的复合框，作为下拉列表清单。

步骤04　编写代码为日期文本框赋值。在代码窗口中继续输入如下图所示的代码段，该段代码是Initialize()过程的第4部分代码，主要使用Format()函数为文本框InDate、UseDate和RecordDate赋初值，并设置其显示格式。

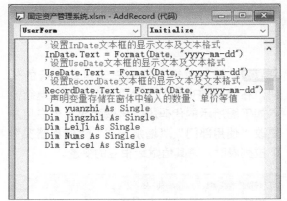

知识链接　**设置字符串的显示格式**

在 Excel VBA 中，若要设置字符串的显示格式，如设置日期型格式、文本格式、数值格式等，可使用 Format() 函数来实现。

✖ 重点语法与代码剖析：Format() 函数的用法

Format() 函数用于返回一个字符串，该字符串是根据格式表达式中的指令来格式化的。其语法格式为：Format(expression[, format[, firstdayofweek[, firstweekofyear]]])。其中，expression 是必需参数，用于指定任何有效的字符串表达式；format 是可选参数，用于表示有效的命名表达式或用户自定义的格式表达式；firstdayofweek 是可选参数，是一个用于表示一个星期的第 1 天的常数；firstweekofyear 是可选参数，是一个用于表示一年中的第 1 周的常数。

注意：如果 Calendar 属性设置为 Gregorian，并且 format 指定了日期格式，那么提供的 expression 必须是 Gregorian。此时 format 表达式的意义没有改变。如果 Calendar 属性设置为 Hijri，则提供的 expression 必须是 Hijri。此时所有的日期格式符号（如 dddd、mmmm、yyyy）有相同的意义，这些意义只应用于 Hijri 日历。格式符号保持英文，用于文本显示的符号（如 AM 和 PM）显示与该符号有关的字符串（英文或阿拉伯数字）。当 Calendar 属性设置为 Hijri 时，一些符号的范围会改变。

步骤05 编写代码计算固定资产的原值、折旧额和净值。在代码窗口中继续输入如下图所示的代码段，该段代码用于计算固定资产的原值、累计折旧额和资产净值。

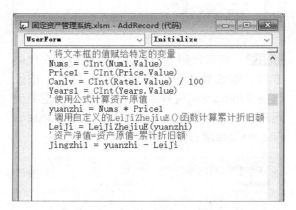

步骤06 编写代码将计算结果显示在用户窗体中。在代码窗口中继续输入如下图所示的代码段，该段代码用于将计算结果显示在用户窗体中，并设置复选框初始值。

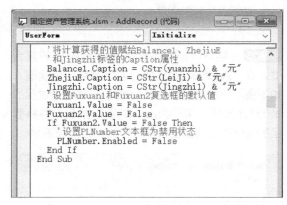

步骤07 编写改变下拉列表时自动执行的代码。在"AddRecord（代码）"窗口中继续输入如下图所示的代码段，该段代码用于在用户更改"使用部门""增加方式""使用情况"下拉列表时，将其值赋给相应的变量。

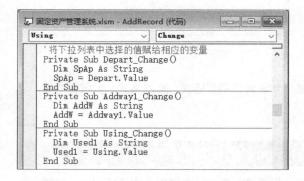

步骤08 编写改变"保管人员"和"折旧方法"下拉列表时自动执行的代码。在"AddRecord（代码）"窗口中继续输入如下图所示的代码段，该段代码用于在用户选择保管人员和折旧方法时，自动将复合框的值赋给相应的变量。

步骤09 自定义LeiJiZhejiuE()函数计算累计折旧额。在"AddRecord（代码）"窗口中继续输入如下左图所示的代码段，该段代码主要用于定义存储净残值率、使用年限、年折旧率及月折旧额的变量。

步骤10 编写代码计算累计折旧额。在"AddRecord（代码）"窗口中继续输入如下右图所示的代码段，该段代码主要使用Select Case语句判断折旧方法，然后根据折旧方法利用不同的计算公式计算出相应的累计折旧额。

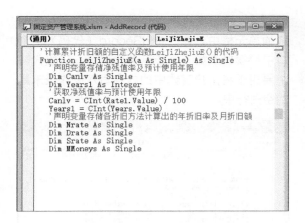

```
' 计算累计折旧额的自定义函数LeiJiZhejiuE()的代码
Function LeiJiZhejiuE(a As Single) As Single
    ' 声明变量存储净残值率及预计使用年限
    Dim Canlv As Single
    Dim Years1 As Integer
    ' 获取净残值率与预计使用年限
    Canlv = CInt(Rate1.Value) / 100
    Years1 = CInt(Years.Value)
    ' 声明变量存储各折旧方法计算出的年折旧率及月折旧额
    Dim Nrate As Single
    Dim Drate As Single
    Dim Srate As Single
    Dim MMoneys As Single
```

```
    ' 使用Select Case语句用各折旧方法计算月折旧额
    Select Case ZhejiuWay.Value
        Case "平均年限法"
            Nrate = (1 - Canlv) / Years1
            MMoneys = (Nrate / 12) * a
        Case "年数总和法"
            Srate = (Years1 * 365 - (Date - CDate _
                (UseDate.Value))) / (Years1 * 365)
            MMoneys = (a - a * Canlv) * Srate
        Case "双倍余额递减法"
            Drate = 2 / Years1
            MMoneys = Drate / 12 * a
    End Select
    ' 计算累计折旧额
    LeiJiZhejiuE = (Date - CDate(UseDate.Value)) _
        * (MMoneys / 12)
End Function
```

步骤11　编写代码在修改文本框时自动更新数据。在"AddRecord（代码）"窗口中继续输入如下图所示的代码段，该段代码用于在用户修改"数量""单价""净残值率""使用年限"文本框时，自动更新数据。

步骤12　自定义更新数据函数UpDateList()。在"AddRecord（代码）"窗口中继续输入如下图所示的代码段，该段代码是UpDateList()函数的第1部分代码，用于定义变量，存储相应的文本框值。

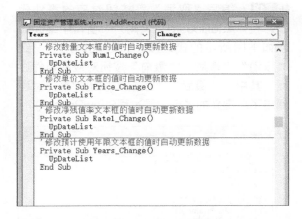

```
    ' 修改数量文本框的值时自动更新数据
Private Sub Num1_Change()
    UpDateList
End Sub
    ' 修改单价文本框的值时自动更新数据
Private Sub Price_Change()
    UpDateList
End Sub
    ' 修改净残值率文本框的值时自动更新数据
Private Sub Rate1_Change()
    UpDateList
End Sub
    ' 修改预计使用年限文本框的值时自动更新数据
Private Sub Years_Change()
    UpDateList
End Sub
```

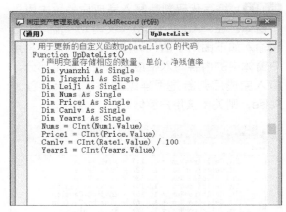

```
    ' 用于更新的自定义函数UpDateList()的代码
Function UpDateList()
    ' 声明变量存储相应的数量、单价、净残值率
    Dim yuanzhi As Single
    Dim Jingzhi1 As Single
    Dim LeiJi As Single
    Dim Nums As Single
    Dim Price1 As Single
    Dim Canlv As Single
    Dim Years1 As Single
    Nums = CInt(Num1.Value)
    Price1 = CInt(Price.Value)
    Canlv = CInt(Rate1.Value) / 100
    Years1 = CInt(Years.Value)
```

步骤13　编写代码重新计算资产原值、累计折旧额和资产净值。在"AddRecord（代码）"窗口中继续输入如下图所示的代码段，该段代码用于重新计算资产原值、累计折旧额和资产净值，并将其显示在用户窗体中。

步骤14　编写更改"批量"复选框时自动执行的代码。在"AddRecord（代码）"窗口中继续输入如下图所示的代码段，该段代码用于设置当"批量"复选框的值为True时，"连续增加"复选框的值也为True，且其后的文本框为可用状态；反之，则该文本框为不可用状态。

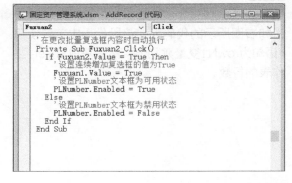

```
    ' 计算资产原值
    yuanzhi = Nums * Price1
    ' 调用自定义函数LeiJiZhejiuE()计算累计折旧额
    LeiJi = LeiJiZhejiuE(yuanzhi)
    ' 计算资产净值
    Jingzhi1 = yuanzhi - LeiJi
    ' 将获取的资产原值、累计折旧额和资产净值
    ' 赋给相应标签的Caption属性
    Balance1.Caption = CStr(yuanzhi) & "元"
    ZhejiuE.Caption = CStr(LeiJi) & "元"
    Jingzhi.Caption = CStr(Jingzhi1) & "元"
End Function
```

```
    ' 在更改批量复选框内容时自动执行
Private Sub Fuxuan2_Click()
    If Fuxuan2.Value = True Then
        ' 设置连续增加复选框的值为True
        Fuxuan1.Value = True
        ' 设置PLNumber文本框为可用状态
        PLNumber.Enabled = True
    Else
        ' 设置PLNumber文本框为禁用状态
        PLNumber.Enabled = False
    End If
End Sub
```

步骤15 编写"保存"按钮对应的过程代码。在"AddRecord（代码）"窗口中继续输入如下图所示的代码段，该段代码主要用于声明变量，存储Sheet1工作表和PLNumber文本框的值。

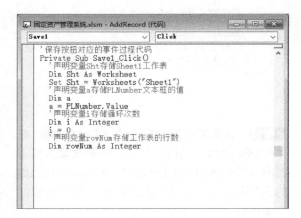

```
' 保存按钮对应的事件过程代码
Private Sub Save1_Click()
    ' 声明变量Sht存储Sheet1工作表
    Dim Sht As Worksheet
    Set Sht = Worksheets("Sheet1")
    ' 声明变量a存储PLNumber文本框的值
    Dim a
    a = PLNumber.Value
    ' 声明变量i存储循环次数
    Dim i As Integer
    i = 0
    ' 声明变量rowNum存储工作表的行数
    Dim rowNum As Integer
```

步骤16 编写代码将用户窗体中的内容写入相应的单元格中。在"AddRecord（代码）"窗口中继续输入如下图所示的代码段，该段代码主要用于将用户窗体中的内容写入工作表末尾的空白行中。

```
    ' 使用Do…Loop Until循环将窗体内容写入相应单元格
    Do
        ' 获取工作表的行数
        rowNum = Sht.Range("A3").CurrentRegion.Rows.Count
        rowNum = rowNum + 2
        ' 在空白行中写入窗体内容
        Sht.Cells(rowNum + 1, 1) = Number.Value
        Sht.Cells(rowNum + 1, 2) = Name1.Value
        Sht.Cells(rowNum + 1, 3) = Norms.Value
        Sht.Cells(rowNum + 1, 4) = Type1.Value
        Sht.Cells(rowNum + 1, 5) = Addway1.Value
        Sht.Cells(rowNum + 1, 6) = Depart.Value
        Sht.Cells(rowNum + 1, 7) = Using.Value
        Sht.Cells(rowNum + 1, 8) = Address.Value
        Sht.Cells(rowNum + 1, 9) = ManName.Value
        Sht.Cells(rowNum + 1, 10) = InDate.Value
```

步骤17 编写代码判断写入完成后是否关闭用户窗体。在"AddRecord（代码）"窗口中继续输入如下图所示的代码段，该段代码是将用户窗体中的内容写入相应单元格的后半部分，输入完成后判断是否连续增加。如果其值为False，则关闭该用户窗体。

```
        Sht.Cells(rowNum + 1, 11) = Num1.Value
        Sht.Cells(rowNum + 1, 12) = Unit.Value
        Sht.Cells(rowNum + 1, 13) = Price.Value
        Sht.Cells(rowNum + 1, 14) = Balance1.Caption
        Sht.Cells(rowNum + 1, 15) = ZhejiuE.Caption
        Sht.Cells(rowNum + 1, 16) = Jingzhi.Caption
        Sht.Cells(rowNum + 1, 17) = Rate1.Value
        Sht.Cells(rowNum + 1, 18) = ZhejiuWay.Value
        Sht.Cells(rowNum + 1, 19) = UseDate.Value
        Sht.Cells(rowNum + 1, 20) = Years.Value
        Sht.Cells(rowNum + 1, 21) = RecordDate.Value
        Sht.Cells(rowNum + 1, 22) = WrtName.Value
        i = i + 1
    Loop Until i = a Or a = ""
    ' 判断连续增加复选框的值，如果为假，则关闭用户窗体
    If Fuxuan1.Value = False Then
        Me.Hide
    End If
End Sub
```

步骤18 编写"取消"等按钮对应的事件代码。在"AddRecord（代码）"窗口中继续输入如下图所示的代码段，该段代码用于设置"取消""最后""最前"按钮对应的事件过程。其中，"最后""最前"按钮的事件过程调用了自定义的显示记录过程ShowRecord()。

```
    ' 取消按钮对应的事件过程代码
Private Sub Cancel_Click()
    ' 关闭窗体
    Me.Hide
End Sub
    ' 最后按钮对应的事件过程代码
Private Sub EndOne_Click()
    rowN1 = Worksheets("Sheet1").Range("A3") _
        .CurrentRegion.Rows.Count
    rowN1 = rowN1 + 2
    ' 调用自定义函数ShowRecord()来显示记录
    ShowRecord (rowN1)
End Sub
    ' 最前按钮对应的事件过程代码
Private Sub First_Click()
    rowN1 = 4
    ' 在窗体中显示工作表内容
    ShowRecord (rowN1)
End Sub
```

步骤19 编写"下一条"按钮对应的事件代码。在"AddRecord（代码）"窗口中继续输入如右图所示的代码段，该段代码中首先使用If语句为rowN1变量赋初值，然后获取Sheet1工作表的行数。

```
    ' 下一条按钮对应的事件过程代码
Private Sub NextOne_Click()
    ' 为rowN1变量赋初值
    If rowN1 < 3 Then
        rowN1 = 3
    End If
    ' 当前行号加1，即下移一条记录
    rowN1 = rowN1 + 1
    ' 声明变量存储工作表Sheet1中的行数
    Dim rowNum As Integer
    rowNum = Worksheets("Sheet1").Range("A3"). _
        CurrentRegion.Rows.Count + 2
```

步骤20 编写代码判断是显示下一条记录还是显示空白记录。在"AddRecord（代码）"窗口中继续输入如下图所示的代码段，该段代码使用If语句判断当前显示的固定资产记录的行号。如果当前行号小于rowN1变量，则调用ShowRecord()过程；反之，调用ShowSpace()过程。

步骤21 编写"上一条"按钮对应的事件代码。在"AddRecord（代码）"窗口中继续输入如下图所示的代码段，该段代码用于判断当前行号是否小于第1条记录的行号。如果是，则设置rowN1变量的值为第1条记录的行号，然后调用ShowRecord()过程。

步骤22 编写ShowRecord()过程代码。在"AddRecord（代码）"窗口中继续输入如下图所示的代码段，该段代码用于将指定行的固定资产记录显示在"增加资产记录"用户窗体中的相应位置。

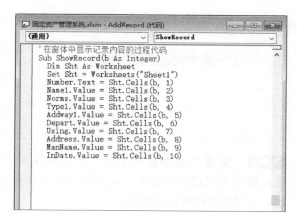

步骤23 编写ShowRecord()过程的后半部分代码。在"AddRecord（代码）"窗口中继续输入如下图所示的代码段，该段代码是将指定行的内容显示在用户窗体中的后半部分代码。

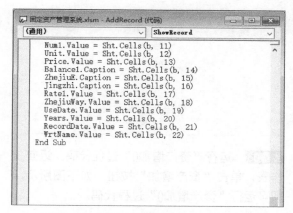

步骤24 自定义ShowSpace()过程。在"AddRecord（代码）"窗口中继续输入如右图所示的代码段，该段代码用于在用户窗体中设置各控件的初始值。

步骤25 编写代码继续设置窗体控件初始值。在"AddRecord（代码）"窗口中继续输入如下图所示的代码段，该段代码是ShowSpace()过程的后半部分代码，用于为控件设置初始值。

步骤26 编写调用用户窗体的过程。插入"模块1"，在打开的"模块1（代码）"窗口中输入如下图所示的代码段并保存，该段代码用于调用AddRecord用户窗体。

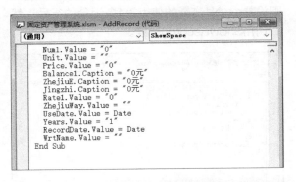

14.1.3 运行代码增加固定资产记录

完成窗体设计和代码编写后，本小节将运行"增加资产记录"用户窗体来快速添加固定资产记录。具体操作如下。

步骤01 打开"指定宏"对话框。继续上一小节的操作，返回Excel视图，右击"资产增加"按钮，在弹出的快捷菜单中单击"指定宏"命令，如下图所示。

步骤02 指定宏。在打开的"指定宏"对话框的"宏名"列表框中单击"资产增加"选项，如下图所示，然后单击"确定"按钮。

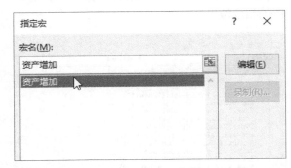

步骤03 运行"资产增加()"过程代码。返回工作表，单击"资产增加"按钮，如下图所示，即可运行"资产增加()"过程代码。

步骤04 查看"增加资产记录"对话框的效果。弹出"增加资产记录"对话框，如下图所示，可看到各控件的初始值。

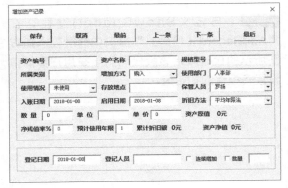

步骤05　输入第1条资产记录的前半部分。在"增加资产记录"对话框中分别添加"资产编号""资产名称""规格型号""所属类别""增加方式""使用部门""使用情况""存放地点""保管人员"等信息，如下图所示。

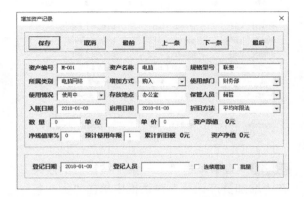

步骤06　输入第1条资产记录的后半部分。继续在该对话框中添加"入账日期""启用日期""折旧方法""数量""单位""单价""净残值率%""预计使用年限""登记日期"等信息，如下图所示。

步骤07　保存记录。继续在该对话框的"登记人员"文本框中输入"刘莎"，并勾选"连续增加"复选框，单击"保存"按钮，如下图所示。

步骤08　查看保存记录后的效果。此时将保存输入的固定资产记录并且不关闭"增加资产记录"对话框，得到如下图所示的效果。

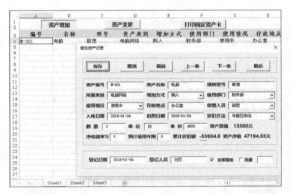

步骤09　添加下一条记录。用相同的方法填写下一条固定资产记录，勾选"批量"复选框，并在其后的文本框中输入"2"，单击"保存"按钮，如下图所示。

步骤10　查看保存后的效果。此时可看到在工作表中添加了两条相同的固定资产记录，如下图所示。

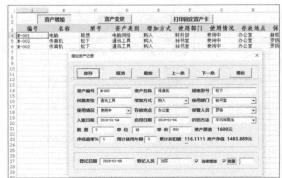

步骤11 关闭"增加资产记录"对话框。如果要关闭"增加资产记录"对话框，则单击"取消"按钮，如下图所示。

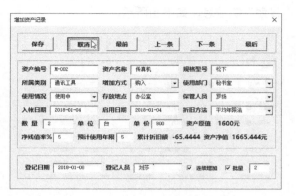

步骤12 查看单击"最前"按钮后的效果。再次打开"增加资产记录"对话框，单击"最前"按钮，即可在对话框中显示第1条记录的内容，如下图所示。

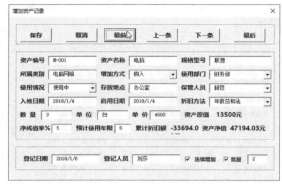

步骤13 查看单击"最后"按钮后的效果。在"增加资产记录"对话框中单击"最后"按钮，即可在对话框中显示最后一条记录的内容，如下图所示。

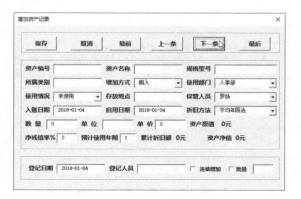

步骤14 查看单击"上一条"按钮后的效果。在"增加资产记录"对话框中单击"上一条"按钮，即可在对话框中显示工作表中对应行号的上一条记录，如下图所示。

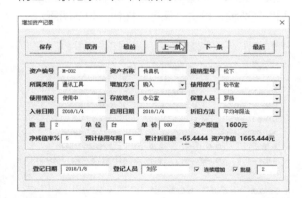

步骤15 查看单击"下一条"按钮后的效果。在"增加资产记录"对话框中单击"下一条"按钮，如果当前行号为数据的末行，则显示空白数据，如下图所示。

步骤16 输入新的数据。在"增加资产记录"对话框中输入需要的数据，且取消勾选"连续增加"和"批量"复选框，并删除其后文本框的数据，单击"保存"按钮，如下图所示。

步骤17　查看保存后的效果。此时可将对话框中的数据写入相应的单元格中，且关闭该对话框，如下图所示。

步骤18　继续输入固定资产记录。利用相同的方法，在工作表中继续添加如下图所示的固定资产记录数据。

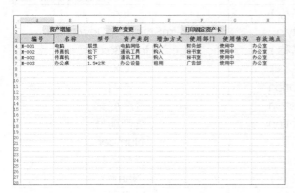

14.2　快速更改指定固定资产记录

扫码看视频

一般企业的固定资产记录很多，若要修改某一条记录，通常需先通过查找功能定位记录。本节将通过 VBA 用户窗体和程序代码实现快速查找、修改指定记录的功能。

◎　原始文件：实例文件\第14章\原始文件\固定资产管理系统.xlsm
◎　最终文件：实例文件\第14章\最终文件\固定资产管理系统1.xlsm

14.2.1　设计"快速更改指定记录"用户窗体

本小节将设计一个"快速更改指定记录"用户窗体，作为用户查找和更改记录的界面。具体操作如下。

步骤01　打开工作簿。打开原始文件，可看到在Sheet1工作表中已存在如下图所示的数据。进入VBE编程环境，单击菜单栏中的"插入>用户窗体"命令。

步骤02　设计"快速更改指定记录"用户窗体。在"属性"窗口中设置"(名称)"属性为Inquire、Caption属性为"快速更改指定记录"，然后按照下页表设置控件的属性。设计好的用户窗体如下图所示。

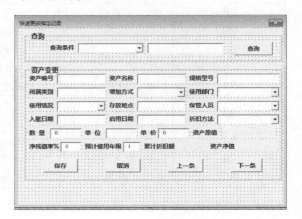

序号	控件名称	属性	值
1	框架	Caption	查询
2	标签	Caption	查询条件
3	复合框	（名称）	Inq
		Style	2-fmStyleDropDownList
4	文本框	（名称）	InquBox1
5	命令按钮	（名称）	CX
		Caption	查询
6	框架	Caption	资产变更
7	标签	Caption	资产编号
8	文本框	（名称）	Number
9	标签	Caption	资产名称
10	文本框	（名称）	Name1
11	标签	Caption	规格型号
12	文本框	（名称）	Norms
13	标签	Caption	所属类别
14	文本框	（名称）	Type1
15	标签	Caption	增加方式
16	复合框	（名称）	Addway1
		Style	2-fmStyleDropDownList
17	标签	Caption	使用部门
18	复合框	（名称）	Depart
		Style	2-fmStyleDropDownList
19	标签	Caption	使用情况
20	复合框	（名称）	Using
		Style	2-fmStyleDropDownList
21	标签	Caption	存放地点
22	文本框	（名称）	Address
23	标签	Caption	保管人员
24	复合框	（名称）	ManName
		Style	2-fmStyleDropDownList
25	标签	Caption	入账日期
26	文本框	（名称）	InDate
27	标签	Caption	启用日期
28	文本框	（名称）	UseDate
29	标签	Caption	折旧方法
30	复合框	（名称）	ZheJiuWay
		Style	2-fmStyleDropDownList
31	标签	Caption	数量
32	文本框	（名称）	Num1
		Value	0
33	标签	Caption	单位
34	文本框	（名称）	Unit
35	标签	Caption	单价

序号	控件名称	属性	值
36	文本框	（名称）	Price
		Value	0
37	标签	Caption	资产原值
38	标签	（名称）	Balance1
39	标签	Caption	净残值率 %
40	文本框	（名称）	Rate1
		Value	0
41	标签	Caption	预计使用年限
42	文本框	（名称）	Years
		Value	1
43	标签	Caption	累计折旧额
44	标签	（名称）	ZhejiuE
45	标签	Caption	资产净值
46	标签	（名称）	Jingzhi
47	命令按钮	（名称）	Save2
		Caption	保存
48	命令按钮	（名称）	Cancel
		Caption	取消
49	命令按钮	（名称）	Ship1
		Caption	上一条
50	命令按钮	（名称）	Next1
		Caption	下一条

14.2.2　编写控件触发事件代码

设计好用户窗体后，本小节接着为该窗体中的控件编写对应的触发事件代码。具体操作如下。

步骤01　编写初始化用户窗体过程。继续上一小节的操作，打开"Inquire（代码）"窗口，在其中输入如下图所示的代码段，该段代码用于定义公共变量和设置"取消"按钮的对应事件。

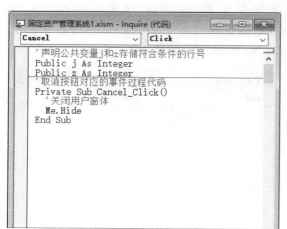

步骤02　编写代码设置复合框。在"Inquire（代码）"窗口中继续输入如下图所示的代码段，该段代码使用InQu()数组将工作表中的字段名称赋给Inq复合框作为下拉列表清单。

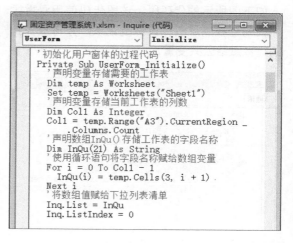

步骤03 编写代码初始化"资产变更"选项组中各控件的值。在"Inquire（代码）"窗口中继续输入如下图所示的代码段，该段代码是初始化"资产变更"选项组中各控件值的前半部分代码。

步骤04 编写初始化"资产变更"选项组中各控件值的后半部分代码。在"Inquire（代码）"窗口中继续输入如下图所示的代码段，该段代码用于为"单位"文本框、"单价"文本框和"资产原值"标签等控件赋初值。

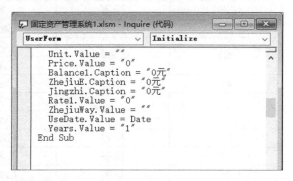

步骤05 编写"查询"按钮的事件过程代码。在"Inquire（代码）"窗口中继续输入如下图所示的代码段，该段代码用于在单击"查询"按钮时为变量j赋初值4，并调用自定义的查询函数CXDM()。

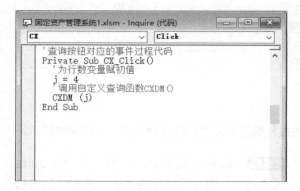

步骤06 自定义查询函数CXDM()。在"Inquire（代码）"窗口中继续输入如下图所示的代码段，该段代码用于声明变量，存储Sheet1工作表，并获取该工作表的行数和列数。

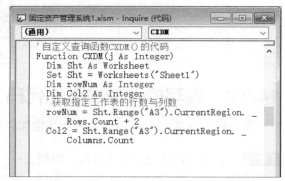

步骤07 编写代码判断是否存在满足查询条件的记录。在"Inquire（代码）"窗口中继续输入如下图所示的代码段，该段代码使用双重循环语句查找满足查询条件的记录，并将查找到的行数赋给公共变量。

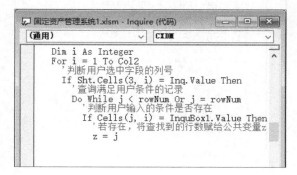

步骤08 编写代码调用函数ShowRecord1()。在"Inquire（代码）"窗口中继续输入如下图所示的代码段，该段代码表示若查找到满足条件的记录，则调用自定义函数ShowRecord1()，将数据显示在用户窗体中。

```
            '并调用显示记录函数ShowRecord1()
            ShowRecord1 j
            Exit For
          End If
          j = j + 1
        Loop
      End If
    Next i
End Function
```

步骤09　自定义ShowRecord1()函数。在"Inquire（代码）"窗口中继续输入如下图所示的代码段，该段代码用于将查找到的第1条记录赋值给用户窗体中相应的控件。

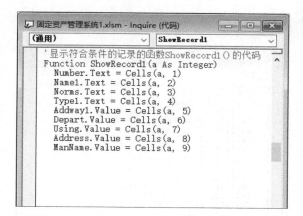

```
'显示符合条件的记录的函数ShowRecord1()的代码
Function ShowRecord1(a As Integer)
    Number.Text = Cells(a, 1)
    Name1.Text = Cells(a, 2)
    Norms.Text = Cells(a, 3)
    Type1.Text = Cells(a, 4)
    Addway1.Value = Cells(a, 5)
    Depart.Value = Cells(a, 6)
    Using.Value = Cells(a, 7)
    Address.Value = Cells(a, 8)
    ManName.Value = Cells(a, 9)
```

步骤10　编写ShowRecord1()函数的后半部分代码。在"Inquire（代码）"窗口中继续输入如下图所示的代码段，该段代码是ShowRecord1()函数的后半部分代码。

```
    InDate.Value = Cells(a, 10)
    Num1.Value = Cells(a, 11)
    Unit.Value = Cells(a, 12)
    Price.Value = Cells(a, 13)
    Balance1.Caption = Cells(a, 14)
    ZhejiuE.Caption = Cells(a, 15)
    Jingzhi.Caption = Cells(a, 16)
    Rate1.Value = Cells(a, 17)
    ZhejiuWay.Value = Cells(a, 18)
    UseDate.Value = Cells(a, 19)
    Years.Value = Cells(a, 20)
End Function
```

步骤11　编写"下一条"按钮的事件代码。在"Inquire（代码）"窗口中继续输入如下图所示的代码段，该段代码是将前面查找到的记录行号加1，再调用查询函数CXDM()，查找满足条件的下一条记录。

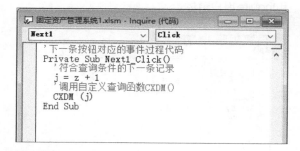

```
'下一条按钮对应的事件过程代码
Private Sub Next1_Click()
    '符合查询条件的下一条记录
    j = z + 1
    '调用自定义查询函数CXDM()
    CXDM (j)
End Sub
```

步骤12　编写"上一条"按钮的事件代码。在"Inquire（代码）"窗口中继续输入如下图所示的代码段，该段代码是将前面查找到的记录行号减1，再调用查询函数CXDM1()，查找满足条件的上一条记录。

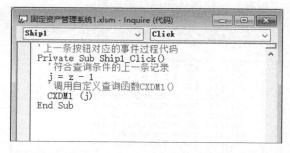

```
'上一条按钮对应的事件过程代码
Private Sub Ship1_Click()
    '符合查询条件的上一条记录
    j = z - 1
    '调用自定义查询函数CXDM1()
    CXDM1 (j)
End Sub
```

步骤13　自定义向上查询函数CXDM1()。在"Inquire（代码）"窗口中继续输入如下图所示的代码段，该段代码与自定义的查询函数CXDM()相似，用于获取工作表的行数和列数。

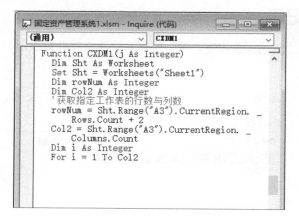

```
Function CXDM1(j As Integer)
    Dim Sht As Worksheet
    Set Sht = Worksheets("Sheet1")
    Dim rowNum As Integer
    Dim Col2 As Integer
    '获取指定工作表的行数与列数
    rowNum = Sht.Range("A3").CurrentRegion. _
        Rows.Count + 2
    Col2 = Sht.Range("A3").CurrentRegion. _
        Columns.Count
    Dim i As Integer
    For i = 1 To Col2
```

步骤14　编写CXDM1()函数的后半部分代码。在"Inquire（代码）"窗口中继续输入如下图所示的代码段，该段代码用于向上查找满足条件的上一条记录。

```
        '判断用户选中字段的列号
        If Sht.Cells(3, i) = Inq.Value Then
            '查询满足用户条件的记录
            Do While j > 3
                '判断用户输入的条件是否存在
                If Cells(j, i) = InquBox1.Value Then
                    '若存在，将查找到的行数赋给公共变量z
                    z = j
                    '并调用显示记录函数ShowRecord1()
                    ShowRecord1 j
                    Exit For
                End If
                j = j - 1
            Loop
        End If
    Next i
End Function
```

步骤15 编写代码在修改"数量"等文本框时自动更新数据。在"Inquire（代码）"窗口中继续输入如下图所示的代码段，该段代码用于在修改"数量""单价""净残值率%""预计使用年限"文本框时，自动调用AddRecord用户窗体中的UpDateList()过程更新数据。

步骤16 编写"保存"按钮的事件代码。在"Inquire（代码）"窗口中继续输入如下图所示的代码段，该段代码用于将Inquire用户窗体中各控件的值写入相应的单元格中。

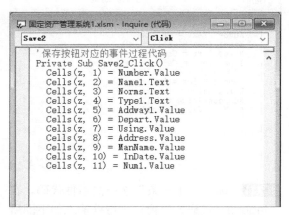

步骤17 编写将用户窗体中的数据写入单元格的后半部分代码。在"Inquire（代码）"窗口中继续输入如下图所示的代码段，该段代码是"保存"按钮事件代码的后半部分。

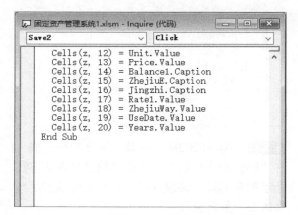

步骤18 编写代码调用Inquire用户窗体。插入"模块2"，在打开的"模块2（代码）"窗口中输入如下图所示的代码段，该段代码用于调用Inquire用户窗体。

14.2.3　运行代码快速更改指定记录

完成窗体设计和代码编写后，本小节将运行"快速更改指定记录"窗体来快速查找并更改固定资产记录。具体操作如下。

步骤01 为按钮控件指定宏。继续上一小节的操作，返回Excel视图，右击"资产变更"按钮，在弹出的快捷菜单中单击"指定宏"命令，在弹出的"指定宏"对话框中单击"快速变更资产"选项，如右图所示，然后单击"确定"按钮。

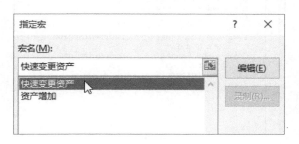

步骤02 运行"快速变更资产"过程代码。返回工作表，激活并单击"资产变更"按钮，如下图所示。

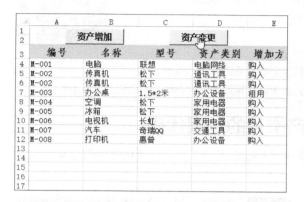

步骤04 查看查询结果。此时，在对话框的"资产变更"选项组中显示出查找到的符合条件的第1条记录，如下图所示。

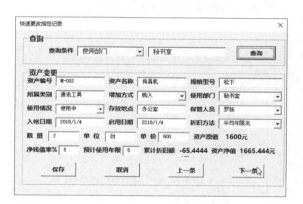

步骤06 关闭"快速更改指定记录"对话框。保存更改后，"快速更改指定记录"对话框并没有关闭，单击"取消"按钮，如下图所示，即可关闭对话框。

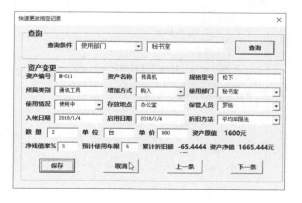

步骤03 选择需要查询的字段项目。弹出"快速更改指定记录"对话框，设置查询条件为"使用部门""秘书室"，单击"查询"按钮，如下图所示。

步骤05 修改并保存数据。如果需要修改查找到的记录，可以在"资产变更"选项组中修改数据，如将"资产编号"更改为M-011，单击"保存"按钮，如下图所示。

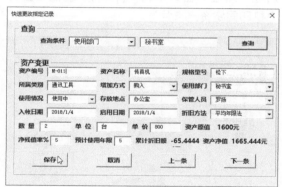

步骤07 查看更改编号后的结果。返回工作表，可以看到单元格A5中的编号已被更改为M-011，如下图所示。

14.3 打印固定资产卡片

若要打印固定资产记录进行书面保存，可以创建固定资产卡片，每一条固定资产记录对应一张固定资产卡片，这样就能清晰地查看每一项固定资产的情况。本节将使用 VBA 程序代码自动创建并打印固定资产卡片。

扫码看视频

◎ 原始文件：实例文件\第14章\原始文件\固定资产管理系统1.xlsm
◎ 最终文件：实例文件\第14章\最终文件\固定资产管理系统2.xlsm、固定资产卡片.pdf

14.3.1 编写创建并打印固定资产卡片的过程代码

本小节将编写 VBA 程序代码，批量创建固定格式的固定资产卡片，然后将其打印出来。具体操作如下。

步骤01 插入模块。进入VBE编程环境，在"工程"窗口中右击"VBAProject（固定资产管理系统1.xlsm）"选项，在弹出的快捷菜单中单击"插入>模块"命令，如下图所示。然后在"属性"窗口中将"(名称)"属性设置为"打印固定资产卡片"。

步骤02 编写打印卡片的过程代码PrintCard()。在"打印固定资产卡片（代码）"窗口中输入如下图所示的代码段，该段代码用于调用CreateTable()过程，创建固定资产卡片的临时工作表，然后获取Sheet1工作表的行数。

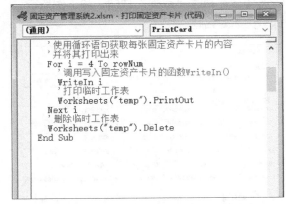

步骤03 编写代码循环打印固定资产卡片。在"打印固定资产卡片（代码）"窗口中继续输入如右图所示的代码段，该段代码用于将Sheet1工作表中的固定资产记录循环写入固定资产卡片中，并将其打印出来，以及删除创建的temp临时工作表。

步骤04　自定义CreateTable()过程。在"打印固定资产卡片（代码）"窗口中继续输入如下图所示的代码段，该段代码用于新建工作表并重命名新工作表，然后合并B1:G1，并写入标题文本"固定资产卡片"。

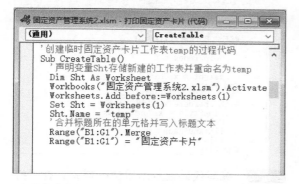

```vba
'创建临时固定资产卡片工作表temp的过程代码
Sub CreateTable()
    '声明变量Sht存储新建的工作表并重命名为temp
    Dim Sht As Worksheet
    Workbooks("固定资产管理系统2.xlsm").Activate
    Worksheets.Add before:=Worksheets(1)
    Set Sht = Worksheets(1)
    Sht.Name = "temp"
    '合并标题所在的单元格并写入标题文本
    Range("B1:G1").Merge
    Range("B1:G1") = "固定资产卡片"
```

步骤05　编写代码设置标题的格式及下边框样式。在"打印固定资产卡片（代码）"窗口中继续输入如下图所示的代码段，该段代码用于设置标题的字体格式、对齐方式及标题单元格下边框的样式。

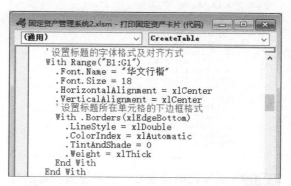

```vba
'设置标题的字体格式及对齐方式
With Range("B1:G1")
    .Font.Name = "华文行楷"
    .Font.Size = 18
    .HorizontalAlignment = xlCenter
    .VerticalAlignment = xlCenter
    '设置标题所在单元格的下边框格式
    With .Borders(xlEdgeBottom)
        .LineStyle = xlDouble
        .ColorIndex = xlAutomatic
        .TintAndShade = 0
        .Weight = xlThick
    End With
End With
```

步骤06　编写代码写入卡片编号及当前日期并设置其格式。在"打印固定资产卡片（代码）"窗口中继续输入如下图所示的代码段，该段代码用于写入卡片编号和当前日期，然后设置其字体格式、对齐方式。

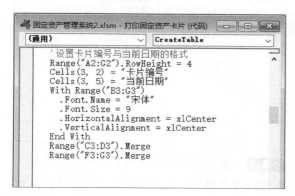

```vba
'设置卡片编号与当前日期的格式
Range("A2:G2").RowHeight = 4
Cells(3, 2) = "卡片编号"
Cells(3, 5) = "当前日期"
With Range("B3:G3")
    .Font.Name = "宋体"
    .Font.Size = 9
    .HorizontalAlignment = xlCenter
    .VerticalAlignment = xlCenter
End With
Range("C3:D3").Merge
Range("F3:G3").Merge
```

步骤07　编写代码写入固定资产卡片的特定字段文本。在"打印固定资产卡片（代码）"窗口中继续输入如下图所示的代码段，该段代码用于将指定文本写入相应的单元格中。

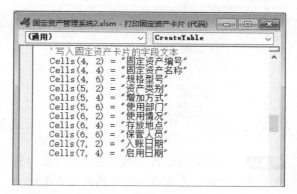

```vba
'写入固定资产卡片的字段文本
Cells(4, 2) = "固定资产编号"
Cells(4, 4) = "固定资产名称"
Cells(4, 6) = "规格型号"
Cells(5, 2) = "资产类别"
Cells(5, 4) = "增加方式"
Cells(5, 6) = "使用部门"
Cells(6, 2) = "使用情况"
Cells(6, 4) = "存放地点"
Cells(6, 6) = "保管人员"
Cells(7, 2) = "入账日期"
Cells(7, 4) = "启用日期"
```

步骤08　编写代码继续写入字段文本。在"打印固定资产卡片（代码）"窗口中继续输入如下图所示的代码段，该段代码也是用于将指定文本写入相应的单元格中。

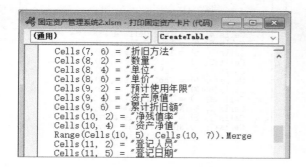

```vba
Cells(7, 6) = "折旧方法"
Cells(8, 2) = "数量"
Cells(8, 4) = "单位"
Cells(8, 6) = "单价"
Cells(9, 2) = "预计使用年限"
Cells(9, 4) = "资产原值"
Cells(9, 6) = "累计折旧额"
Cells(10, 2) = "净残值率"
Cells(10, 4) = "资产净值"
Range(Cells(10, 5), Cells(10, 7)).Merge
Cells(11, 2) = "登记人员"
Cells(11, 5) = "登记日期"
```

步骤09　编写代码设置单元格格式。在"打印固定资产卡片（代码）"窗口中继续输入如下图所示的代码段，该段代码用于合并指定单元格区域和设置单元格区域B11:G11的字体格式及对齐方式。

```vba
'合并指定的单元格
Range(Cells(11, 3), Cells(11, 4)).Merge
Range(Cells(11, 6), Cells(11, 7)).Merge
'设置B11:G11的字体格式及对齐方式
With Range("B11:G11")
    .Font.Name = "宋体"
    .Font.Size = 9
    .HorizontalAlignment = xlCenter
    .VerticalAlignment = xlCenter
End With
```

步骤10 编写代码设置单元格格式和左边框样式。在"打印固定资产卡片（代码）"窗口中继续输入如下图所示的代码段，该段代码用于设置单元格区域B4:G10的单元格格式和左边框样式。

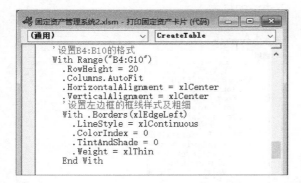

```
'设置B4:B10的格式
With Range("B4:G10")
    .RowHeight = 20
    .Columns.AutoFit
    .HorizontalAlignment = xlCenter
    .VerticalAlignment = xlCenter
'设置左边框的框线样式及粗细
With .Borders(xlEdgeLeft)
    .LineStyle = xlContinuous
    .ColorIndex = 0
    .TintAndShade = 0
    .Weight = xlThin
End With
```

步骤11 编写代码设置上、下边框的样式。在"打印固定资产卡片（代码）"窗口中继续输入如下图所示的代码段，该段代码与设置左边框样式的代码相似，用于设置上、下边框的样式。

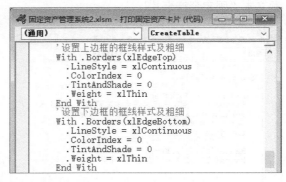

```
'设置上边框的框线样式及粗细
With .Borders(xlEdgeTop)
    .LineStyle = xlContinuous
    .ColorIndex = 0
    .TintAndShade = 0
    .Weight = xlThin
End With
'设置下边框的框线样式及粗细
With .Borders(xlEdgeBottom)
    .LineStyle = xlContinuous
    .ColorIndex = 0
    .TintAndShade = 0
    .Weight = xlThin
End With
```

步骤12 编写代码设置右边框和垂直边框的样式。在"打印固定资产卡片（代码）"窗口中继续输入如下图所示的代码段，该段代码与前面设置左边框样式的代码相似。

```
'设置右边框的框线样式及粗细
With .Borders(xlEdgeRight)
    .LineStyle = xlContinuous
    .ColorIndex = 0
    .TintAndShade = 0
    .Weight = xlThin
End With
'设置内部垂直边框的框线样式及粗细
With .Borders(xlInsideVertical)
    .LineStyle = xlContinuous
    .ColorIndex = 0
    .TintAndShade = 0
    .Weight = xlThin
End With
```

步骤13 编写代码设置水平边框样式。在"打印固定资产卡片（代码）"窗口中继续输入如下图所示的代码段，该段代码与设置垂直边框样式的代码相似。

```
'设置内部水平边框的框线样式及粗细
With .Borders(xlInsideHorizontal)
    .LineStyle = xlContinuous
    .ColorIndex = 0
    .TintAndShade = 0
    .Weight = xlThin
End With
End With
End Sub
```

步骤14 自定义WriteIn()函数。在"打印固定资产卡片（代码）"窗口中继续输入如下图所示的代码段，该段代码用于将Sheet1工作表赋给相应的变量，再计算出卡片编号，并将当前日期写入相应的单元格中。

```
'将Sheet1工作表中的记录内容填入临时工作表temp
'相应单元格中的自定义函数WriteIn()
Function WriteIn(a As Integer)
    '声明变量Sht和Tab2存储需要的工作表
    Dim Sht As Worksheet
    Set Sht = Worksheets("temp")
    Dim Tab2 As Worksheet
    Set Tab2 = Worksheets("Sheet1")
    '将Sheet1工作表的内容写入temp工作表的
    '相应单元格
    With Sht
        '将当前Sheet1工作表的行数减3后
        '写入卡片编号相应的单元格
        Cells(3, 3) = a - 3
        '写入当前日期
        Cells(3, 6) = Format(Date, "yyyy-mm-dd")
```

步骤15 编写代码将工作表中的指定数据写入相应的单元格中。在"打印固定资产卡片（代码）"窗口中继续输入如下图所示的代码段，该段代码用于将Sheet1工作表中指定行的数据写入相应的单元格中。

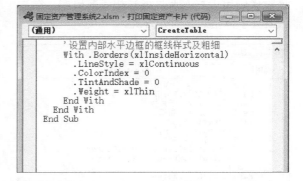

```
'写入相应的内容
Cells(4, 3) = Tab2.Cells(a, 1)
Cells(4, 5) = Tab2.Cells(a, 2)
Cells(4, 7) = Tab2.Cells(a, 3)
Cells(5, 3) = Tab2.Cells(a, 4)
Cells(5, 5) = Tab2.Cells(a, 5)
Cells(5, 7) = Tab2.Cells(a, 6)
Cells(6, 3) = Tab2.Cells(a, 7)
Cells(6, 5) = Tab2.Cells(a, 8)
Cells(6, 7) = Tab2.Cells(a, 9)
Cells(7, 3) = Tab2.Cells(a, 10)
Cells(7, 3).NumberFormat = "yyyy-mm-dd"
Cells(7, 5) = Tab2.Cells(a, 19)
Cells(7, 5).NumberFormat = "yyyy-mm-dd"
Cells(7, 7) = Tab2.Cells(a, 18)
```

步骤16　编写代码自动调整工作表的列宽。在"打印固定资产卡片（代码）"窗口中继续输入如右图所示的代码段，该段代码用于继续将指定行的数据写入相应的单元格中，然后按内容自动调整单元格区域B3:G10的列宽。

14.3.2　运行代码完成打印

编写好创建固定资产卡片的 VBA 代码后，本小节将运行该过程代码，完成固定资产卡片的打印。具体操作如下。

步骤01　打开"指定宏"对话框。继续上一小节的操作，返回Excel视图，右击"打印固定资产卡"按钮，在弹出的快捷菜单中单击"指定宏"命令，如下图所示。

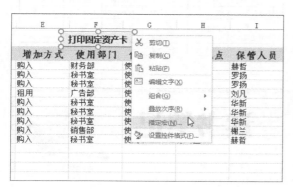

步骤02　指定宏。弹出"指定宏"对话框，在"宏名"列表框中单击PrintCard选项，如下图所示，然后单击"确定"按钮。

步骤03　运行PrintCard()过程代码。返回工作表，单击"打印固定资产卡"按钮，如下图所示。

步骤04　显示打印进度。此时可看到工作表中弹出"正在打印"对话框，该对话框中显示了当前打印文件的进度，如下图所示。

步骤05 删除临时工作表。弹出提示框，询问用户是否永久删除临时工作表，单击"删除"按钮即可，如下图所示。

步骤06 保存文件。为了展示打印效果，这里设置的默认打印机是一个PDF虚拟打印机。打印完毕后会弹出"另存为"对话框，在对话框中设置好PDF文件的保存路径和文件名，单击"保存"按钮，如下图所示。

步骤07 查看打印结果。找到打印结果文件所在的位置并打开该文件，可看到打印固定资产卡片的效果，如右图所示。

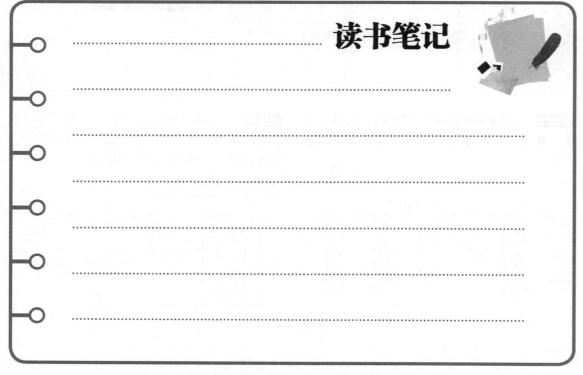

读书笔记